青岛市学术年会论文集

（2020）

青岛市科学技术协会　编

中国海洋大学出版社

·青岛·

图书在版编目（CIP）数据

青岛市学术年会论文集. 2020 / 青岛市科学技术协会编
. -- 青岛 : 中国海洋大学出版社, 2020.12
　　ISBN 978-7-5670-2727-5

　　Ⅰ. ①青… Ⅱ. ①青… Ⅲ. ①科学技术—文集 Ⅳ.
①N53

中国版本图书馆CIP数据核字（2021）第005697号

出版发行　中国海洋大学出版社
社　　　址　青岛市香港东路23号　　邮政编码　266071
出 版 人　杨立敏
网　　　址　http://pub.ouc.edu.cn
电子邮箱　zhanghua@ouc-edu.cn
订购电话　0532-82032573（传真）
责任编辑　张　华　　　　　　　电　　话　0532-85902342
照　　　排　青岛光合时代文化传媒
印　　　制　北京虎彩文化传播有限公司
版　　　次　2021年3月第1版
印　　　次　2021年3月第1次印刷
成品尺寸　210 mm × 285 mm
印　　　张　15.75
印　　　数　1~1000
字　　　数　445千
定　　　价　68.00元

如发现印装质量问题，请致电010-84720900，由印刷厂负责调换。

第一章　落实创新驱动发展战略，推进社会治理和动能转换

第二章 改善民生福祉，全力推进健康青岛建设

第三章 协调、绿色发展，建设开放、共享的生态文明城市

第四章　经略海洋、筑梦深蓝，多元创新，打造时尚之都

第五章　全面打赢脱贫攻坚战，助力打造乡村振兴"齐鲁样板"

第一章

落实创新驱动发展战略，

推进社会治理和动能转换

以治理现代化引领青岛高品质城市发展

王　欣

摘要：改革开放以来，青岛的城市发展取得了长足进步，青岛进入了提升城市品质、丰富城市功能的城市发展新阶段，迫切需要实现从外延式向内涵式城市发展方式的转变。有效提升城市品质，需要坚持问题导向，从源头上抓住城市治理这个关键，积极推进城市治理现代化，引领青岛城市品质提升攻势，建设现代化国际大都市。

关键词：城市品质；治理；治理现代化

2019年，青岛的城市化水平超过74%，根据世界城市化发展规律，进入了着力完善城市功能、提升城市品质的关键期。有效提升城市品质，需要抓住都市治理这一关键，践行国家治理体系和治理能力现代化的原则和要求，坚持以人民为中心，满足市民对美好生活的需要，以治理创新为引领高品质城市建设，将习近平总书记"办好一次会，搞活一座城"的殷切期盼，变成开放、现代、时尚、活力城市的发展成果。

1　城市品质提升与治理现代化

1.1　城市治理是决定城市品质的源头和关键

城市品质是物质环境与社会人文环境品质的有机结合，涵盖城市建设管理和城市运行各个方面。城市品质具有外显特征，实质上是都市管理的结果，高品质城市源自高水平的城市治理。无论从全球还是国内看，城市品质领先的城市普遍是那些具有较强都市治理能力、实现卓越治理的城市。

1.2　高品质城市发展需求倒逼城市治理创新

在开放的全球化时代，城市的双边和多边经贸、人文往来更加频繁，在融入全球城市网络的竞争和交往互鉴中，彰显出提升城市建设和都市治理水平的紧迫性。随着经济社会快速发展，城市的流动性和异质性显著增强，公共服务需求多元化、分层化，对城市建设管理和服务提出了更高要求。从根本上解决现代城市病，提升城市品质，迈向高质量发展，已经成为紧迫任务，改革创新城市治理体制机制成为重大课题。

2　青岛高品质城市建设的形势与挑战

2.1　青岛城市发展的阶段性特征

在即将过去的"十三五"阶段，青岛的城市发展均取得了长足进步。2019年末，全市常住总人口接近950万人，市区常住人口645万人，常住人口城镇化率达到74.1%。城市空间扩展，人口增加，城市建设进入稳定期，在完成数次重大区划调整后，进入健全功能、丰富内涵、改善供给的城市品质提升阶段。按照世界城市化发展规律，青岛进入了着力提升城市发展质量和城市能级的中高级发展阶段。

2.2　迈向高品质精致城市

青岛市第十二次党代会提出要"打造高品质精致城市，彰显海湾型城市特色"，并将其作为"在全面建成更高水平更高质量小康社会中走在前列，加快向率先基本实现现代化迈进"重大任务中的第一项，表明了"城市品质"在青岛未来发展中的重要地位。2017年12月，青岛提出要奋力把青岛建设得更加富有活力、更加时尚美丽、更加独具魅力，城市品质内涵进一步丰富。2018年6月，习近平总书记在上合组织青岛峰会后的视察中，对青岛提出了"办好一次会，搞活一座城"、建设现代化国际大都市的重要指示。进入2019年，青岛深入贯彻习近平总书记视察山东重要讲话、重要指示批示精神，提出了努力把青岛打造成为开放、现代、活力、时尚之城的目标，并科学部署、系统化推进，将"城市品质改善提升攻势"作为15个城市攻势之一，大力整合全球优质要素资源，立体、综合、全方位地"搞活一座城"。

2.3　现代化国际城市的品质对标

2016年8月，青岛制定了《青岛市国际城市战略指标体系》，实施《青岛市推进实施"国际化＋"行动计划》，对标世界先进城市，着力提升城市规划、服务功能、现代产业、都市文明和国际交流体系，建设现代化国际都市。

在城市国际化程度上，依据权威性的全球化与世界级城市研究小组（GaWC）2018年世界级城市名册排名，青岛位列世界城市Beta一级（二线弱），比上一年跃升一级，与重庆、苏州、大连、沈阳、长沙、厦门、济南同列。在前四级中有中国内地9座城市上榜，最高级Alpah＋＋（特级）是纽约、伦敦两座国际化程度最高的世界级城市。

在城市综合发展水平和竞争力上，全球著名的市场调研公司尼尔森从经济与产业、发展与投资角度对中国城市发展情况进行综合分析和排名，在其发布的《2019年度中国城市发展水平评估与分析报告》中，青岛在四个等级中列第三档，居中国内地第11位，是山东唯一入榜城市。根据中国社科院—联合国人居署联合课题组发布的《全球城市竞争力报告2019-2020》，青岛居全球城市第76位，中国内地第12位。

在经济发展质量上，青岛GDP水平在中国内地稳定在第10位左右，2019年被无锡、宁波反超，退居第14位。2011年，青岛超南京470亿，超武汉79亿；落后成都239亿，落后杭州396亿，之后被南京、武汉反超，差距拉大，与标兵成都、杭州相距渐远。2019年青岛6.4％的经济发展增速在国内GDP总量前20位城市中居第16位。在首都科技发展战略研究院和中国社会科学院城市与竞争力研究中心联合发布的《中国城市科技创新发展指数2019》排行中，青岛居第16位。

在城市社会建设和发展水平上，华东理工大学社会工作与社会政策研究院针对城市社会发展与治理水平进行研究并设计系统性指标，并就此发布了"新时代中国城市社会发展指数暨百强榜（2019）"，榜单显示，青岛排列第二级A＋中第8位，国内总排名第18位。

在城市综合环境上，粤港澳大湾区研究院发布的《2018年中国城市营商环境评价》显示，青岛营商环境在所列35个城市中居第12位，商务成本指数居第26位，2018年社会服务指数居第22位。中国社会科学院财经院2019年6月发布的《中国城市竞争力报告》显示，青岛在宜居竞争力上排名第11，在营商城市竞争力上排名第20。

当前各类城市排行榜较多，视角有所差异，个别还存在争议。尽管如此，一些共性的判断还是有参考价值的，特别是结合青岛在城市建设、城市治理体制机制、城市公共服务和资源配置、城市环境等方面存在的问题，这些测评基本上反映了青岛各方面的发展水平，其指标对于正视问题和探究治理之策具有积极意义。

3　以治理现代化引领青岛高品质城市发展

3.1　培育践行现代治理理念

当前，从城市管理迈向城市治理已成为共识，各个城市的政策文件以及媒体报道用的都是"治理"，但也有一些对现代治理的认知还停留在表层，实践中的理念和行为模式仍然是管治的套路。青岛的城市治理现代化需要把重心放在内化上，深刻领会国家治理现代化的要义，对标现代化高品质城市，将国家治理的原则要求落实、深入和细化。城市治理现代化，需要用善治的诉求和要素衡量研究实施，将其导入城市治理的制度政策，融入城市治理的各个环节。

3.2　强化现代治理的统领作用

一是树立现代治理的大格局意识。在制定城市发展战略上高站位、大视野、全时空，紧跟世界发展大势，对接国家发展战略，链接大都市圈，统筹谋划、统筹布局、统筹施策。二是践行世界城市先进治理理念。发达国家较早进入城市发展的高级阶段，对于正处于快速城市化进程的中国城市，其城市治理经验和教训具有参考价值，一些成为共识的国际化都市治理理念和世界城市发展规范应积极借鉴吸纳，如联合国城市可持续发展计划、健康城市计划、友善城市计划、韧性城市和新城市主义、精致成长思想等。三是加强大都市治理的研究分析。紧密围绕青岛城市战略定位、发展目标和前进态势，用治理现代化的理念、原则和标准梳理分析城市问题，研究探索超大城市治理体系和治理能力现代化之路。

3.3　构建全周期城市治理体制

习近平总书记在湖北省考察新冠肺炎疫情防控工作时指出："城市是生命体、有机体，要敬畏城市、善待城市，树立'全周期管理'意识，努力探索超大城市现代化治理新路子。"要按照十九届四中全会提出的系统治理、依法治理、综合治理、源头治理四个重要治理原则要求，以全周期思想，积极构建涵盖源头规制、过程治理和后续监管的完整治理机制，抓好城市立法、城市规划和公共政策制定、审批规制等源头规制，改进后续监管，加强各环节之间的协同交互，建立城市治理调控闭环系统。

3.4　创新城市规划和城市设计

一是城市品质要素的规划导入和保障。在总体规划、控制性详细规划等法定规划编制过程中，将公共空间、公共交通、公共设施、生态资源、人居环境等涉及城市品质的内容作为管控要素，纳入控制性详细规划编制，发挥总领、管控和保障作用。二是专项规划紧密对接城市品质要求。加强上下位规划的联动，保障城市发展品质提升。将"城市品质改善提升攻势"通过城市品质提升的规划形式确立，高效力常态化推进。在土地、资源、生态环境等专项规划，以及国民经济和社会发展规划等规划中，细化和落实城市品质规划的要求。三是公共政策的配套落实。现实中一些城市不同程度存在着具体政策与规划隔离脱节现象，规划仅仅是文本，必须加强城市公共政策制定环节的规划遵循、落实和细化，确保城市规划的品质引领最终实现。

3.5　构建多渠道市民城市治理参与机制

城市善治在形态上是治理期望实现的最佳状态，而其达成需要经历公共利益最大化的社会治理过程，这就要求大力推进城市治理的社会参与。一是在城市规划制定、重大城市事务和市政决策前，加强对相关利益主体的意见征询，拓宽参与渠道，完善参与程序细节。二是在治理制度设计上，将"城市的核心是人"作为价值取向，将"人本原则"作为城市治理体系构建的逻辑起点，建立健全市民有序参与的平台和机制，及时把握市民意愿，增强政策认同和回应，发挥监督纠错效用，达成科学治理。三是改进基层治理机制，发展社会组织，加强市民组织和动员，壮大基层治理力量，发挥社会主体的自主性能动性。

3.6 加大城市基层治理的资源注入

社区是城市社会的基础单元，是城市治理和服务供给的末梢，是城市品质表现的终端。随着人的社区回归和社会异质性的增强，市民对社区品质、治理效能和服务水平的要求不断提高，但由于社区力量和资源的匮乏，造成服务滞后，城市治理出现断点、空白和盲区，城市品质大打折扣。今年的新冠疫情，进一步暴露出城市治理的个别薄弱环节，临时性的机关干部和社会志愿者下沉社区发挥了重要作用，但毕竟不是常态。这就迫切需要深化城市治理体制改革，优化资源配置，将人力、物力和财力资源进一步向治理一线倾斜和注入，强化"微治理"，开创社会多主体参与的治理新局面。

3.7 调整治理重心和转变治理方式

"放管服"改革的目的在于营造宽松高效营商环境，激发社会活力，但不意味着减弱所有审批管控，而是治理重心和治理结构的调整优化，宽严并举，分类施策，突出抓好头、中、尾三个环节，将制度优势转化为治理效能。一是对于涉及城市资源环境、秩序安全、公共利益等方面的事项严格审批，抓好源头管控，发挥许可审批的规制作用。二是对于涉及发挥企业主体活力、促进居民就业创业和完善社会服务的事项，简化程序，打通堵点，服务上门，便利群众。三是理顺城市治理权力主体条块关系，建立扁平化、高效化体制，形成高效率组织体系，借助云计算、大数据、区块链等新一代信息化技术支持，并联式重塑层级制城市治理体制，提速增效。

3.8 探索前瞻性、超越性治理机制

全球化时代，外部风险涌入更多，传导性和内生性风险发生概率更高，都市治理面对严峻挑战。要加强有关城市发展的多维度研判，有预见性地创设城市治理的基础性和结构性议题，增强治理的超越性和引导力。一是建立城市"风险评估"机制，定期对城市整体与其各运行子系统进行"健康诊断"，关注环境变量，多维度识别风险，推演城市隐患治理，防范风险突发和风险共振。二是增强和塑造城市韧性。作为应对长期不确定性外部环境的现代城市治理理念，韧性城市正在取代传统思路成为城市可持续发展的关键战略，对于解决我国现阶段城市中一系列制约经济社会持续健康发展的干扰和压力具有重要的理论和实践意义。要积极开展城市软硬件韧性建设的分析，提升城市系统面对危机风险冲击的耐受力、吸收力和复原能力，培育都市治理体系的学习和调适能力，促进城市发展策略能够应对大尺度的社会、环境和经济变化。三是实施前馈调控，丰富和跟踪治理变量，超前响应，及时纠偏调整，培养城市抵御风险的免疫力。

作者简介：王欣，中共青岛西海岸新区工委党校，政治经济教研室主任，高级讲师

联系方式：wx@163.com

推进社会治理智能化建设
——以青岛西海岸新区为例

周志胜

摘要：党的十九届四中全会将科技支撑纳入社会治理体系，是对社会治理智能化要求的进一步明确。信息技术和大数据手段的运用，在提高城市治理效率的同时，也深刻改变着城市治理的组织形式和体制机制。本文通过考察青岛西海岸新区社会治理实践而提出，社会治理智能化在智慧城市中具有核心地位和引领性价值，新区在基础层面、技术层面和机制方面的创新路径值得推广，未来应该走向更高格局，推进智慧城市升级。

关键词：社会治理；智能化；青岛西海岸新区

城市治理的高效有序和数字化治理水平息息相关。信息技术和大数据手段的运用，在提高城市治理效率的同时，也深刻改变着城市治理的组织形式和体制机制。樊世山（2015）在世界互联网大会智慧城市论坛上，提出了新型智慧城市的六个关键要素，即"一个体系架构、一张天地一体的栅格网、一个通用功能平台、一个数据集合、一个城市运行中心、一套标准"，代表了智慧城市建设领域的主流观点。这些要素集中体现在社会治理体系中的智能化应用上。

1 社会治理智能化是城市管理的发展方向

1.1 社会治理智能化是治理现代化的关键体现

满足人民对美好生活的向往是发展中国社会主义事业的目的，也是城市发展的目标。党的十九大把社会治理放在"民生"一章当中并独立成段，凸显了社会治理的重要性。社会治理是一种新理念，最早可以溯源到党的十八届三中全会提出的国家治理体系和治理能力现代化。国家层面提出的要求随着实践的发展不断变化。2014年，习近平总书记在提及城市管理体制时强调，要"充分运用现代信息技术"；2015年党的十八届五中全会提出"推进社会治理精细化"，也是强调以信息技术为支撑；2016年，习近平总书记在《就加强和创新社会治理作出的指示》中提出，"提高社会治理社会化、法治化、智能化、专业化水平"，是精细化的进一步提升，这句话同样也出现在2017年党的十九大报告中；2019年，党的十九届四中全会更是把"科技支撑"作为社会治理体系的关键内容。可以看出，顶层设计对社会治理智能化的要求始终未变，表明智能化的社会治理是治理现代化的关键体现。

1.2 社会治理智能化是智慧城市建设的关键内容

一方面，社会治理内容扩张要求改变治理方式。2017年首届"智慧青岛"典型案例评选中，新区入选了18个项目，涉及了智慧城市运行、智慧公共服务、智慧市民服务、智慧信息基础、智慧产业、智慧社区、智慧企业服务七个大类，其中，前四类共14项是面向整个城市的，其内容都涵盖在社会治理范畴内，却分属于不同的职能部门、分列为不同的终端接口，影响了项目的应用效率和受众面。而社会治理的演化趋势，就是"全科受理、全能服务"的综合性平台，只要与全局性的城市治理相关，就是民众诉求的第一选择，应该成为城市治理的顶级平台。

另一方面，社会治理平台化特征符合互联网时代的组织模式，符合系统治理、综合治理、源头治理要求。新区社会治理信息平台，是2015年被国家住建部和科技部联合评审认定为"国家智慧城市建设试点区"时规划的四大平台（电子政务、社会治理、城市管理、市民服务）之一，建设得最早，发展得最快，应用得最好。它集"网格管理、城市管理、社情民意、治安管控、安全消防、护林防汛、指挥调度、司法行政、民生服务、决策服务"十大系统于一体，同时整合基础地理信息数据及人口、住房、企事业单位和相关职能部门业务数据资源，实现了部门业务集成联动和数据资源全面共享，实现了全域网格化（区、镇街、管区三级）管理，已经在事实上形成了覆盖其他三大平台的趋势，能够成为城市治理的顶级平台。

2 推进社会治理智能化建设的路径

推进社会治理智能化，既是中央关于社会治理创新的要求，也是智慧城市建设进入2.0时代必须加快实施的核心举措。新区自2014年起启动了社会治理改革，2019年成为入选《社会体制蓝皮书（2019）》的唯一一个基层社会治理改革典型，形成了西海岸模式，其实践为探索推进社会治理智能化路径提供了新鲜经验。

2.1 基础层面：转变理念，破除信息"孤岛"

这里所指的基础层面，不是设施而是理念。事实上，智慧城市建设当中的基础设施建设是应有之义，但它受限于城市的发展水平。而在一定的基础设施前提下，技术的运用和内容的提供，则取决于社会治理理念，有着很大的拓展空间。社会治理必

须破除部门障碍，破除信息"孤岛"。新区社会治理改革，从一开始就站在示范引领的高度来定位，设立社会治理信息中心，最初只整合了社会治安、安全监督管理、城市管理等信息技术平台，一年后（2015年）治理领域拓展为市民生产生活全覆盖，到2016年，又整合18条政务服务热线渠道和39类部门数据资源，实现了治理渠道全覆盖。得益于部门障碍的破除和共建理念，新区在短短五六年内，顺利实现了治理理念转变和机制落实，为推进社会治理智能化奠定了坚实基础。

2.2 技术层面：推进大数据平台建设

新区坚持以大数据手段推进社会治理创新，推进平台升级改造，建设智能化社会治理大数据平台。

一是推进社会治理平台整合。通过对现有业务系统进行流程重构，把现有的社会治理信息平台、公众投诉"一号通"平台、数字化城市管理信息平台，建设成为统一的社会治理业务管理系统，使其成为全区社会治理受理的统一入口和社会治理处置的统一通道，形成集"事件受理、研判分析、分流处理、督办反馈"为一体，纵向贯通、横向联通的部门间业务协同平台，实现事件处理智能化、绩效考核智能化、决策分析智能化、事件预警智能化。

二是推进2.5维地图建设。结合大数据分析技术，可以在地图上查看各个镇街或特定建筑物的基础信息及社会治理的关联信息，包括该建筑物中的户籍人口、流动人口、常住人口、境外人员、出租房等信息，方便社会治理中心对实有人口的采集、查询、统计、共享等相关管理工作，满足了数据展示、交互和可视化的需要，直观展现了全区社会治理事件的地理分布。

三是建设三级可视化网格指挥调度系统。依托实时音频视频传输及存储，进行"区网格化指挥调度中心——镇街社会治理办公室——网格员"音视频业务的实时交互，实现网格工作实时指挥调

度，满足高清晰可视指挥调度、重大情况实时上报处置的需求；通过可视化指挥调度系统定期、不定期开展特定范围内视频会议或培训，缩短会议时间成本，提高培训效率；通过GPS定位和"信号围栏"技术，对网格员上线签到率和巡查轨迹进行监控，通过"信号围栏"实时统计区域内网格员上岗情况，同时配以视频抽查手段，对各镇街社会治理办及网格员工作情况进行监督，促进实现网格化治理智能化、规范化、科学化。

2.3　机制层面：建立联勤联动工作机制

新区按照"条块结合，以块为主，统一协调"的原则，坚持深化联勤联动机制建设，实现社会治理事项联动处置。

一是打造"四个一"体系。推动建立社会治理"大联动"工作机制，统筹整合安全生产、综合执法、治安联防等各类资源，形成一张治理网络、一套运行机制、一个指挥系统、一支综合力量"四个一"体系，强化镇街层面"大联勤"和社区层面"小联勤"，重点推进违法建筑、违法用地、房屋出租、安全隐患等顽症难题治理。

二是完善"大小循环"机制。落实区和镇街两个层级的"大小循环"联动监管任务，业务流程严格按照"信息收集——案件建立——任务派遣——任务处理——处理反馈——核查结案——综合评价"七步闭环程序进行，每个步骤的责任明确落实到人，便于全程跟踪追责。强化镇街社会治理办公室在基层的统筹调度作用，提高镇街"小循环"自主办件数量和比例。"小循环"中无法解决的问题，统一流转至区级"大循环"平台处理。

三是建立业务联动工作机制。进一步强化网格信息平台业务系统与"一号通"热线平台业务系统的互联互通，借力热线督查考核评价体系，建立社会治理事项发现、受理、分流、处置、跟踪、督办、反馈、评价的流程化处置机制，解决了镇街与职能部门之间渠道沟通不畅、处置进度缓慢、问题久拖不决的现象。

3　推进青岛社会治理智能化

新区实践表明，社会治理智能化推进路径清晰，并不完全依赖于地方经济实力。正如习近平总书记在2016年10月9日中央集体学习时指出的，"随着互联网特别是移动互联网的发展，社会治理模式正在从单向管理转向双向互动，从线下转向线上线下融合，从单纯的政府监管向更加注重社会协同治理转变"。在智慧城市建设大背景下，随着社会治理智能化的基础设施不断推进，体制机制不断健全，未来要把智能化从技术层面推向理念和功能层面，走向更高格局，推进智慧城市升级。

3.1　深化理念

从管理到治理，是一个理念转变，在治理的框架下落实中央关于推进"四化"要求，则是一个理念深化过程。从新区的实践来看，它不再局限于问题处置，而是引入智囊团队，利用社会治理"大数据"对各类信息进行综合分析研判，加强信息预警、发布和应用，实现早发现、早防范、早处理。也就是说，它关注的不只是解决问题，更重要的是数据运用。这种思路为提高社会治理智能化水平指明了方向。未来，应当"顺应社会治理环境复杂化的趋势，应用大数据提升社会治理的预见性"，把发现需求和风险预警的能力当作治理的首要目标，推进社会治理智能化。

3.2　优化机制

当确立了社会治理智能化的引领性地位之后，还需要不断优化和提升其自身功能。

一是要优化数据采集机制。新区在社会治理领域的另一个重要突破，就是网格治理，构筑了两张网。一个是智能巡查"天网"，全面整合社会治安、安全生产、森林防火、城市防汛等视频监控资源，基本实现辖区全覆盖，对隐患风险易发区域进行可视化、智能化监管；另一个是人工巡查"地网"，将综合执法队员、社区民警、安监员等专业力量下沉至网格，全区近5000名专职网格员手持智能终端24小时不间断巡查。两张网使得数据采集真正实现全面覆盖。

二是要优化数据处置机制。新区的区、镇街（部门）、管区（社区）三级信息平台互联互通、高效运行，数据资源互通共享，部门业务集成联动，各类信息按照分级管理原则分别接入三级平台，进行研判、分办、处置、反馈和核实，形成了"发现报送、研判处置、核实反馈"的"闭环工作模式"，使数据处置效率大幅提升，推进了社会治理的规范化、精细化。

3.3 提升影响

必须明确社会治理智能化在智慧城市建设中的引领性价值。智慧城市建设需要顶层设计、统筹规划，而社会治理因其"共建、共治、共享"的格局特征，决定了它能够超越政务类平台，能够将政府、市场、社会各类平台有效集聚在一起。社会治理智能化的未来，一定是城市发展大数据的中枢性平台。这样一个平台，不但是信息数据的采集、处置中心，还可以发展为智慧模式的共享与推广中心，推动智慧城市实现生态化发展。

作者简介：周志胜，中共青岛西海岸新区工委党校，高级讲师

联系方式：dangxiaozhou@126.com

项目管理在政府信息系统工程采购中的应用

姜 昕

摘要：基于项目管理的思路，在政府采购工作中引入项目采购管理手段，极大提高了政府对信息系统工程类项目的采购技术水平和效能。本文阐述了政府信息系统工程项目采购与项目管理的联系，对信息系统工程的政府采购项目管理手段应用进行了总结。

关键词：项目管理；信息系统工程；政府采购

1 引言

政府采购，即公共采购，是指国家各级政府及其所属机构为日常的政务活动或为满足公共服务的需要，在财政的监督下，以法定方式、方法利用国家财政性资金和政府借款购买货物、工程和服务的行为。

党的十八大提出加快行政管理体制改革，建设服务型政府，必然使越来越多的政府部门大力推进电子政务，逐步建立起一系列服务民生的政府信息系统。现在国内的信息系统工程主要涵盖了计算机工程、网络工程、通信工程、软件工程、系统集成工程以及有关计算机和信息化建设的一系列工程和项目，其技术含量与复杂程度已经超越了传统的工程和服务，因而对于信息系统工程这种专业性和技术性要求较高的项目采购理应采用更先进的采购管理模式，从而有效保障工程建设签约各方的利益，为整个工程顺利开展创造良好条件。

项目管理是在第二次世界大战后期出现的新管理技术之一。它是以整个项目为管理对象，以系统论思想为指导，通过设计特定的项目管理组织架构，实现对项目工作的整体动态管理，最终有效达成项目目标。

2 政府信息系统工程项目采购与项目管理的联系

政府采购的方式主要可以分为两大类：招标采购方式和非招标采购方式。招标采购是指通过招标的方式，邀请符合条件的供应商参加投标，采购实体通过事先确定并公开的标准选择供应商进行采购。非招标方式主要有谈判采购、询价采购、单一来源采购、自营等。

项目管理知识体系中九大知识领域之一的采购管理是指为完成项目范围规定任务，从实施组织外部获取货物或服务的各项过程。主要包括采购规划、发包规划、询价、选择供方、合同管理、合同收尾六个过程。

由于某些政府采购亦属于项目性采购，比如购买一台设备，建立一个信息系统，开发一套培训平台，而作为项目性采购的主要特点是一次性，很少有重复性的采购，这就意味着每次采购的流程都得重新开始，以往的经验和关系很少能用到。所以这些政府采购的具体操作过程完全可以参照项目管理中的采购管理知识来进行管理操作。

3 项目管理在政府信息系统工程采购中的具体应用

"网上大讲堂"是一个覆盖青岛西海岸新区所有党政部门的视频点播培训资源网站，是根据中共中央颁布的《干部教育培训工作条例》要求，为了推动学习型政府建设，促进学习型社会形成而全力打造的基于WEB技术的网上培训平台。此类专业性较强的项目具有实施技术复杂、涉及业务面广、投入资金量大、部署时间短、实施过程风险因素多等特点，因此其前期的项目采购管理将对该项目的最终成功意义重大。在本次的采购管理工作中，我们通过引进项目管理方面的知识和技能，确保了该项目采购的软硬件产品及售后开发支持服务的质量，各供应商能够各尽其职，有效地避免了因相互推诿而耽误进度的现象。现将项目建设经验介绍如下。

3.1 制订采购计划

3.1.1 进行采购分析

为了依法实施政府采购，并节约财政支出，提高采购资金的使用效益，该项目在实施采购之前首先做了充分的采购分析，最终确定了需要采购的产品和服务以及采购的方式。在采购分析中，主要对采购可能发生的直接成本、间接成本、自行制造能力、采购评标能力等进行了分析比较，并决定是否从单一或多个供应商采购所需的全部或部分货物和服务，或者不从外部采购而自行制造。考虑到该项目具有一定的独特性和专业性，最终采取了政府采购方式中的分散采购模式，即由采购单位自行采购，以灵活应对项目的后期实施。

在本文项目的采购过程中，采购对象主要分为两大部分，一是硬件系统部分，二是软件系统部分。其中硬件系统部分的采购主要包括高性能视频点播服务器、超大容量磁盘阵列以及机房综合布线系统。在制订采购计划时，该单位内部专门从事信息系统项目管理的工程师针对这部分硬件系统，按照平台软件要求编制了配套的方案设计。其中硬件设备采取政府公开招标的方式进行采购；硬件系统工程建设根据软件方案要求，采取了自主规划设计、设备供货商安装调试的方式。这样有效地避免了单位外方案设计人员对该信息系统用户需求不确定的风险，既保证了硬件系统的可靠性，满足了软件的运行环境需求，又节省了硬件系统工程的规划费用，同时还缩短了整个工程的实施时间。

3.1.2 合同类型的选择

采购中不同的合同类型决定了风险在甲乙买卖双方之间的分配。买方的目标是把实施风险放在卖方，同时维护对项目经济、高效执行的保障；卖方的目标则是把风险降到最低，同时使利润最大化。

为此，该项目采购合同采取了固定总价（FFP）合同方式，该合同方式可以使买方易于控制总成本，风险最小；同时卖方风险最大而潜在利润可能最大。其中软件系统部分的采购则由于该系统产品的独特性以及课件资源的著作权保护等原因采取了谈判采购的方式，通过有效沟通最终与供货商达成包括平台软件、资源课件、技术维护服务在内的一揽子软件产品采购协议以保障项目建成后后续软件资源的定期更新和维护。

3.1.3 采购计划编制

该阶段根据自制、采购分析的结果和所选择的合同类型编制采购计划，按照计划对采购过程进行整体管理。

由于该项目硬件系统包括了视频点播服务器、磁盘阵列、UPS、服务器机柜、PDU电源等一系列设备，采购范围广，如果一揽子采购，无前后顺序之分，将造成项目建设的混乱。因此根据项目建设的步骤，采取了分批采购的方式，有顺序地进行采购选择、签订采购合同、采购测试及采购验证各环节，这样既能保证采购质量，又能合理安排工作任务和人力资源。据此采取了分阶段采购计划编制

——先做好硬件系统工程的安装调试，再进行后续软件系统工程的开发安装和试运行。

3.2　采购过程管理

3.2.1　询价

询价就是从可能的卖方那里获得谁有资格完成工作的信息。获取信息的渠道一般有：招标公告、行业刊物、互联网等媒体和供应商目录。通过询价获得供应商的投标建议书。在这个阶段需要通过一切渠道尽可能多地获得产品和供应商的资料，以便于将一些不合格的供应商挡在政府采购市场之外。

本文所述项目的采购过程中，询价硬件设备主要通过网络媒体，包括专业IT网站等获取相关信息；软件系统部分则通过行业专家推荐的方式进行询价。

3.2.2　供方选择

这个阶段根据既定的评价标准选择一个承包商。要求从产品价格、功能、性能及质量，以及供应商信誉、产品在市场的声誉等多方面综合选择供应商。因为有的产品性能质量很好，但功能不够不能买；有的性能质量不好也不能买；供应商信誉不好，无法得到技术支持也不能买。

一般情况下，要求参与竞争的承包商不得低于三个。经公开招标和谈判后，选定供方，买卖双方签订合同。本项目属于政府采购项目，采购的供方选择主要通过政府公开招标方式，在满足标书要求的条件下，以最低价中标者胜出。

3.2.3　合同管理

合同管理包括合同的最终形成与签署、合同的执行以及修改。项目采购负责人和关键的项目组成员应当共同参与合同的起草。项目负责人必须关注那些合同中潜在的法律问题并注意合同内容的随时变更控制。

合同收尾包括产品审核、管理收尾。采购审计明确采购过程中应该吸取的经验教训。

本文所述项目的采购合同管理除了在政府公开招标程序中财政主管部门的合同管理框架下进行，在确定中标方后，供货前，采购方项目负责人还与承包商就合同详细内容和具体履行方式进行了单独沟通，以明确合同的严肃认真和可操作，确保工程质量的每个环节。

3.2.4　项目验收

政府采购项目验收是指在政府采购合同执行过程中或执行完毕后，采购人对政府采购合同执行的阶段性结果或最终结果进行检验和评估。

本文所述项目采购过程中的硬件系统验收包括实物检验，检查产品合格证、保修卡、网上产品码验证等方式；软件系统验收则采取了黑盒测试、网络压力测试、功能性测试、试运行以及提供软件著作权授权证书等方式验收。

总之，信息系统项目的验收工作既是对项目最终采购结果的检测和总结，也是对供应商提供的硬件设备和软件系统工程质量等各方面的评价和认定。要搞好这项工作，既需要有健全的制度保障和科学的验收程序，也需要富有理论和实践经验的技术评审专家，更需要采购单位的精心组织。

4　总结

信息系统工程的项目采购是所有政府采购范围中最复杂的一部分，它对政府采购效率、政府采购质量、采购人与供应商的关系、内部人员素质的提高都有直接的影响。为了达到采购目标，项目采购负责人在进行工作时应该注意多沟通交流、多收集信息。政府采购的过程是由多个环节组成，有一定的连贯性、整体性，在整个采购过程中要随时注意协调各方关系，快速解决遇到的问题。

"网上大讲堂"信息系统工程的实践证明，项目管理技术在政府信息系统采购过程中的应用，为政府采购计划编制、合同编制、招标、供方选择、合同管理、项目验收等方面提供了科学有效的管理手段，大大提高了政府采购工作的效率和管理水平，使我们的政府采购项目工作能够在市场竞争机制的激励下得以进一步全面健康发展。

作者简介：姜昕，中共青岛西海岸新区工委党校，高级工程师

联系方式：13280889830@163.com

浅谈加强和创新社会治理的几点建议
——以青岛西海岸新区为例

李　琨

摘要：本文以青岛西海岸新区为例，梳理了近年来新区社会治理的发展历程和工作概况，肯定了已有的成绩，并根据发现的问题，提出了发展民生事业、改革创新体制机制、提升市民素质、加强制度建设、扩大社会力量参与等建议，对新时代加强和创新社会治理具有一定的参考意义。

关键词：社会治理；西海岸新区；协同共治；民生

1 社会治理的内涵及加强和创新社会治理的重要性

1.1 社会治理概念的提出及内涵

党的十八届三中全会首次提出了"社会治理"这个概念。党的十九大报告中明确提出，打造共建共治共享的社会治理格局，提高社会治理社会化、法治化、智能化、专业化水平。十九届四中全会又进一步阐释，要"坚持和完善共建共治共享的社会治理制度"，"完善党委领导、政府负责、民主协商、社会协同、公众参与、法治保障、科技支撑的社会治理体系，建设人人有责、人人尽责、人人享有的社会治理共同体"。

社会治理是指政府、社会组织、企事业单位、社区以及个人等多种主体通过平等的合作、对话、协商、沟通等方式，依法对社会事务、社会组织和社会生活进行引导和规范，最终实现公共利益最大化的过程。社会治理是新时代社会层面的深层次改革，是一个党建统领、多方参与、多元联动、协同共治的渐进过程，不能照抄照搬其他国家或地区的经验和模式，要结合本地实际和自身特点不断创新。基层社会治理特别是城乡社区治理工作大有可为。

1.2 加强和创新社会治理的重要性

社会治理是国家治理的重要方面，是人民安居乐业的前提和保障，社会治理现代化是国家治理体系和治理能力现代化的重要组成部分。加强和创新社会治理，对于巩固党长期执政的基础、维护国家长治久安和保障人民群众的切身利益意义重大。随着人民群众对美好生活的需求日益增长、日益广泛，社会治理领域的挑战也日益增多，必须加强和创新社会治理。社会治理的重点和难点在基层，基层社会治理在整个国家治理体系和治理能力现代化中具有重要地位，发挥基础性作用，必须推动社会治理重心下移、推动基层社会治理创新。

2 青岛西海岸新区社会治理发展历程和工作概况

近年来，青岛西海岸新区（以下简称"西海岸新区"）本着"社会治理的核心是人、重心在城乡社区、关键是体制创新"的工作理念，不断加强和创新社会治理，被民政部确认为全国社区治理和服务创新试验区。

2014年6月，西海岸新区出台《关于加强社会治理工作的意见》，正式启动社会治理创新工作。

同年11月，"青岛西海岸新区社会治理中心"正式获批成立，这是全国首家区级社会治理中心。2015年10月，新区整合23个政府部门投诉热线合并成"一号通"67712345，公众投诉受理处置指挥中心正式运行。2016年3月，西海岸新区出台《关于率先推进社会治理精细化的实施意见》。2017年8月，出台《关于深化社会治理体制机制创新的实施意见》。2018年2月，出台《关于贯彻党的十九大精神深入推进社会治理创新的意见》；同年，正式启动社会治理信息平台。2019年，印发《青岛西海岸新区社会治理率先走在全国前列行动方案》和《青岛西海岸新区公众参与社会治理奖励办法》。2020年，西海岸新区打响了社会治理体系和治理能力现代化攻坚战，印发《青岛西海岸新区社会治理体系和治理能力现代化攻坚战责任分工方案》，致力于推动构建党委领导、政府负责、民主协商、社会协同、公众参与、法治保障、科技支撑的社会治理体系，实现党领导下的政府治理和社会调节、居民自治良性互动。

2014年，西海岸新区在全国率先构建了"区—镇街—社区"三级体制，打造常态化的社会治理新模式，推动社会治理体制更加顺畅、责任层层压实。目前，新区各大镇街都已在原有基础上拓展了社会治理四级体系，建立了全体村民入群、村委成员担任微信群群主、专职网格员管理服务的"微网格"，确保区级到百姓之间逐级上报、逐级下达、层层研判、信息直通。区级构建"1＋4"模式，区社会治理工作委员会下设政府治理统筹、社会协同共治、公众参与引导、法治保障推进四个专门委员会，分别由区级领导担任主任，统筹和协调各类资源，履行相应职责；镇街成立社会治理工作委员会、联动指挥中心，分别由镇街（管区）党（工）委书记、副书记担任主任；社区搭建"一格一站一村（居）"模式，明确社区书记为第一责任人；"微网格"打通基层治理的神经末梢。新区共设立183个

管区、1309个网格，每一个网格由一名网格长、一名专职网格员、N名专业网格员和其他社会力量组成，真正做到了网中有格、格中有人、人在格上、事在网中，实现了组团化治理。这种治理模式可以最短时间汇聚各界力量，特别是在疫情防控工作中发挥了重要作用。西海岸新区部署了100处社会治理工作站，延伸了社会治理服务触角。新区在网格化巡查、社会化参与、智能化支撑、专业化服务、法治化保障和时效化管理方面采取了有效措施，取得了良好成绩。

同时，我们要清醒地认识到，社会治理创新永远在路上，西海岸新区经济发展快、城市建设快，社会治理工作领域逐步拓宽，工作对象不断扩大，工作难度不断加大，工作任务增长较快，对工作人员的要求越来越高；现阶段的社会治理仍以政府为主导，政府职能转变、"放管服"改革正在推进，政府与市场、政府与社会的关系正在重塑；基层基础工作相对薄弱，部分资源没有充分整合利用，社会治理能力尚不能满足人民日益增长的需求；自媒体时代，涉及社会治理的负面新闻往往在网络上迅速发酵传播造成不良影响……总之，社会治理方面还有很多任务有待完成，这都需要新区人继续努力奋斗。

3 加强和创新社会治理、推动治理能力现代化的几点建议

加强和创新社会治理，是社会和谐稳定的重要保证，也是建设幸福美好新区的重要内容。现就推进西海岸新区社会治理工作提出如下建议，谨供参考。

3.1 坚持以人民为中心，在民生事业发展中推进社会治理

"履不必同，期于适足；治不必同，期于利民。"人民对美好生活的向往，就是我们的奋斗目

标。不断提高人民的物质文化生活水平，提高人民的获得感、安全感、幸福感、满意度，是高质量发展和现代化建设的根本目的。社会治理与社会事业、民生建设不能脱节，要建设好城乡社区，建设好社会的软硬件基础设施，保障和改善民生，推动共享发展。加强和创新社会治理，必须从维护广大人民根本利益的高度，健全党和政府主导的维护群众权益机制，畅通和规范群众诉求表达、利益协调、权益保障渠道，在与人民生活息息相关的住房、就业、教育、医疗、社保、征地拆迁、安置补偿、居民自治、权益保障、矛盾化解、公共安全、社会治安、公共服务等领域着力，保障人民的美好生活需要，推动平安新区、和谐新区建设；必须以保障和改善民生为重点，要多谋民生之利，多解民生之忧，解决好人民最关心、最直接、最现实的利益问题，在"幼有善育、学有优教、劳有应得、病有良医、老有颐养、住有宜居、弱有众扶"上持续取得新进展，努力让新区人民过上更好的生活。

3.2 以体制机制改革创新为重点，探索构建基层社会治理新格局

十九届四中全会对完善社会治理体系、建设社会治理共同体提出了明确要求。具体到西海岸新区，要根据实际工作需要，在公共安全防范、社会治安防控、矛盾纠纷化解、决策风险评估、民生诉求解决等方面着力，不断健全完善社会治理体制机制，健全社会治理工作委员会和各专门委员会工作运行机制，落实社会治理工作委员会各项制度；完善社会治理大联动体制，健全部门联席会商制度，形成工作合力；深化镇街体制改革；完善村（居）务公开、议事协商、民主监督等各类基层民主制度，努力构建党员干部示范、乡贤文化引领、法治建设保障的基层治理新格局。

3.3 提升市民素质，把新时代社会主义核心价值体系建设融入社会治理全过程、各领域

市民素质的高低是城市建设和治理水平的重要

标志。西海岸新区的农业人口和外来人口居多，区域文化底蕴不足，区域文化的包容力不够强，居民的文明水准离国际大都市还有一定差距。要结合西海岸新区实际，以城乡社区为主要阵地，通过开展文艺演出、理论宣讲、新时代文明实践志愿服务等各类群众喜闻乐见的形式，大力弘扬社会主义核心价值观，努力把社会主义核心价值观三个层面的24字内涵（即国家层面的富强、民主、文明、和谐，社会层面的自由、平等、公正、法治，公民个人层面的爱国、敬业、诚信、友善）体现到各方面，不断巩固全区人民团结奋斗、建设幸福美好新区的共同思想道德基础，推动社会治理创新中政府服务与管理的统一、自律与他律的统一、内在与外在的统一，实现虚与实的结合，使社会治理创新的成果外化于形、内化于心、固化于制、常化于习，成为全区人民的共同意志和自觉行动。

3.4 加强社会治理制度建设

制度问题带有根本性、全局性、稳定性和长期性。做好社会治理工作，首要的是搞好制度建设，完善社会治理的一系列政策和制度规范，理顺各方面关系，建立共建共治共享的社会治理新格局。特别重要的是要完善群众参与基层社会治理的制度化渠道，构建参与型及自治型治理结构，培育培养优秀的社区治理管理者、专业人员和社会组织，调动公众参与社会治理的积极性，通过对社会治理领域进行过程引导和规范，实现政府对社会治理创新活动和创新行为的有意识引导、调控和激励，形成富有成效的社会治理创新机制。严格各事项的办理流程，每个事项都要按照"发现上报、指挥派遣、处置反馈、任务核查、考核评价、事件归档"的六步工作流程处理、归类。同时，一定要运用法治思维和法治方式化解矛盾，引导群众依法行使权利、表达诉求、解决纠纷，更好地引导和规范社会生活。

3.5 提升社会治理智能化水平

以数字经济和智慧城市发展为契机，加强信息

化建设，依托大数据、人工智能、区块链、5G等现代技术，推动全区跨部门、跨层级、跨业务数据资源整合，实现各镇街及相关部门数据平台互联互通，建立网络综合治理体系。完善信息库，即时更新相关数据，加强数据的分析利用。深化"互联网＋政务服务"改革，简化、优化审批流程，实现不见面审批、一次办好。加强城乡公共安全视频监控联网工作。此外，还要做好社会治理人才培养工作，着力加强专业化、职业化网格员队伍建设，对网格员实行不间断密集培训，提高网格员运用智能化手段处理问题的能力。

3.6　整合社会资源，扩大社会参与，推动协同共治

新区要组织引导企业、机关、学校、社区、市民、社会组织、群团组织等多方社会力量共同参与社会治理，激发社会活力，构建"一核多元"的社会治理格局。要正确处理政府与各级社会组织及相关主体之间的关系，明确各方主体在社会治理中的定位，形成以政府机构为主体的政治组织、以企业为主体的市场经济组织、以非营利机构为主体的社会组织三大组织体系，健全和完善各级社会组织，更好发挥人民团体、事业单位、社团组织在社会治理中的作用，发挥行业协会商会作用，拓宽多元主体参与渠道，不断提高社会治理水平。学习其他地区先进的基层社会治理模式，如深圳的市场化主导模式，上海的政府主导、财政购买社区公共服务、辅以市场化运作的模式，以及杭州的社会自治为主导、市场运作为主体的模式。结合西海岸新区各街道各社区实际，根据财力和社区自治组织的发育程度等因素，因地制宜选择合适的运作模式，探索建设以政府主导、社会自治和市场经济运作于一体的社区治理模式，通过试点来总结经验，逐步推广。积极开展政府购买社会服务，培育、发展、提升一

批纠纷调解、民生服务、应急救灾等类型的社会组织。选树、推广社会治理典型地区典型案例，发挥典型的示范带动作用。

3.7　加强党组织在社会治理中的领导作用

唯有加强党的领导，夯实基层治理基础，才能实现社会治理体系和治理能力的现代化。党的基层组织是社会治理的坚强战斗堡垒，应注重发挥基层组织的优势，主动适应经济结构、产业布局、组织形式、行业分工、党员流向的发展变化，积极扩大党的基层组织覆盖面，创新党组织设置模式，努力使党建工作的触角延伸到经济社会发展的各个领域，为构建社会治理共同体奠定坚实基础。党的基层组织参与社会治理创新，要尊重群众意愿、保障群众权利、发挥群众主体作用，引导群众开放式参与，通过社会协同共同解决社会矛盾，促进社会和谐。要防止只有党员参与而没有其他社会力量参与的倾向。更多关注以家庭、学校为主体构建的家庭俱乐部、家长学校在社会治理中的角色。党组织参与社会治理要促进自身组织形态的扁平化、网格化，融入基层社会多元治理、有效治理的格局中去。

参考文献：

［1］习近平.中国共产党第十九届中央委员会第四次全体会议公报［R］，2019-10-31.

［2］江必新.以党的十九大精神为指导 加强和创新社会治理［J］.国家行政学院学报，2018（1）：23-29.

［3］刘文俭，毛振鹏.青岛西海岸新区社会治理创新的经验启示与推广建议［J］.青岛行政学院学报，2019（1）：109-112.

作者简介：李琨，中共青岛西海岸新区工委党校，讲师

联系方式：18253265013@163.com

大力培育企业家精神的体制机制研究

郭岩岩

摘要：当前，我国经济处于重要转型期，培育企业家精神对于提升经济创新创造活力，促进经济转型具有重要作用。企业家精神可归纳为创新精神、学习精神和担当精神，是资源配置的推动力、技术创新的驱动力、新旧动能转换的原动力。要大力培养企业家精神，必须进一步营造尊重和保障企业家权利的法治环境，形成促进企业家公平竞争的市场环境，营造尊重和激励企业家干事创业的社会氛围。

关键词：企业家；精神；培育

培育企业家精神是加速产品创新的催化剂，推动改革发展的强引擎。习近平总书记高度重视企业家精神的培育，指出"我们全面深化改革，就要激发市场蕴藏的活力。市场活力来自于人，特别是来自于企业家，来自于企业家精神"。党的十九大报告再次重申了企业家精神的价值和意义，提出要"激发和保护企业家精神，鼓励更多社会主体投身创新创业"。

1 企业家精神的内涵与意义

1.1 企业家精神的内涵

关于企业家精神的内涵，国内外学者和专家从不同角度进行了阐述。国外方面，企业家精神最初由奈特（1921）提出来。他认为企业家精神主要是指企业家的才华和能力，是在不确定的情况下的创造和冒险精神，极富主观能动性。[1]20世纪经济学大师熊彼特从创新角度出发，在其代表著作《经济发展理论》中对企业家精神进行了阐述，他认为企业家精神是一种新的生产组合不断推出的经济首创精神。

国内方面，中国社科院财贸经济研究所认为，市场经济条件下，文化道德是企业家精神的一部分，提出"与市场经济相适应的文化道德观念归根到底就是所谓的企业家精神，这种精神是市场经济在各个发展阶段中一直流传下来的其特有的思想基础和心理基础"[2]。

在实业界，2008年中国企业家调查系统调查显示，企业经营者认为企业家精神不仅仅包括创新精神和冒险精神，敬业、实现自我价值、乐于奉献等内容也是企业家精神不可或缺的一部分，敬业精神和实现自我价值被认定为是其最为重要的特征。

上述国内外学者和企业家对企业家精神从不同角度做了不同定义。关于企业家精神，国务院在《关于营造企业家健康成长环境弘扬优秀企业家精神更好发挥企业家作用的意见》中表述了我国倡导的新时期优秀企业家精神的核心内涵：企业家创新发展的精神，追求卓越的学习精神，服务社会的担当精神。简单总结一下就是创新精神、学习精神和担当精神。

1.1.1 创新精神

十八届五中全会提出创新、协调、绿色、开放、共享五大发展理念，并把创新作为引领经济发展的第一动力。对于企业家而言，创新是企业家在创业和企业经营过程中所表现出的突破性或者超越性的价值理念和思想状态，对于带动企业发展至关重要。所以，创新被认为是企业家最根本、最内在的本质特征，也是企业家的灵魂。熊彼特认为具体包括五种创新，产品创新、生产方法创新、新市场开拓创新、新原料供给创新以及新组织形式创新。企业家的优势在于凭借自己敏锐的市场观察力，及时发现创新的方向，最大化地实现市场价值[3]。

我国互联网领域"四大金刚"——阿里巴巴、百度、腾讯、小米的掌门人马云、李彦宏、马化腾、雷军，无疑是创新创业的代表，他们不断创造新模式、实现新变革，改变了人们的生活方式，并让企业在国际市场上占有一席之地。

1.1.2　学习精神

德鲁克认为，企业家精神可以通过后天的精心组织和有目的的活动加以学习和培养，可以系统学习。可见，企业家精神与学习是密不可分的，学习精神是指企业家在创业和经营过程中不断学习先进管理经验、积累新知识和提升新能力的过程，为企业的正常运转提供源源不断的内在动力。随着社会的快速发展，知识更新换代异常迅速，只有不断保持学习精神，才能避免"知识恐慌""本领恐慌"，保证企业处于不败之地。从大的方面说，学习精神可以有助于企业家形成面向世界的全球视野和危机意识；从小的方面说，有助于企业培养科学的管理理念，打造先进的企业文化。因此，学习精神要求企业家们与时俱进，时刻更新知识，快速获取信息，勇于追求卓越。

1.1.3　担当精神

国内经济学家厉以宁曾指出，企业家不是一种职业，而是一种素质。国外对企业家有三条基本要求：有眼光、有胆识、有组织能力；中国企业家则还要加上一条：有社会责任感，即应当具有担当精神，要有服务社会、造福于人民的意识。这种担当具体包括对社会、国家、生态以及涉及人民利益的

方方面面，既能很好地承担引领企业发展的责任，又能很好地担负对社会和人民的责任，同时又能为实现全面建成小康社会的中国梦不懈奋斗。在我国，涌现出一批有担当精神、敢于承担社会责任的企业家，比如任正非、张瑞敏、董明珠，他们用语言和行动深刻为我们阐明了企业家精神的要义——担当。

1.2　培育企业家精神的意义和价值

1.2.1　资源配置的推动力

十八届三中全会提出要让市场在资源配置中起决定性作用，正是因为市场的高效率促使国家做出这一制度安排。企业家作为市场的重要主体，能力的高低、素质的好坏直接关系到市场经济的发展，具备优秀企业家精神的人通常具有超乎常人的市场敏锐性，可以预测市场走向、发现产业发展趋势，并做出正确的资源配置的决策和部署。亚当·斯密深刻地指出，关于可以把资本用在什么种类的国内产业上，其生产能力有最大价值这一问题，每一个人处在他当时的地位，显然能判断得比政治家和立法家好得多。[4]因此培育企业家精神对于市场经济的发展具有重要的意义。

1.2.2　技术创新的驱动力

企业家一般具备独特的管理能力，特别是对市场具有敏锐的观察力和具备丰富的知识积累，表现出较强的技术创新能力。企业家在企业技术创新的各个阶段发挥着至关重要的作用，特别是随着我国经济体制改革的逐渐推进，一批优秀的企业家积极探索新业态和新模式，引领企业打造具有核心竞争力的产品和服务，推动产业链、价值链不断向高端发展，加速推进产业结构调整和转型升级，培育出一批创新实力超强的知名企业，也探索形成了一些先进管理经验。

1.2.3　新旧动能转换的原动力

当前，我国处于新旧动能转换的攻坚期，培育新动能、调整和改造旧动能成为当下中国经济一

个严重而紧迫的问题。企业家作为企业的灵魂，是改革的重要力量，更应该在新旧动能转换的机遇期勇挑大梁。首先，企业作为市场领域最具活力的主体部分，是推动新旧动能转换的重要驱动力量，能够为实现推动新旧动能转换目标提供坚实支撑。其次，要实现新旧动能转换，必须发扬工匠精神，这与企业家精神在某种程度上有相似之处，要求企业家积极发挥锐意改革的创新精神，精益求精的专注精神，把产品和服务做精做细，以工匠精神保证质量和效益。

2　影响企业家精神的因素分析

2.1　产权保护制度不完善

完善的产权保护制度能提高企业家的创新创造积极性，实现资源的优化合理配置，反之，产权保护不合理会挫伤企业家的积极性，促使企业家形成投机取巧的偏好。然而，当前我国市场机制仍不完善，产权保护力度远远达不到要求，主要表现为侵权问题时有发生、法律约束机制不健全。一是对知识产权的使用、收益和处分方面不够清晰，大大限制了产权的流动性。二是，私有产权保护力度不够。个别企业家在创新和创业过程中由于合法权益遭到损害而严重缺乏安全感。总之，产权保护制度不完善会抑制企业家的创新精神，影响经济社会发展的基础。

2.2　制度性成本过高

企业家的经济活动通常是以社会制度为基础，其创业积极性也与社会制度紧密相连。虽然企业家在我国经济发展中发挥着至关重要的作用，但依然是社会成员的一部分，他们的经济行为必须受到社会制度的管理。因此，合理的制度安排能为企业家创新创业提供丰富的滋养，也是企业高质量发展的基础条件和动力来源。

然而我国的社会主义市场经济体制仍处于改革时期，体制转轨时期的一些法律法规、规章制度不够完善，政府办事效率有待提高。近年来，创业的制度性成本过高的现状尚未得到根本扭转，特别是劳动力成本、场地租金都在不断上升，且融资难、融资贵问题一直存在，成为影响企业发展的制度障碍。

2.3　社会诚信缺失

市场经济是信用经济，当市场经济的主体出现信用问题时，会影响市场的正常运行，甚至导致社会的无序发展。目前，由于我国诚信宣传力度不够，社会信用奖励、惩戒体系未能建立起来，导致以信用为纽带的整个经济社会机制不能正常运行，失信成本相对降低，通过失信获得的不当收益反而较高，这样的"逆向激励"机制不利于构建企业良性发展的环境。[5]

面对这样的诚信环境，企业家容易陷入道德困境，出现有违市场准则的行为，比如以假乱真、欺骗消费者、以次充好等不正当行为，这严重损害了消费者的利益，破坏了企业家的社会形象，对于企业家精神的培育和弘扬产生不利的影响。社会诚信的缺失从某种程度上严重影响了企业家精神正能量的释放。

3　培育企业家精神的体制、机制分析

3.1　营造尊重和保障企业家权利的法治环境

一是要着力保护产权。党的十八届三中全会提出，国家保护各种所有制经济产权和合法利益，保证各种所有制经济依法平等使用生产要素、公开公平公正地参与市场竞争、同等受到法律保护。产权制度作为一种强制性的制度安排，是经济健康运行的基础，要培育良好的企业家精神，首先要尊重和保护产权。长期以来，党中央高度重视对于产权的保护，出台了一系列相关政策，《关于营造企业家健康成长环境弘扬优秀企业家精神更好发挥企业家

作用的意见》中专门强调，要"依法保护企业家财产权"和"依法保护企业家创新权益"，提出新时代加强产权保护要坚持"平等保护、全面保护、依法保护、共同参与、标本兼治"五个重要原则，并提出一系列加强产权保护的举措，加大了产权保护力度，也大大提升了全社会的产权保护责任意识。

二是要充分尊重和保障企业家的经营自主权。企业家作为企业的经营者，有权在法律许可范围之内决定企业的一切事务。如果政府对其干预过多，会大大降低企业创造创新活力。当前，我国经济处于由高速增长向高质量发展的重要转型期，企业的经营自主权尤其重要，关系到企业是否顺利完成相应调整，实现转型升级。因此，要充分发挥市场的决定性作用，在符合国家法律法规和各项规章制度的前提下，实施负面清单，减少政府的过分干预。

3.2 形成促进企业家公平竞争的市场环境

一是要着力构建公平的竞争环境。公开公平的竞争环境对于企业家精神的培育至关重要。公平竞争，既包括在基础设施的利用方面的公平竞争，也包括在市场准入、市场份额占有方面的竞争，又包括在政府税收方面的竞争等。公平的市场竞争环境能够激发企业家做出诸如增加研发投入、提高生产质量、降低生产成本这些有效率的行为，从而促进企业的良性发展，反之则容易滋生寻租、恶意诋毁等不良市场行为，不利于经济的健康运行。因此要按照"放管服"改革的要求，进一步放宽市场准入，完善政府服务，为企业办事提供便利。

二是要着力建立良好的市场秩序。大力培育企业家精神，推动经济高效率发展，一个重要立足点就是要创造一个优胜劣汰的市场环境。这需要从以下几个方面努力：一是要严格执行相关的安全和质量标准，严惩假冒伪劣产品；二是要加大对相关的认证许可及检验机构的监管力度，提高其服务质量和效率，有效降低信息不对称，使企业生产的高质量的产品能够得到消费者的充分认可；三是对于侵犯知识产权等违法违规行为，要实行严厉打击和制止，让违规者无机可乘。

3.3 营造尊重和激励企业家干事创业的社会氛围

一是树立对企业家的正向激励导向。充分尊重企业家的价值，在全社会营造一种鼓励创新、宽容失败的良好氛围，对企业家合法经营过程中出现的错误和失败给予更多的理解和包容。从制度安排上给企业家创新创业以"受挫折"的机会和"失败"的机会，通过营造包容企业家失败的社会氛围，给予企业家更多的精神支持。

二是营造积极向上的舆论氛围。坚持正确的舆论导向，客观公正地反映企业家及企业的现实情况，特别是做好正能量企业家的先进事迹及突出贡献的宣传报道，不断向社会弘扬优秀的企业家精神，凝聚起崇尚创新和创业的正能量。

参考文献：

［1］赵维良，荆涛.区域企业家精神的思维范式与路径［J］.科技管理研究，2016，36（17）：262-266.

［2］王敏.基于企业家精神视角的中小企业创业创新研究［J］.理论学刊，2012（7）：48-52.

［3］刘现伟.培育企业家精神激发创新创业活力［J］.宏观经济管理，2017（1）：65-67.

［4］徐邦友.市场秩序与社会自由——肯定市场的另一种视角［J］.中共宁波市委党校学报，2016，38（1）：74-79.

［5］吕勇斌，李丽.制度视角下的企业家精神培育机制［J］.生产力研究，2004（12）：79-81.

作者简介：郭岩岩，青岛市西海岸新区工委党校，讲师

联系方式：454295363@qq.com

汽车电子产业发展前景与青岛机遇

姜　红

摘要：当前，智能化、网联化、新动能化已成为全球汽车产业发展潮流，汽车电子产品在汽车价值链中的占比不断提升，全球汽车电子产业增长动力强劲。与此同时，中国汽车电子产品国产化比例低与国内市场快速增长的矛盾突出。青岛市汽车电子产业技术水平较低，应通过提升汽车电子产业研发能力、以平台思维建立汽车电子产业集群、推动电子信息企业进入下一代汽车电子产业链等途径加快青岛汽车电子产业发展。

关键词：汽车电子产业；系统；青岛

汽车电子（零部件）产品包括车载电子装置与汽车电子控制系统。根据应用领域，可大致分为发动机电子系统、底盘电子系统、自动驾驶系统、车身电子电器、安全舒适系统和信息娱乐与网联系统。[1]赛迪智库电子信息研究所编写的《汽车电子产业发展白皮书（2019年）》中认为，汽车电子产业在汽车价值链中占比呈现出逐步提高的态势，1990年占比15%，2020年预计高达35%。随着汽车产业智能化、网联化和新能源化成为发展新潮流，汽车电子产业发展前景广阔。

1　汽车电子业发展状况

从20世纪70年代汽车电子产业萌芽，直至20世纪90年代随着数字化应用的普及，汽车电子产业发展至今带来汽车智能化的快速提升。2018年12月出台的《车联网（智能网联汽车）产业发展行动计划》中指出，到2020年，将实现车联网用户渗透率达到30%以上，新车驾驶辅助系统（L2）搭载率达到30%以上，联网车载信息服务终端的新车装配率达到60%以上的应用服务层面的行动目标。[2]

1.1　全球汽车电子产业增长动力强劲

虽然全球经济增速放缓趋势日益明显，2019年，汽车电子产业仍保持约7%的增速，产值已超过2000亿美元。2020年，随着新冠肺炎疫情的出现，更增加了世界经济发展的不确定性因素。相对来讲，疫情期间及后疫情时期，人们出于健康因素考量，对于自驾车的需求有一定增加。汽车产业刚性需求较大，改善性需求也同步存在，汽车电子产业发展前景广阔。当前，国际汽车电子技术日益成熟，一些发达国家汽车电子产品多元化发展特色显著，也给消费者带来了更加舒适的驾乘体验。特别是新能源汽车的兴起与发展，使得汽车整车生产对于汽车电子产品的需求大幅增加，新型汽车电子产品普及速度逐步加快，汽车电子产品拥有广泛的市场需求。

1.2　中国汽车电子产品国产化比例较低与国内市场快速增长的矛盾突出

我国汽车电子产品市场规模逐年扩大。2004～2018年，中国汽车电子市场由457.9亿元增至5800亿元，增长11.67倍，由此可带来数千亿元的上游产业产值。中国汽车电子市场规模扩张趋势依旧，有关部门预测，到2025年，中国汽车电子市场规模有望突破8800亿元。[2]

目前我国汽车电子企业总体来看规模不大，产品技术含量低，高端产品少，且多数企业产品较为单一。与此同时，中国的劳动力资源优势及广阔的市场也吸引了一些国外汽车电子厂商和汽车零配件厂商前来投资，国外不少知名的汽车电子企业已在我国建立生产线。特别是在中国生产整车的合资企业，使用国产汽车电子产品比例过低。据相关部门统计，我国生产的汽车中，仅有30%的汽车电子产品由国内企业生产。这其中，固然有国内汽车电子产品企业产品单一，无法实现系统化生产的局限性，实质上更是反映了我国汽车电子研发能力不足，产品性能无法超越欧美国家的汽车电子产品。国内有实力的相关产业企业与科研机构应抓住机遇，加大新兴汽车电子产品研发，从而提升本土汽车电子产品的竞争实力。

2 加快青岛市汽车电子产业发展的对策

2006年青岛市汽车产业办公室、中国台湾台北车用电子商机推动办公室、青岛市商务促进会共同签署《汽车电子发展战略合作框架协议》[3]以来，通过引进国内外先进地区的汽车电子技术和生产线，青岛市汽车电子产业规模获得较大提升。青岛市三元集团有限公司与以汽车电子、智能交通以及自动化控制技术为主要研究方向的山东省科学院自动化研究所进行CAN-BUS总线技术合作，在汽车电子高端技术领域产学研合作成果丰硕。2019年，青岛市新能源汽车产业协会成立，以67家企业集群式发展的价值链产业联盟形成。但与此同时，我们也看到，青岛市汽车电子产业发展整体水平不仅与国际先进国家发展差距很大，而且与国内先进城市相比，缺乏创新型企业，汽车电子产品总体处于中低端水平。需要从以下几方面加快汽车电子产业的发展。

2.1 推动提升汽车电子产业研究开发能力

青岛正在努力打造世界工业互联网之都，为推动汽车电子产业发展创造了良好的氛围。通过工业互联网赋能汽车电子企业发展，对于快速提升青岛市汽车电子产品质量、扩大国产汽车电子产品市场规模具有重要意义。当前，最为关键的是提升国内汽车电子产业研发能力。我国从20世纪90年代推进汽车电子产业技术及产品研发以来，产业技术进步缓慢，产品档次不高，中高档汽车电子产品市场被国外公司垄断。国内领先的该领域创新型企业多集中于北京、上海、深圳，如深圳市拥有华为、深圳市智力科技有限公司、深圳市速腾聚创有限公司、深圳市华保电子科技有限公司等行业创新型企业。

目前，青岛正在"学深圳、赶深圳"，从中国电子信息百强名单中可以看出，青岛与深圳差距很大，青岛只有海尔、海信两家企业入榜，深圳有华为、比亚迪等22家企业入选。虽然青岛不缺乏电子信息产业龙头企业，但却缺乏后起之秀，产业活力明显不足。可以通过出台产业发展促进政策，鼓励青岛市相关企业加大对汽车电子产业研究开发的投入，加强与相关科研机构及国内行业领先的创新型企业合作，尽快提升青岛市汽车电子产业技术水平。此外，通过加强与国外先进企业研发合作，加快对引进技术的消化、吸收并实施创新，提高零部件自主研究开发能力，有利于尽快改变国内汽车电子产业基础器件薄弱、基础软件缺失的被动局面。当前，汽车电子产业发展正面临我国汽车产业外资股比放开、5G通信技术商用的有利时机，培育集聚研发能力强且能够引领下一代汽车发展的知名企业正当其时。

2.2 以平台思维加快建立汽车电子产业集群

一是搭建电子信息产业开放合作平台。如2018年微电子公共服务平台中科院青岛EDA中心落户崂山区，为创业者和企业提供技术、信息、资金等全方位服务。今后青岛应与国内外电子信息高端研究机构、创新性电子信息企业共同搭建更多公共性服务平台，集聚国内外不同规模的汽车电子企业集聚于青岛，推动青岛汽车产业智能制造水平提升，带动汽车电子产业集群的配套发展。要逐步形成相对集中的生产能力，即一两个厂包揽一两个零部件的全国或省内市场，通过扶持"小而专""小而精"的中小企业发展，吸引世界知名零部件厂商进入青岛，带动建立汽车电子零部件集群。

二是加强与国内外企业合资合作。当前，美国、欧盟、日本等国的企业引领着世界汽车电子产业的发展潮流，在诸多领域形成垄断态势。如汽车电子产业内部，产品前三大供应商的市场份额均过半，其中汽车电子控制装置MCU的top3的市场份额达70%，图像传感器top3的市场份额更是达到90%以上。[4]通过与更多国际知名企业的合作，汇聚车载通讯终端、传感器等硬件企业及算法等软件企业，以及零部件企业，可以带动青岛汽车电子产业集群的快速形成与提升。

2.3 推动青岛市电子信息企业进入下一代汽车电子产业链

汽车电子产业作为绿色产业，耗材、耗能低，附加值远高于一般家电产品。青岛市拥有海尔、海信等大型电子信息企业，发展实力较为雄厚，电子信息业企业涉足汽车电子产业，不仅市场前景广阔，附加值更高，而且由于产品有相通之处，特别是汽车电子的智能化、网联化发展趋势与当前家电业智能化发展趋势趋同，研发团队研究领域接近，产业转型成本较低，企业实现产业和产品结构调整难度不大。近十几年来，上海、天津、深圳等地都将汽车电子产业作为战略性产业给予重点扶持，而青岛市汽车电子企业主要生产二级零部件及低档配套加工产品，整个汽车电子产业尚处初始阶段。因

此，抓住机遇，推动电子信息企业进入下一代汽车电子产业链，实现汽车电子产业的高质量发展，应成为当前青岛市产业结构调整和招商引资的重点。

一方面，应继续推动青岛市电子信息企业与国际知名的汽车电子零部件企业洽商合作，通过招商引资、投资控股、合资建厂等方式，加入汽车电子产品全球供应体系。另一方面，实施让企业"走出去"的战略。通过对国外汽车电子企业并购或重组等方式，涉足汽车电子领域生产，并逐步形成竞争优势。特别是海尔等企业人工智能技术发展较快，利用智能化助推汽车电子产业发展的基础条件已具备，可根据汽车"电动化、智能化、网联化"趋势，布局下一代汽车产业链。据预测，至2021年，汽车电子占全球整体电子市场的9.9%[4]，由于汽车电子产业在全球电子市场中的比重较高，且份额处于提升过程中，对于推动青岛市电子信息龙头企业实现高质量发展具有积极意义。

参考文献：

［1］安信证券研究中心.汽车电子行业深度报告［EB/OL］.［2020-01-20］.https://www.sohu.com/a/368126243_733088.

［2］前瞻产业研究院.2020年中国汽车电子行业市场现状及发展前景分析［EB/OL］.［2020-02-18］.http://www.ybzhan.cn/news/detail/80733.html.

［3］赵彭.青岛力促汽车电子产业发展［N］.青岛财经日报，2006-11-10.

［4］前瞻产业研究院.2018年全球汽车电子行业市场现状与发展趋势分析［EB/OL］.https://www.qianzhan.com/analyst/detail/220/190613~153256cc.html.

作者简介：姜红，青岛市社会科学院，编审
联系方式：m15965328636_1@163.com

股权激励对旅游上市公司绩效的影响研究

——基于代理成本的中介效应

石建中　　张玉辉

摘要：本文以旅游上市公司为研究对象，从两类代理成本中介效应来探究高管股权激励与旅游上市公司绩效之间的关系。结果显示：高管股权激励能够提升旅游公司的盈利能力，同时也能抑制旅游公司两类代理成本的增加；两类代理成本在高管股权激励与公司绩效水平之间的中介效用明显，其中第二类代理成本的中介效用占总效用之比大于第一类代理成本。完善薪酬体系、革新选拔任用制度以及发挥独立董事的监督作用等对策能够提高股权激励程度，降低两类代理成本，从而提升企业自身的价值。

关键词：股权激励；公司绩效；代理成本；中介效应；旅游

所有权与经营权分离是现代企业发展的一大重要标志，即企业所有者拥有企业，享有企业的剩余索取权，而管理者则掌握企业的实际经营权，因此形成了企业所有者与管理者之间的委托代理问题，而双方之间存在的信息不对称会导致代理成本增加，企业价值下降。现代公司面临的代理成本增加问题主要分为两类：一类主要是股权相对分散的上市公司，股权实际控制人是经营层，由于管理层与股东的经营目标不一致，管理者不惜损害股东权利来实现自身利益的最大化，所以股东与管理层之间由委托代理问题而产生第一类代理成本。[1]另一类主要是股权相对集中的上市公司，股权实际控制人为大股东，由于小股东在公司经营过程中微弱的话语权导致大股东有机会侵害小股东的权益，间接挖空公司价值，所以大股东与小股东之间的利益冲突矛盾产生第二类代理成本。[2]两类代理成本增加问题严重损害了公司的价值，不利于公司长远的发展，股权激励便应运而生。股权激励通过赋予公司管理层一定的股权，使所有者与管理者共享利益分配以及共担风险损失，能够减少公司的代理成本增加问题，从而提升公司的绩效。[3]

梳理相关文献可发现，目前关于股权激励与公司绩效的关系有着不同的看法。一些学者认为股权激励让所有者与管理者之间表现出"利益趋同效应"关系，所有者赋予管理者部分公司的剩余索取权，能够加强管理者的自我约束，降低短期行为，从而提升公司的绩效。宋玉臣和李连伟[4]利用结构方程模型研究上市公司股权激励对公司绩效的影响，发现股权激励能够显著提升绩效水平，并且主要是通过直接作用路径实现的。陈笑雪[5]则认为虽然股权激励在我国上市公司普及度还不高，但是持股对于高管人员提高公司绩效仍有一定的激励作用。另一些学者则认为股权激励不利于公司绩效的提升，高管人员拥有的股权越多，则意味着获取隐形报酬以及在职消费的可能性越大，反而会增加代理成本，间接降低公司价值。张铁铸和沙曼[6]阐述了管理层的权利会为其在职消费提供手段，由于高管成员的寻租行为，股权激励会增加所有者与管理者之间的代理成本。

综上所述，关于股权激励对于公司绩效的影响，大多数研究是对两者间的直接关系进行相关分析，基于股权激励对公司绩效作用机制的研究很少。股权激励制度是以缓和企业委托代理问题，优化公司治理结构，提高公司自身价值为出发点，那么研究股权激励是否通过降低两类代理成本的中介传导机制来影响公司绩效就很有必要。虽然目前部分文献讨论了两类代理成本在股权激励实施与公司绩效提升之间的作用路径[7-8]，但是由于市场周期的多变性以及旅游行业的特殊性，相关研究所得出的结论不一定适用于旅游上市公司。因此，本文以旅游类上市公司为研究对象，检验两类代理成本在高管股权激励与上市公司绩效的中介效应，为减少公司委托代理成本与提升公司业绩提供一定的借鉴。

1　理论分析与研究假设

高管股权激励通过赋予管理层一定的股权使其享有公司的剩余索取权，共同享有经营利益，同时共同承担决策风险，这样能够对管理层形成长期的激励机制，调动起管理层的工作积极性，降低因管理层在职消费及获取隐形报酬等问题对公司绩效的危害程度。另外，股权激励能够巩固管理团队，丰富管理层薪酬制度的多元化，拓宽管理层长远的发展目标。[9]基于此，本文提出假设：

H1：高管股权激励与公司绩效具有正相关关系。

公司所有权与经营权的分离使得"逆向选择"与"道德风险"等问题日益凸显，实行股权激励能够使管理层以股东的身份拥有公司治理的部分决策权，并且对于公司利润的分配有一定的话语权，使其与公司所有者的利益目标趋于一致，同时公司所有者也能够更好地对管理层进行有效的监督，从而降低第一类代理成本。[10]管理层持股使其成为公司中小股东的一员，当大股东侵害中小股东的权益时，管理层会对此做出反应，在一定程度上能够抑制大股东的挖空行为，从而降低第二类代理成本。[11]基于此，本文提出假设：

H2：高管股权激励与第一类代理成本具有负相关关系；

H3：高管股权激励与第二类代理成本具有负相关关系。

高管股权激励的实施与公司绩效的提升不是简单的相关关系，其中存在代理成本在两者间的中介传导机制。公司赋予管理层一定的股权，能够使公司呈现出所有权与部分控制权相结合的状况，股东降低监督成本的同时管理层也降低了相应的担保成本，公司的绩效随着第一类代理成本的降低而提升；另外，管理层拥有一定的股权能够有效地抑制大股东挖空公司价值的决策行为，降低了第二类代理成本从而使得企业绩效提升。[12]基于此，本文提出假设：

H4：第一类代理成本在高管股权激励与公司绩效之间具有中介效应；

H5：第二类代理成本在高管股权激励与公司绩效之间具有中介效应。

2　研究设计

2.1　研究样本及数据来源

旅游上市公司是指其经营业务涉及旅游，并且在上海证券交易所与深圳证券交易所挂牌交易的公司。据统一标准，认定旅游上市公司经营业务的具体范围包括景区景点、旅行社、酒店、餐饮及旅游演艺，截止到2019年7月，旅游上市公司合计38家，其中在2015年至2018年实行股权激励的旅游类上市公司16家。高管股权激励对公司绩效影响具有滞后作用，因此被解释变量选取2016~2019年的数据，其他变量选取2015~2018年的数据，根据以上原则选取16家旅游上市公司共64个面板数据进行研究。研究指标的数据来源于CSMAR数据库，研究过程主要用Eviews 8.0统计软件进行分析。

2.2 变量定义与模型设定

在变量定义上，被解释变量选取净资产收益率（ROE），净资产收益率反映了公司运用自有资本获得净收益的能力，能够代表旅游上市公司的整体盈利能力，同时以高管持股比例（MSR）为解释变量反映公司的股权激励水平。中介变量分为两类，由于管理层侵害股东权益使自身利益最大化通常体现在公司的管理费用中，因此选择管理费用率（AC1）作为第一类代理成本的指标；同时大股东侵害中小股东权益体现在占用公司资金的过程中，因此选择其他应收款与总资产的比值（AC2）作为第二类代理成本的指标。控制变量的选择基于公司治理与财务特征两个方面，公司治理方面的控制变量选取股权集中度（Herf）与独董比例（Indrate），财务特征方面的控制变量选取企业规模（Size）与财务杠杆（Debt）。各变量定义如表1所示。

表1 变量定义表

变量类型	变量名称	变量定义
被解释变量	净资产收益率（ROE）	税后利润与净资产比值
解释变量	高管持股比例（MSR）	高管持股之和与总股本比值
中介变量	第一类代理成本（AC1）	管理费用与营业收入比值
	第二类代理成本（AC2）	其他应收款与资产总额比值
控制变量	股权集中度（Herf）	前五大股东持股比例
	独董比例（Indrate）	独立董事人数与董事总人数比值
	企业规模（Size）	总资产自然对数
	财务杠杆（Debt）	资产负债率

在模型设定上，本文借鉴温忠麟的中介效应检验过程构建中介效应模型：

$$ROE_{i,t+1} = \alpha + \alpha_1 MSR_{i,t} + \alpha_2 CONTROL_{i,t} + \varepsilon_{i,t}$$

$$AC_{i,t} = \beta + \beta_1 MSR_{i,t} + \beta_2 CONTROL_{i,t} + \varepsilon_{i,t}$$

$$ROE_{i,t+1}\gamma + \gamma_1 MSR_{i,t} + \gamma_2 AC_{i,t} + \gamma_3 CONTROL_{i,t} + \varepsilon_{i,t}$$

其中，i表示旅游上市公司，t表示时间，$\varepsilon_{i,t}$表示随机干扰项，$CONTROL_{i,t}$表示控制变量。若α_1显著为正，则假设H1成立。若β_1显著为负，则假设H2成立。在前两者同时成立的情况下，若γ_1显著为正，γ_2显著为负，且γ_1相对α_1较小，则AC部分中介效应显著；若γ_1不显著为正，γ_2显著为负，则AC完全中介效应显著。

对回归模型进行估计要解决两个问题：一是回归模型类型的选择，由于本文通过面板数据进行样本空间关系的推断而非总体统计性质的预测，所以固定效应模型优于随机效应模型，然而实行股权激励的旅游公司样本较小，固定效应模型会损耗过多的自由度，因此本文选择混合效应模型进行回归分析。二是模型估计的方法，本文采用广义最小二乘法估计，并选择GLS加权来降低面板数据个体间的异方差，同时选择White的截面加权法降低模型残差存在于个体间的异方差与同期相关性。

3 实证结果与分析

3.1 描述性统计

对16个旅游上市公司的被解释变量（ROE）、解释变量（MSR）、中介变量（AC1、AC2）与控制变量（Herf、Indrate、Size、Debt）进行描述性统计，结果见表2。

表2 变量描述型统计表

变量代码	平均值	中值	最大值	最小值	标准差
ROE	0.0378	0.0776	0.2349	−1.0102	0.1633
MSR	0.1167	0.0161	0.5783	0.00000142	0.1689
AC1	0.1844	0.1066	1.2721	0.0108	0.2293
AC2	0.0342	0.0206	0.2834	0.0012	0.0397
Herf	0.5027	0.4859	0.6993	0.3069	0.1165
Indrate	0.3847	0.3333	0.625	0.3	0.0859
Size	22.3471	22.1921	26.4074	19.7706	1.449
Debt	0.4754	0.5029	0.7764	0.1043	0.18

如表2所示，净资产收益率的平均值为0.0378，说明旅游类上市公司的盈利能力整体相对较低，通过净资产收益率的最大值、最小值与标准差可以看出，旅游类上市公司的绩效两极分化明显，公司绩效呈现盈利亏损的发展趋势。高管持股比例的均值为0.1167，整体持股比例不高，且不同公司股权激励程度差异相对较大。关于两类代理成本，其中第一类代理成本的平均值、中值、最大值、最小值与标准差都明显大于第二类代理成本，说明目前旅游上市公司出现的代理问题主要来自管理层侵害股东权益等方面，且不同样本公司的代理问题严重程度不一。因此可以推断旅游上市公司的高管股权激励主要是通过降低第二类代理成本来提高旅游绩效，而抑制第一类代理成本的程度不明显。另外，其他控制变量各指标的统计结果均具有一定的差异程度，说明这些变量对于公司绩效的影响不容忽视，因此指标选取具有一定的合理性。

3.2　相关性分析

为了进一步了解变量之间是否存在多重共线性问题，对各个变量进行Perason相关性检验，结果见表3。

如表3所示，除了被解释变量之外，其他各个变量之间的相关系数的绝对值均小于0.8，说明没有多重共线性问题。另外，通过相关性分析可以发现，公司净资产收益率与高管持股比例的相关系数为0.2190，且正相关关系在10%水平上显著，说明高管股权激励越高，旅游公司盈利能力的绩效就越好，这与假设H1相一致。同时公司净资产收益率与两类代理成本的相关系数均为负值且通过1%的显著性水平检验，因此旅游公司绩效与两类代理成

表3　变量Pearson相关系数表

变量代码	ROE	MSR	AC1	AC2	Herf	Indrate	Size	Debt
ROE	1							
MSR	0.2190★	1						
AC1	−0.5308★★★	−0.1605	1					
AC2	−0.6803★★★	−0.0671	0.3447★★★	1				
Herf	0.2485★★	0.2734	−0.1201	−0.0978	1			
Indrate	0.0461	−0.0671	0.0748	−0.0052	0.4506★★★	1		
Size	0.2089★	0.0086	−0.3211★★★	−0.1928	0.5632★★★	0.3623★★★	1	
Debt	0.1253	0.0464	−0.1194	−0.1385	−0.4409★★★	0.2237★	0.5171★★★	1

本呈现出显著的负相关关系，降低两类代理成本能够明显提升旅游公司的价值，因此假设H2与H3得到初步验证。另外，通过对高管股权激励与两类代理成本进行相关性检验可以发现两者相关系数为负，说明高管股权激励在一定程度上能够抑制旅游公司两类代理成本的增加，但是负相关性并不显著，需要对其做进一步的回归分析。

3.3　回归分析

通过选择混合效应模型以及广义最小二乘法进行回归分析，得到各个变量的回归系数，结果见表4。

由表4可以看出，模型一中的净资产收益率与高管持股比例的相关系数（$R^2=0.1129$）在1%水平上显著为正，说明高管股权激励能够提高旅游上市公司的盈利能力，假设H1得到验证。通过对模型二与模型三的回归分析发现，第一类代理成本与高管持股比例的相关系数（$R^2=-0.1326$）通过1%的显著性水平检验，且相关性为负，说明高管股权激励能够抑制第一类代理成本的增加，假设H2得到了验证；第二类代理成本与高管持股比例为负相关（$R^2=-0.0281$）且通过10%的显著性水平检验，

表4 变量回归结果表

变量代码	模型一（H1） ROE	模型二（H2） AC1	模型三（H3） AC2	模型四（H4） ROE	模型五（H5） ROE
MSR	0.1129*** （2.7065）	−0.1326*** （−3.9289）	−0.0281* （−1.9854）	0.1216*** （4.0799）	0.1026** （2.0402）
AC1				−0.2014*** （−2.6688）	
AC2					−1.4336** （−2.5159）
Herf	0.3889*** （9.2085）	−0.2529*** （−3.1253）	0.0344 （1.5323）	0.3347*** （5.4049）	0.3532*** （5.0799）
Indrate	0.0966 （1.6127）	0.0679 （0.6205）	0.0053 （0.2740）	0.1177*** （3.3201）	0.0534 （0.9762）
Size	−0.0004 （−0.0991）	−0.0287*** （−8.2614）	−0.0062*** （−7.4298）	0.0004 （0.1097）	0.0003 （0.0531）
Debt	−0.1101*** （−3.3831）	0.1350*** （3.5659）	0.0089 （0.8105）	−0.1267*** （−4.5950）	−0.0585 （−1.6429）
C	−0.1169 （−1.5821）	0.8418*** （11.4896）	0.1459*** （6.8499）	−0.0873 （−1.1132）	−0.0789 （−0.9253）
R^2	0.5419	0.6062	0.2832	0.5523	0.6512
F-Statistic	13.7235***	17.8536***	4.5827***	11.7213***	17.7364***

说明股权激励能够减少旅游上市公司第二类代理成本，假设H3得到验证。通过对比两类代理成本与高管持股比例的系数可以发现，高管持股比例的增加对第一类代理成本的抑制程度明显高于第二类代理成本的抑制程度，这与描述性统计检验阐述高管持股主要是抑制第二类代理成本提升旅游公司绩效的说法相矛盾，因此需要进一步检验两类成本在高管股权激励与公司盈利能力之间的中介效应。

模型四以第一类代理成本为中介变量检验其中介效应，通过回归分析可以发现净资产收益率与第一类代理成本的相关性（$R^2 = -0.2014$）在1%水平上显著为负，说明降低管理费用能够提升旅游公司绩效水平，第二类代理成本在高管股权激励与公司绩效之间具有部分中介传导作用，假设H4得到验证。同理检验第二类代理成本的中介效应，经回归分析可以看出净资产收益率与第二类代理成本的相关性（$R^2 = -1.4336$），且通过5%的显著性水平检验，说明第二类代理成本同样具有部分中介效应，假设H5得到验证。为了比较两类成本的中介

效用占总效用的比例，通过计算得出第一类代理成本中介效用比为23.654%，第二类代理成本中介效用比为33.852%，说明旅游上市公司高管股权激励通过抑制第二类代理成本提升绩效水平的程度大于第一类代理成本，描述性统计的推测得到证实。

3.4 稳健性检验

为了保证回归结果的可信性与合理性，需要对其进行稳健性检验。因此选取总资产收益率（ROA）作为企业盈利能力的替代变量，另将两类代理成本的替代变量指标选取为总资产周转率与应收账款/资产总额，结果发现回归结果并未发生实质性的转变，因此本文所得到的结论具有可信性与合理性，能够为旅游上市公司的股权激励提供一定的借鉴。

4 讨论与结论

4.1 讨论

提高高管股权激励程度以及降低两类代理成本对于旅游上市公司的发展具有重要意义。首先，公

司应当完善自身的薪酬体系，并根据实际情况设立合理的股权激励计划，通过持股模式的转变，股权转让的限制以及认股价格的确定等手段来建立与完善长期稳定的股权激励制度，提高管理层工作的积极性与自我管理的约束性。其次，公司可以通过股利发放等形式减少管理层可以支配的现金流，同时可以革新对高管人员的选拔任用制度以及对其思想素质及业务素质的考核来减少管理层隐性报酬与在职消费的机会，从而减少公司的管理费用，降低第一类代理成本。最后应充分发挥独立董事的监督作用，旅游公司降低第二类代理成本的前提是需要在中小股东之间选用一个有效的委托人，而独立董事可以承担这个职责。一方面独立董事可以监督大股东的日常行为，通过有效制约其挖空公司价值等行为保护自身以及其他中小股东的权益，同时独立董事也能够对管理层的工作进行相应的监督与指导，能够让管理层参与到股东日常的管理与决策中，从而提升旅游公司的企业价值。

4.2　结论

本文通过对2015～2018年16家实行股权激励的旅游上市公司进行研究，通过实证分析来探究两类代理成本在高管股权激励与公司绩效水平的中介效应，并揭示其三者的内在关系。结果发现：高管股权激励能够提升旅游公司的盈利能力，同时也能抑制旅游公司两类代理成本的增加；两类代理成本在高管股权激励与公司绩效水平之间的中介效用明显，其中第二类代理成本的中介效用占总效用之比大于第一类代理成本，说明旅游上市公司的高管股权激励制度主要是通过抑制第二类代理成本来实现公司价值的提升。

参考文献：

［1］Jensen M C，Meckling W H. Theory of the firm: Managerial behavior，agency costs and ownership structure ［J］. Journal of Financial Economics，1976，3（4）：305–360.

［2］Shleifer A，Vishny R W. A Survey of Corporate Governance ［J］. The Journal of Finance，1997，52（2）：737–783.

［3］张倩倩，李小健.高管股权激励对农业上市公司绩效的影响研究——基于两类代理成本的中介效应［J］.财会通讯，2018（29）：20–23.

［4］宋玉臣，李连伟.股权激励对上市公司绩效的作用路径：基于结构方程模型（SEM）的实证研究［J］.东北大学学报（社会科学版），2017，19（2）：133–139.

［5］陈笑雪.管理层股权激励对公司绩效影响的实证研究［J］.经济管理，2009，31（2）：63–69.

［6］张铁铸，沙曼.管理层能力、权力与在职消费研究［J］.南开管理评论，2014，17（5）：63–72.

［7］徐宁，任天龙.高管股权激励对民营中小企业成长的影响机理：基于双重代理成本中介效应的实证研究［J］.财经论丛，2014（4）：55–63.

［8］陈文强，贾生华.股权激励、代理成本与企业绩效：基于双重委托代理问题的分析框架［J］.当代经济科学，2015，37（2）：106–113.

［9］王雪，潘琦，李争光.公司治理对企业绩效的影响研究：来自我国沪市的经验证据［J］.现代管理科学，2017（3）：75–77.

［10］张洁琼.内部控制、股权激励与企业代理成本［D］.西南财经大学，2013.

［11］潘颖.股权激励、股权结构与公司业绩关系的实证研究：基于公司治理视角［J］.经济问题，2009（8）：107–109.

［12］石建忠，黄志忠，谢军.股权激励能够抑制大股东掏空吗？［J］.经济管理，2008（17）：48–53.

作者简介：石建中，中国海洋大学，副教授，硕士生导师

联系方式：oucseki@163.com

基于云架构的城市轨道交通乘客信息系统

吴　华　万思军　万　里　陈志勇

摘要：乘客信息系统作为轨道交通重要生产系统之一，在城市轨道交通中发挥着越来越重要的作用。更高的可靠性、安全性、可扩展性以及更简单的实施维护手段是系统的核心要求，也是系统的发展趋势。本文提出了基于云架构的乘客信息系统，实现了乘客信息系统的分布式云化播控，提高了系统的可靠性、安全性和易维护性。

关键词：城市轨道交通；乘客信息系统；云播控器；云架构

城市轨道交通乘客信息系统（Passenger Information System, PIS）是城市轨道交通信息化系统的重要组成部分，是利用现代成熟可靠的网络技术、多媒体技术和图像显示等技术，在指定的时间，将特定的信息显示给特定的人群，满足不同乘客的出行信息的需求的系统。

虽然行业内乘客信息系统的技术架构已经趋于稳定，也能满足城市轨道客户的运行需求和乘客的出行需求，但根据我们对行业的理解和技术方案的研究，认为传统的乘客信息技术方案在可靠性、易实施性、可扩展性及安全性方面仍存在问题，在满足客户核心需求方面仍有较大的提升空间。

本文对传统方案和云架构方案进行分析比对，阐述了云架构播控方案在车站播控系统的优势，并对应用过程中出现的新问题给出了处理意见。

1　传统方案存在的问题

传统方案是指业内普遍采用的方案，使用控制中心—车站—显示屏多级部署的方式，信息由控制中心通过传输网络发送至车站服务器和车站播控器；车站播控器将各类信号及音视频进行叠加，叠加后发送至显示屏播出（图1）。

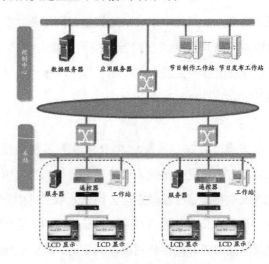

图1　传统方案部署结构

车站播控器部署在设备室，离站台或站厅显示屏距离较远，因此需要增加光传设备，通过发送端和接收端配合，将一路信号分发为多路至各显示屏。

传统方案部署结构存在以下若干问题。

1.1　可靠性差

车站播控系统由播控器、光传设备和显示屏组成，结构复杂、接口多、故障点多，系统整体可靠性差。虽然很多厂家采用了全光路的方案来解决可靠性的问题，但是该方案在设备构成上是将光传设备的发送端和接收端集成在播控器和显示屏上，无本质变化，不能彻底解决可靠性问题。

1.2　实施维护复杂

目前各厂家的播控系统在各车站离散部署，实施的过程仍采用逐站安装部署、单站调试的方式。一条地铁线路一般包含几十个站，需要逐站施工、布线、调试，每条线路需要大量的实施时间。据估算，每站调试时间以天计，每条线路耗费的时间则以月计。

整个系统的播控核心业务是否能正常运行，只有网通之后进行整体联调才能验证。特别是轨道交通项目联调的周期都比较紧张，给实施人员和建设公司均造成了较大的压力，严重影响了实施及运维人员的使用体验。

此外，运维期间车站播控系统的设备若出现故障，需要运维人员赴现场逐级排查并更换硬件设备，重新安装、部署及调试软件，这需要较长的时间才能完成故障恢复，处理一次故障的时间均在半小时以上。乘客信息系统直接面向乘客，播控系统出现任何问题都会给乘客带来不良影响，异常持续时间越长影响也越大，体验也越差，影响城市轨道交通的形象。

1.3　可扩展性差

对于线路级乘客信息系统，如遇新增站点，则需要分站安装调试设备及软件；对于线网中新线路的接入，则更为复杂。由于各线路可能分属于不同厂家，线路中心要与线网中心实现对接，需要分别调试多种软件接口，耗费大量的人力物力。很明显，这种低扩展性，很难适应当前乘客信息系统的线网化和平台化建设趋势。

1.4　存在安全隐患

PIS系统面向乘客的发布终端主要是LCD显示屏，信息主要来自制作的录播节目、即时下发的文本消息和来自第三方系统的实时信息（如紧急文本、ATS信号）。

所有发布的信息从发起端到显示端，会经过多个中间环节；而播控系统又多为无人值守系统，数据传输和存储过程中被伪造、篡改的难度并不大，这些传输和存储环节均存在一定的安全隐患。如使用笔记本设备替代车站播控器，就可轻易地将非法画面输出至显示屏，存在较大的信息安全隐患。

2　云方案的优势

云方案突破传统的离散式部署架构，将传统的通用服务业务、车站播控业务全部部署在中心云端，通过虚拟集群的方式构建一个云虚拟服务中心，为全线的服务业务及播控业务提供计算资源；车站简化部署适应云架构的智能显示终端，提升系统调试运维效率，达到更可靠、更安全、更便捷、更经济的目的。新方案设计思路如下。

（1）将通用设备集中部署于中心云平台，包括中心服务器、车站播控器，这些设备均以虚拟机的方式存在。

（2）因集中部署于中心，车站服务器设备的功能合并至中心服务器，从物理上和逻辑上移除车站服务器，减少设备数量。

（3）取消车站播控器与显示屏之间的光传设备，音视频以网络信号的方式直接从车站光交换机传送至显示屏。

部署结构图如图2所示。经方案调整，新方案

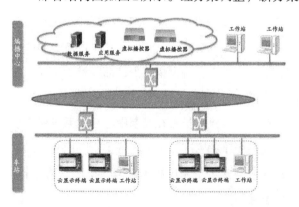

图2　云架构部署结构

极大规避了传统方案的弊端，经分析优势如下。

2.1 高可靠性

据统计，传统PIS近50%的故障是由播控器和光传设备造成的。云架构方案简化了原来车站播放业务的技术架构，通过专业化的显示屏设计，采用光网口接收播放内容，实现了真正的"全光路"点对点传输方案，传输环节减少了50%，总体可靠性提高了50%。

另外，云平台使用共享存储，当设备故障时可使用热迁移技术迅速重新启动新的虚拟机，替代故障设备，实现故障快速自动恢复，恢复时间一般在数分钟之内，远远低于传统方案的故障时间。

传统方案中，音视频信号要经过播控器、信号发送端、信号接收端等多个环节，一个信号发送端对应多个信号接收端，若播控器或信号发送端故障，则对应的一组显示屏将全部显示异常；云方案的显示终端具备自治能力，在网络异常时能够播放本地预存节目，不会出现"蓝屏"等现象，大幅增加了系统的友好度。

2.2 易实施维护

显示终端集成光网口，通过光交换机直接连接至中心云服务器，实现即插即用的安装效果，省去车站服务器、播控器及光传设备，安装实施更加简单。

设备调试大部分工作集中在控制中心，对于车显示屏，只需在安装时简单配置IP地址即可，后续调试均可在控制中心完成。在控制中心，可使用云平台的批量安装功能，对同一类型设备一键安装，无须逐个设备安装系统及软件，工作量可大幅降低70%以上。由于设备大幅减少，部署维护工作量也随之降低。

另外，运维人员可在控制中心对本系统所有设备实现集中维护管理。系统设备支持应用程序的远程维护，且远程更新维护不影响系统的正常运行，维护更加便捷。

2.3 易扩展

通过采用云架构PIS系统解决方案，在对线路或线网扩展时，车站需要安装调试的设备只有云PIS显示终端。对于其他设备，通过增加云计算平台的服务器数量，即可实现虚拟设备扩展，且不影响正在运行的系统，系统扩展更为简单方便。

2.4 较高的安全性

云显示终端通过网络直接接入云端，实现"点对点"的节目传输，减少了节目发布的传递环节，且云显示终端采用专业化接口设计，信号源和信号接口不易遭受攻击。

3 云方案的应用

相对于传统方案，云架构在设备构成、部署实施等各方面均有较大的变化，使用前需详细分析并统一规划。比如，哪些设备适合云化，车站如何自治，如何保障系统整体可靠性，线网中心云化之后如何对接已运营线路等。下文将逐一分析这些问题，为云方案的应用提供更加合理的方案建议。

3.1 设备云化分析

不具备线网编播中心的乘客信息系统，通常可以分为三个子系统：中心子系统、车站子系统、车载子系统，各子系统云化建议如下。

（1）对于中心子系统，中心应用服务器属于通用设备，可做云化处理；中心工作站作为常用操作终端，云化后仍需配备终端，可视情况决定是否云化；非线编系统，一般采用专业的设备，具有软硬一体化的特点，且专业化要求较高，不适宜云化；为车站和车载提供直播源的直播系统，由视频服务器、矩阵、音视频编码器、上下变换器等一套完整的设备组成，亦属于专业设备，不适合云化。

（2）车站服务器集中部属于中心之后不再有分布式作用，建议与中心应用服务器合并；车站工作站与中心工作站类似，视情况云化；LED屏的控制器一般都集成于LED显示屏，属软硬一体化设备，不适合做云化处理；播控系统是PIS系统的核心业务，播控器是PIS系统的主要计算资源，实现云化的价值最大，需要进行云化。

（3）车载PIS的媒体播放、广播和CCTV基本采用"就地"式的数据计算和处理，数据通信主要集中在车内；同时车载系统与地面采用无线网络传输的方式，受带宽和网络稳定性限制，不适合将业务集中部署在云平台。

对于具备线网编播中心的乘客信息系统，在线路三个子系统基础上，增加了线网编播中心。线网编播中心的服务器均可进行云化，其他设备，如非线编设备及直播系统等专业化设备仍为独立设备，不进行云化。

3.2　可靠性保障措施

由于云方案相较于传统方案调整较大，需要考虑云化之后各环节的保障措施，尤其是新引入的云平台、简化的车站以及新型显示终端，保证新方案总体上更加可靠。

3.2.1　云平台故障保障措施

云平台作为新引入的设备和系统，可靠性必须得到保障。具体部署时，可为云平台配置一台或多台冗余服务器，在云平台服务器出现软硬件故障时能自动迁移至冗余服务器，保障正常业务在服务器故障后能迅速恢复。需要配置的冗余服务器数量，可根据实际要求评估，如在现有服务器数量的基础上增加10%的服务器作为备用。

3.2.2　中心故障时，车站业务保障措施

为保证在中心子系统故障后，车站子系统仍可完成下发紧急信息、开关显示屏等业务，可考虑在站内保留一台PC设备作为接口服务器，接收其他系统发送的信息。在紧急状态下，可通过软件进行本站显示屏开关、紧急信息下发等业务，最大程度保证业务完整性。

3.2.3　播控系统故障保障措施

云显示终端需要具备一定的业务功能。在遇到控制中心云平台异常、传输网络异常、显示终端与车站交换机连接异常等各类故障时，可播放显示终端预存的视频或文本，避免显示屏"无信号"，保证终端在任何情况下都能向乘客显示较为友好的信息。

3.3　对线网的支持

除支持单线路外，基于云架构的乘客信息系统也完全支持线网建设模式，可将播控系统集中部署于线网中心，由线网中心完成终端画面叠加后发送至各线路显示终端。

线网中心建设完毕后，新建线路可采用云方案，仅在车站部署显示终端即可；对于已建设线路，可继续使用原有车站设备，由车站播控器直接接收线网中心叠加后的标准视频流，播放后通过光传设备发送至显示屏。线网中心叠加后发送的均为标准的视频流，理论上任何播控器均可直接播放，因此云方案可与任何已建线路实现无缝对接。

4　结语

随着云技术的发展，近年来部分城市的地铁已经或计划引进云平台。云计算的高可靠性、易实施、易扩展等特性，可以显著提升乘客信息系统的客户价值。可以预见，在不远的将来，乘客信息系统作为轨道交通系统的一部分，也将逐渐向云化靠拢，逐步纳入云平台统一管理，迈入全新的发展轨道。

参考文献：

阙庭明.城市轨道交通乘客信息系统技术发展趋势探讨［J］.铁路计算机应用，2009，18（1）:37-39.

作者简介：吴华，贵阳市城市轨道交通集团有限公司，高级工程师，副总工程师

基于 GNSS 浮标的 HY-2A 雷达高度计绝对定标研究

厉　峰　雷　宁　孙正阳

摘要：本研究利用自主研发的 GNSS 浮标和长期验潮站数据对我国首颗海洋环境动力卫星 HY-2A 卫星搭载的雷达高度计及 Jason-2 和 Saral Altika 卫星进行在轨定标。通过计算得到 Jason-2 和 Saral Altika 定标结果与国际定标站得到的数值非常相近，偏差均小于 5 cm，HY-2A 的定标结果差异最为明显，偏差接近 40 cm。

关键词：GNSS 浮标；高度计绝对定标；HY-2A

我国第一颗海洋环境动力卫星 HY-2A 卫星于 2011 年 8 月 16 日成功发射，星载雷达高度计和配套的大气校正微波辐射计承担着高精度海面高度的观测任务。高度计在轨运行阶段定标关键技术的缺失，已成为制约我国进一步提高卫星测高精度的技术瓶颈。为了满足 HY-2A 设计的指标要求，提高观测数据的质量并保证长期数据精度的一致性与可靠性，精确在轨定标是必不可少的工作。

目前主要的在轨高度计卫星有美国国家航空航天局、法国国家太空研究中心、美国国家海洋与大气管理局和欧洲气象卫星开发组织四个机构联合运作的 Jason-2 和 Jason-3 卫星，还有印度与法国合作的 Saral 高度计卫星[1]，多颗高度计卫星同步观测可显著提高海面高观测时空分辨率，对研究中小尺度的全球和局部海洋变化具有重要的意义。

高度计的定标又称为校准和真实性验证（Calibration and Validation，Cal/Val），它是高度计测量的重要组成部分，用来定量地评定高度计卫星的数据质量（包括海洋表面高度、星载微波辐射计的大气校正、有效波高、海况偏差等）。简单而言，定标就是根据高度计得到的海面高与实地独立海面高观测值之间进行比较，定量地描述高度计观测值和真

值之间的绝对偏差。高度计的定标是卫星发射之后的首要工作，并贯穿高度计卫星的整个生命周期。

基于 GNSS 浮标进行卫星高度计定标，就是利用 GNSS 浮标测量海面高，简单描述就是将安装有 GNSS 接收机的浮标布设于海面上，直接观测 WGS-84 坐标系下的海面高度。[2] 与传统的验潮站海面高观测方法相比，GNSS 浮标具有易于搬运、布放灵活、采样率可调节，能直接获取绝对参考框架下的坐标等优势，应用十分广泛。[3-11] 随着 GNSS 技术的发展和浮标设计与制作工艺的成熟，基于 GNSS 浮标获取海面高的精度与稳定性也越来越高，应用 GNSS 浮标的方法对雷达高度计做绝对定标的试验也在全球范围内广泛开展。

1　实验区域与实验方法

1.1　测试场选择

选择千里岩作为 HY-2A 高度计定标试验场，理由如下：千里岩岛上设有海洋观测站、长期验潮站、气象观测站和 GNSS 连续观测站，同时支持 GNSS 浮标定标和验潮站两种绝对定标方法。此外，现役的三颗卫星 HY-2A、Jason-2 和 Saral Altika 都

会飞过千里岩海域，千里岩特殊的地理优势可满足多颗卫星的绝对定标需求。

1.2　GNSS浮标海上观测

GNSS浮标在高度计卫星过境之前4 h投放于定标点，并保证至少在卫星过境后4 h以上撤离浮标。浮标采用船体侧挂方式布放，离船体的距离保持100 m以上距离。浮标系统采样率设置1 Hz，同时在千里岩上架设临时GNSS基准站，基准站采样率和浮标采样率保持一致，同样设置为1 Hz，并连续观测七天。GNSS浮标布放如图1所示。

图1　GNSS浮标布放

2　GNSS浮标数据处理

本方案中的GNSS浮标采用载波相位后处理的工作模式，载波相位差分GNSS技术是由至少两台能接收GNSS数据的接收机实现，一台作为基准站，一台作为流动观测站，二者同时对卫星进行连续观测，根据相对定位原理得到观测站在WGS-84坐标系下的三维坐标（B, L, H）。载波相位差分GNSS技术可以能够有效地消除或减弱卫星的轨道误差、卫星钟差、接收机钟差及电离层、对流层的折射误差等误差，从而使高程测量精度达到厘米级别。

本次项目需要观测离岸大于等于20 km距离外的海面高，故采用载波相位动态后处理定位（PPK）技术，观测后处理使用的GNSS星历的精度要高于实时处理所用的星历，因此测后处理能够获得更高的测量精度。其测量原理及工作模式见图2。

在PPK工作模式下，基准站和流动站只需将

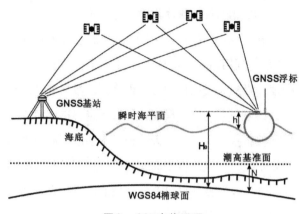

图2　PPK定位原理

GNSS的原始数据记录下来，无需在站间进行实时数据通信。事后利用IGS提供的精密星历、原始记录数据和基准站的已知坐标，解算出基准站的相位改正数。基准站和流动站间的定位误差具有很好的空间相关性，因此利用基准站的相位改正数对流动站的相位观测数据进行改正，进而获得流动站的准确三维位置。载波相位观测的校正值 Δs 可描述为：

$$\Delta s = R_0^i - \left[\lambda N_0^i(t) + \lambda C_0^i(t) + \phi_0^i(t) \right] \quad (1)$$

（1）式中，R_0^i 为依据精密星历提供的第 i 颗卫星在 t 时刻的准确在轨位置与基准站的已知坐标计算而得的基准站与卫星真实距离；$N_0^i(t)$ 为基准站起始相位模糊度；$C_0^i(t)$ 为基准站起始历元至观测历元的相位整周数；$\phi_0^i(t)$ 为基准站相位观测的小数部分；λ 为波长。

将校正值带入载波相位观测方程，可得

$$\lambda N_r^i(t) + \lambda C_r^i(t) + \phi_r^i(t) + \Delta s = \{ [X^i(t) - X_r(t)]^2 + [Y^i(t) - Y_r(t)]^2 + [Z^i(t) - Z_r(t)]^2 \}^{\frac{1}{2}} + dp \quad (2)$$

（2）式中 $N_r^i(t)$ 为流动站起始相位模糊度；$C_r^i(t)$ 为流动站起始历元至观测历元的相位整周数；$\phi_r^i(t)$ 为流动站相位观测的小数部分；dp 为同一观测历元的各项残差。

从上式可以看出，只要GNSS浮标上流动站接收机和基准站接收机均观测了4颗以上的可视卫星，利用最小二乘法即可算出在航GNSS浮标的三维位置。

2.1 GNSS浮标潮位提取

利用GNSS浮标进行潮位测量的主要流程如图3所示。利用PPK定位技术对GNSS浮标进行数据后处理，得到天线相位中心高程序列。数据解算过程中，部分历元的整周模糊度无法固定，造成解算结果存在粗差，因此，对天线相位中心进行滤波之前需要剔除粗差点，以提高滤波结果精度。瞬时海面高经卡尔曼滤波后，可有效消除涌浪、噪声等短周期信号，获得潮位信号。

原始天线相位中心高程序列

↓

剔除高程序列中粗差点

↓

天线高改正，得到瞬时海面高

↓

卡尔曼滤波

↓

提取每分钟一个的数据并进行cubic三次样条插值

↓

与长期验潮站实测潮位数据对比

图3 GNSS浮标潮位数据处理流程图

2.2 椭球转化

经过上一步处理得到的海面高SSH应用于卫星定标还需要经过椭球转化。GNSS数据对应的是WGS-84参考椭球，而HY-2A、Jason-2和Saral Altika高度计卫星使用的是T/P椭球，两者的具体椭球参数如表1所示。

表1 T/P椭球和WGS-84椭球参数

参考椭球	长半轴a（m）	扁率f
WGS84	6378137	1/298.257223563
T/P	6378136.3	1/298.257

因此在数据后处理计算得到的海面高基于不同的参考椭球，需要先转化到相同的椭球高才能进行对比。

椭球转换的公式可以简单用下式计算：

$$dh = -Wda + \frac{a}{W}(1-f)\sin^2\phi df \qquad (3)$$

（3）其中，a是参考椭球的长半轴，f是参考椭球的扁率，W是大地纬度，e为椭球的第一偏心率，$W=\sqrt{1-e^2\sin^2\phi}$，da和df分别为椭球的长半轴改正和扁率改正，$da=a_0-a$，$df=f_0-f$，dh为参考椭球转换引起的海面高变化。

3 定标结果

通过2014年3个月份的GNSS浮标定标试验，得到了HY-2A、Jason-2和Saral Altika卫星高度计多个周期的绝对偏差，如表2所示。

表2 基于GNSS浮标方法得到的高度计绝对偏差

卫星	周期	Bias（mm）
Saral/Altika	14	−27
	16	−32
HY-2A	78	−658
Jason-2	221	58
	228	68
	231	54

4 结论

本文基于青岛数联空间自主研发的GNSS浮标在千里岩进行了多次高度计定标，根据Jason-2三个周期结果计算的Bias为60 mm，Saral Altika两个周期的Bias为−29.5 mm。HY-2A第78周期在千里岩绝对定标结果为−65.8 cm。目前世界上四个主要长期定标站对Jason-2等高度计提供定标服务，依据其定标结果的均值得到Jason-2雷达高度计的绝对偏差为12.7±1.6 mm[12]，Saral/AltiKa的绝对偏差为−46±10 mm[13]。总体上Jason-2与Saral卫星高度计的定标结果与千里岩一致，HY-2A的定标结果差异最为明显，目前HY-2A卫星高度计只在国外定标场之一的Crete岛有初步的定标结果，绝对偏差为－27±3 cm[14]，两者偏差接近40 cm。比较合理的解释是偏差与HY-2A雷达高度计USO的漂移有关。

参考文献:

[1]杨磊，周兴华，彭海龙，等.基于Jason-2的Saral/Altika高度计全球统计评估与交叉定标［J］.海洋科学进展，2014，32（4）：482-490.

[2]陆洋.海洋卫星测高新技术——GPS测高［J］.地壳形变与地震，2001，21（3）：66-73.

[3]方兆宝，刘雁春，刘基余.DGPS验潮的原理和方法研究［J］.海洋测绘，2001（1）：15-19.

[4]程世来，张小红.基于PPP技术的GPS浮标海啸预警模拟研究［J］.武汉大学学报 信息科学版，2007，32（9）：764-766.

[5]赵建虎，王胜平，张红梅，等.基于GPS PPK/PPP的长距离潮位测量［J］.武汉大学学报 信息科学版，2008，33（9）：901-913.

[6]汪连贺.基于GPS PPK技术的远距离高精度验潮方法研究［J］.海洋测绘，2014，34（4）：24-27.

[7]赵建虎，董江，柯灏，等.远距离高精度GPS潮汐观测及垂直基准转换研究［J］.武汉大学学报信息科学版，2015，40（6）：761-766.

[8]Nagai T, Ogawa H, Terada Y, et al. GPS buoy application to offshore wave, tsunami and tide observa-tion［C］. Lisbon Portugal，2004：1093-1105.

[9]徐曦煜，王振占，叶沛，等.GPS浮标数据反演海浪谱的理论仿真与试验验证［J］.海洋学报，2014，36（7）：34-44.

[10]翟万林，陈春涛，闫龙浩.基于GPS浮标的高度计海面高度产品检验技术进展［J］.海洋测绘，2012，32（6）：40-42.

[11]柴洪洲，崔岳.GPS动态定位实现厘米级海平面监测的研究［J］.全球定位系统，2001，26（3）：18-21.

[12]Mertikas S. Latest result for the calibration of Jason and HY-2 using Gavdos/Crete permanent calibration facility［R］. OSTST. 2013. Boulder. USA.

[13]Stelios P M, Antonis D, Ilias N T, et al. First Calibration Results for the Saral/AltiKa altimetric Mission Using the Gavdos permanent Facilities［J］. Marine Geode-sy，2015，38（S1）：249-259.

[14]Stelios P M, Zhou X H, Qiao F L, et al. First preliminary results for the absolute calibration of the Chinese HY-2 altimeter mission using the CRS1 calibration facilities in West Crete, Greece［J］. Advances in Space Research，2016，（57）：78-95.

作者简介：厉峰，青岛数联科技海洋科技股份有限公司，总经理

联系方式：abcdlifeng@126.com

界面水和二氧化硅表面润湿性对二氧化硅在环氧纳米复合材料中粘附性能影响的分子模拟研究

李　文　章　磊　张沐天　窦雯雯　张新宇　陈守刚

摘要：本文通过分子动力学模拟方法，研究了涂层吸附水对环氧树脂涂层中二氧化硅纳米粒子的界面吸附行为。结果表明，在吸水前，亲水性二氧化硅颗粒在环氧树脂涂层中具有较强的界面附着力，这主要来源于范德华力、库伦力及氢键相互作用。然而，吸水后，水分子会在环氧树脂涂层中迁移，并被吸附在亲水性二氧化硅颗粒和涂层之间的界面上。这些吸附水会削弱二氧化硅颗粒在涂层中的界面结合强度。相反，对于疏水二氧化硅，涂层吸水前的界面粘附较弱，而吸水后结合强度的降低也受到抑制。本文为无机纳米颗粒在环氧树脂涂层中的界面结合行为提供了分子水平的理解，本文的结果可为提高无机纳米粒子在环氧树脂涂层中的结合强度提供一定的指导。

关键词：环氧复合材料；表面潮湿性；界面粘连；分子动力学模拟

作为纳米粒子，无机纳米颗粒（NPs）被认为是增强交联环氧纳米复合材料（CENs）[1-6]的机械、热、电和气体阻隔性能的优良候选材料，并引起了学术和工业的持续关注。纳米颗粒和CENs的结合结果决定了由纳米颗粒增强的环氧纳米复合材料的性质，而结合结果如何则取决于他们广泛的位置和结构。特别是对于NPs与CENs之间的界面相互作用，它在控制聚合物纳米复合材料的性能方面起着极其重要的作用。一般情况下，更强的界面粘附有望获得具有优异性能的聚合物纳米复合材料。因此，在过去的十年中，人们进行了各种研究来揭示NPs与聚合物基体之间的界面粘附机制[6-12]，这为界面调控提供了大量的信息。

虽然在揭示NPs与聚合物基体之间的粘附机制方面已经有了大量的实验和模拟工作，但仍有很大的空间有待探索。二氧化硅纳米颗粒增强环氧纳米复合材料相比传统材料有许多优势，例如，高强度重量比、非磁性和耐化学/腐蚀性。此外，由于二氧化硅表面容易被化学修饰，二氧化硅与CENs之间的界面相容性可以调节。因此，由官能团化的二氧化硅纳米颗粒增强的交联环氧纳米复合材料得以被制备出来。以往的研究也表明，二氧化硅纳米颗粒增强的交联环氧纳米复合材料在潮湿空气中的吸水是不可避免的，这会削弱CENs在基片上的粘附力。然而，有关吸附水对二氧化硅纳米颗粒在CENs中界面粘附行为影响的研究还很少。因此，我们开展了本研究并旨在揭示以下问题：①CENs中的吸附水是如何影响二氧化硅纳米颗粒和CENs之间的界面区域的结构、动态、以及能量性质？②吸附水的数量和二氧化硅纳米颗粒表面的润湿性对二氧化硅纳米颗粒在CENs中的粘连性能的影响是什么？本文中提出的所有研究都是使用全原子的MD模拟进行的。所得到的结果将有助于理解发生在无机二氧化硅纳米颗粒和CENs界面之间的分子相互作用。

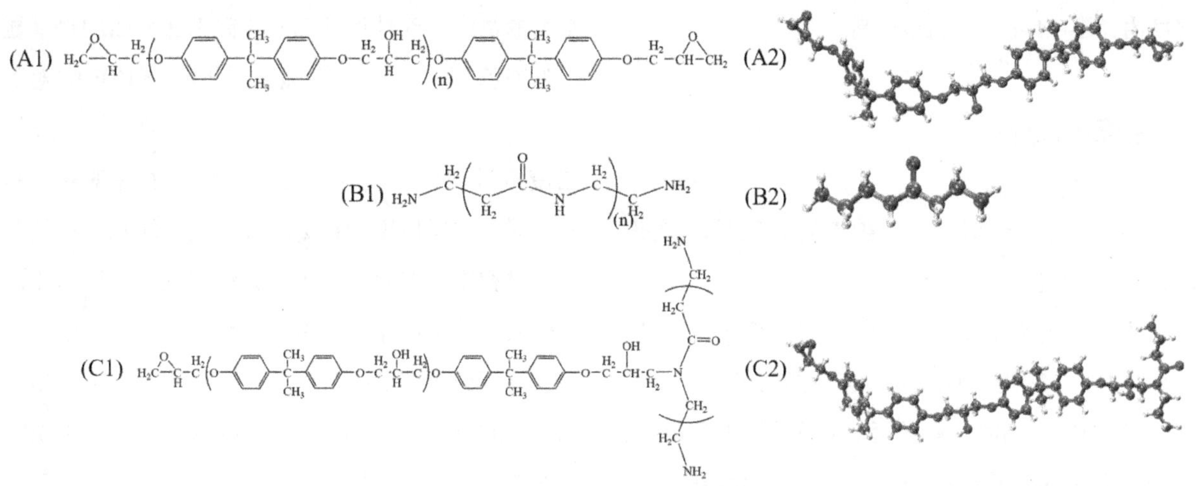

图1 （A1-C1）DGEBA、PA、交联PA后的DGEBA的化学结构；（A2-C2）DGEBA、PA、交联PA后的DGEBA的简化模型

1　计算方法

1.1　模型

本文以双酚A二缩水甘油醚（DGEBA）为环氧树脂，并选择聚酰胺（PA）为固化剂。图1A1和B1显示了DGEBA和PA的化学结构。在实验的固化过程中，PA中的氮原子被键合到DGEBA中环氧基团之一的端碳原子上，然后环氧基团环中的氧原子被羟基化（图1C1）。实际上，PA中第一个胺基和第二个胺基中的氮原子都能与DGEBA中的环氧基团发生反应，DGEBA和PA的重复单元也各不相同。因此，CENs的结构和组成极其复杂。所以，应采取简化措施，构建CENs的模拟体系。在当前的研究中，使用了一个重复单元的DGEBA和PA（图1A2和B2）。在PA中，只有一个环氧基团与第二个胺基结合，形成PA交联的DGEBA（图1C2）。这种简化也是以前采用的，与其他键合模式相比这种结合具有更强的界面吸附强度。

对于二氧化硅纳米颗粒增强的CENs，它的示意图如图2A所示。通常，实验中使用的二氧化硅纳米颗粒的直径大于100 nm，这超出了全原子分子动力学模拟的计算能力，所以模拟体系也需要简化。在局部界面区，二氧化硅纳米颗粒可视为平坦衬底。因此，构建了图2B所示的体系以便研究二氧化

硅纳米颗粒与CENs之间的局部界面相互作用。为了研究吸附水对CENs中二氧化硅界面粘附行为的影响，将厚度为0、4Å、6Å和10Å的水膜分别放置在CENs和二氧化硅的界面上；为了研究二氧化硅润湿性对CENs中二氧化硅粘附行为的影响，分别将二氧化硅表面完全甲基化（甲基）和羟基化（羟基），其中甲基改性的表面是疏水的，羟基改性的表面是亲水的。每个羟基或甲基的相应占用面积为10.45Å^2。

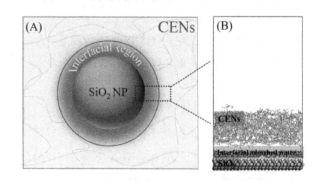

图2 （A）二氧化硅纳米粒子增强CENs的示意图；（B）研究界面水和二氧化硅表面润湿性对二氧化硅纳米粒子在CENs中粘附行为的影响的简化初始系统

1.2　模拟过程

所有的MD模拟力场选用的是COMPASS力场。通过时间步长为1 fs的velocity Verlet算法计算了原子运动方程。非键结范德华相互作用的原子截止距离设置为12.5Å，采用Ewald求和方法计算了静电相互作用。在温度为298 K的NVT系统中进行了模拟，

温度由Nose-Hoover恒温器控制。

2　结果与讨论

2.1　界面吸附水对CENs在不同润湿性二氧化硅基底上粘连行为的影响

　　为了研究界面吸附水和二氧化硅表面润湿性对CENs在二氧化硅基底上粘连性能的影响，分别在二氧化硅基片和CENs界面上放置了厚度为4.0Å、6.0Å和10.0Å的水膜。经过模拟，水膜结构随时间的总体变化如图3所示，其中CENs被隐藏以保持

水膜的清晰，改性后的二氧化硅基底表面的羟基显示为绿色（图3A），甲基显示为灰色（图3B）。对于羟基改性的二氧化硅体系，当水膜厚度为4.0Å时，在模拟过程中，观察到明显的水膜去湿现象。然而，对于水膜厚度为6.0Å和10.0Å的体系，在整个模拟过程中没有明显的水膜去湿现象。与羟基改性的二氧化硅表面相比，甲基改性二氧化硅表面的水膜去湿现象更明显（图3B）。对于水膜厚度为4.0Å和6.0Å的体系，经过0.5ns的模拟，水分子出现明显的聚集，甲基改性的二氧化硅表面的大部分区域被裸露。当水膜厚度为10.0Å时，薄膜也能稳定吸

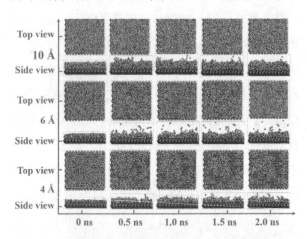 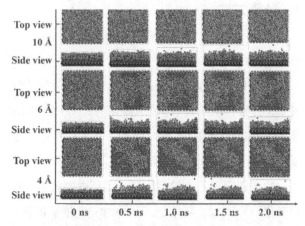

图3　（A）羟基改性的二氧化硅体系中初始水膜厚度为4Å、6Å和10Å下水膜结构的顶视图、侧视图随时间的演变；
（B）甲基改性的二氧化硅体系中初始水膜厚度为4Å、6Å和10Å下水膜结构的顶视图、侧视图随时间的演变

附在甲基改性的二氧化硅表面。

　　为了清楚地阐述，在4Å、6Å和10Å的水膜厚度下，不同润湿性的二氧化硅基片上的CENs的最终吸附构型如图4所示。对于水膜为4Å的羟基改性二氧化硅体系（图4A），许多CENs分子通过水膜占据以前被水分子占据的表面吸附位置。随着水膜厚度的增加，CENs分子通过水膜变得更加困难（图4B和C）。与羟基改性的二氧化硅表面相比，CENs分子在甲基改性二氧化硅表面上的吸附更容易（图4D-F）。即使在6Å的水膜上，大量的CENs分子也可以通过水膜被吸附在二氧化硅表面（图4E）。这可以从以下两个方面解释：一方面，水分子与改性

羟基之间的强界面相互作用（包括静电、范德华力和氢键相互作用），导致水分子在羟基改性二氧化硅衬底上的吸附很强，进而导致CENs分子的吸附势垒很大；另一方面，改性甲基上的超薄水膜不稳定，在甲基改性的二氧化硅基片上形成的片状区会导致CENs分子与二氧化硅基片直接接触，从而使CENs分子在甲基改性的二氧化硅基片上有很强的吸附能力。CENs分子的吸附也能促进水膜的除湿。

　　通过计算浓度分布，可以更定量地描述水膜和胶膜的结构随时间的变化。沿z轴表征了水分子和CENs分子浓度分布的时间演化，其中0值定义为改性羟基或甲基的表面氢原子。图5分别表示了水

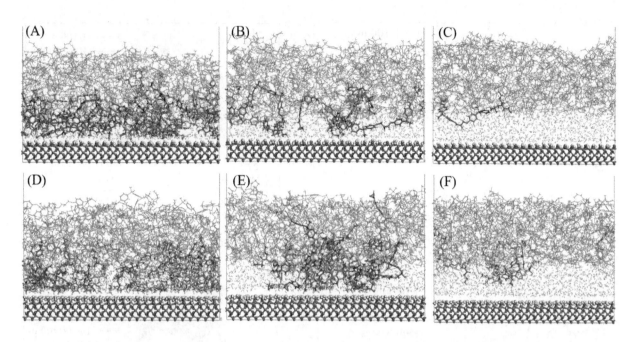

图4　（A-C）羟基改性的二氧化硅系统中水膜厚度分别为4Å、6Å和10Å时模拟体系的最终构型图；
（D-F）甲基改性的二氧化硅系统中水膜厚度分别为4Å、6Å和10Å时模拟体系的最终构型图

（A1、B1和1C）和CENs（A2、B2和C2）在羟基改性二氧化硅体系中的浓度分布。对于水分子的浓度分布（图5A1、B1和C1），位于0.50 Å和3.05 Å附近的两个峰表明水在二氧化硅表面的层状吸附结构。此外，当水膜厚度为4Å时，随着模拟的进行，第一峰值减小，第二峰值增加（图5A1），这表明水膜的收缩。这也与图5A中的结果一致。同时，二氧化硅表面附近的CENs浓度随时间增加（图5A2），表明CENs分子逐渐直接接触二氧化硅衬底。对于其他水膜，浓度分布随时间没有明显变化（图5B和C）。因此，对于羟基改性的二氧化硅表面，当薄膜厚度大于6Å时，在二氧化硅和CENs界面处可以存在稳定的水层。类似地，图6分别显示了甲基改性二氧化硅系统中水（A1、B1和C1）和CENs（A2、B2和C2）的归一化浓度分布。如图6A和6B所示，随着模拟的进行，水的第一个峰值下降，而CENs的增加，这也表明了水膜的收缩和CENs在二氧化硅基底上的吸附。然而，与羟基改性的二氧化硅体系相比，甲基改性二氧化硅体系的浓度变化更为明显，

尤其是CENs浓度的变化更明显，说明更多的CENs可以通过水膜接触到二氧化硅表面。对于带有10Å厚度水膜的系统，图6C中的浓度分布也没有明显的变化。因此，10Å厚的水膜在二氧化硅与CENs界面处能稳定存在。

图5A1、B1和C1中另一个值得提及的重要信息是水分子的第一个峰值。这对应于H–H距离，其中第一个H表示二氧化硅基底表面修饰的氢，第二个H表示水分子中的氢。这个距离约为0.5Å，在氢键作用范围内。因此，水分子可以与羟基修饰的二氧化硅基底形成氢键。氢键的存在可以提高水分子的粘连强度，抑制CENs分子的进一步吸附。然而，水分子在甲基改性的二氧化硅基底上的第一个峰值是2.5Å（图6A1、B1和C1），它已经超出了氢键的作用范围。

2.2　吸附水对二氧化硅纳米粒子（不同润湿性）在CENs中界面相互作用行为的影响

根据我们的结果，在图7中，我们得出了二氧化硅纳米粒子的表面润湿性对其在CENs中吸水前

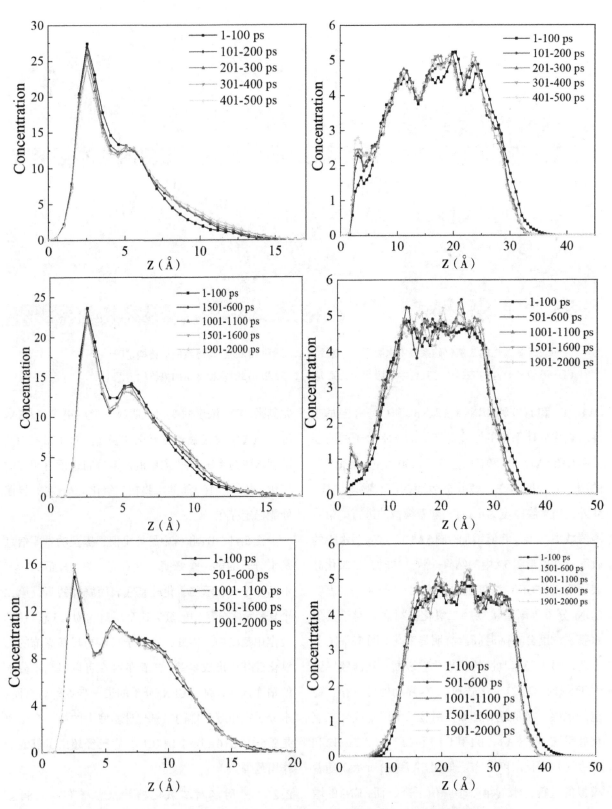

图5 在4Å（A）、6Å（B）和10Å（C）水膜厚度下，羟基改性二氧化硅体系的
水分子（A1、B1和C1）和CENs分子（A2、B2和C2）归一化浓度分布的时间演化

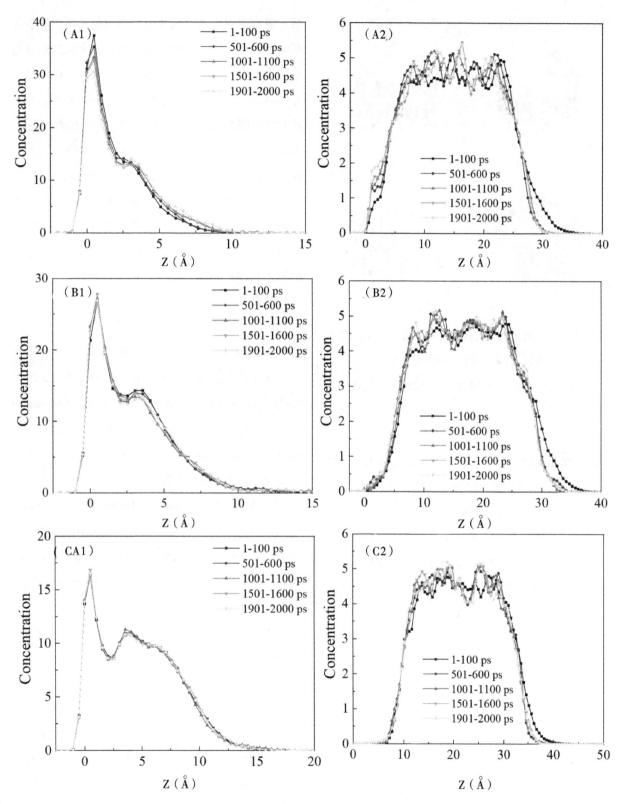

图6 在4Å（A）、6Å（B）和10Å（C）水膜厚度下，甲基改性二氧化硅体系的
水分子（A1、B1和C1）和CENs分子（A2、B2和C2）归一化浓度分布的时间演化

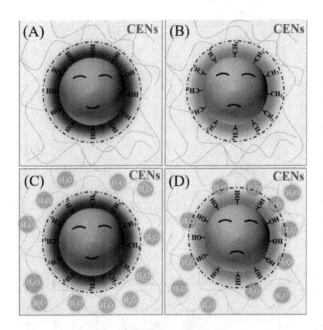

图7 二氧化硅表面润湿性对其在吸水前（A、B）和吸水后（C、D）粘连性影响的示意图

后粘附性能的影响。在吸水前，亲水性二氧化硅表面（图7A）可以通过界面范德华力、库伦力和氢键相互作用，使CENs中的二氧化硅纳米粒子具有较强的界面结合强度。然而，疏水二氧化硅纳米颗粒在CENs中的结合强度（图7B）相对较弱，这是由于其表面的非极性特性，即缺乏界面库伦力和氢键相互作用。相反，由于甲基改性的二氧化硅表面的非极性特性，二氧化硅纳米粒子的疏水性抑制了二氧化硅与CENs界面处的水吸附（图7C）。然而，对于亲水性二氧化硅，水分子会在界面区域聚集，吸附的水会削弱二氧化硅 纳米颗粒与CENs之间的结合强度。因此，在干燥环境中，亲水改性的二氧化硅纳米粒子能获得较强的界面结合强度，而在潮湿环境下，则应该对二氧化硅纳米粒子进行疏水改性。

3 结论

本文通过MD模拟研究了吸水率对二氧化硅纳米颗粒在CENs中界面粘附的影响。同时考虑了二氧化硅表面润湿性对界面粘附行为的影响。结果表明，吸水率对界面粘结性能的影响与二氧化硅表面润湿性密切相关。在吸水前，亲水二氧化硅通过范德华力、静电和氢键相互作用与CENs具有较强的界面粘着性。然而，吸水后，水分子与亲水二氧化硅的结合能力较强，会占据CENs分子的吸附位点，最终可能导致CENs从二氧化硅表面剥离。然而，疏水二氧化硅由于与水分子的弱相互作用，对CENs的吸水率有较大的容忍性。我们的结果为二氧化硅纳米粒子表面的改性设计提供了明确的指导，即根据纳米复合材料的不同应用环境，将二氧化硅纳米粒子表面进行不同的改性，使其在CENs中的界面结合更强。

参考文献：

[1]Guo Q, Zhu P, Li G, Wen J, Wang T, Lu D D, Sun R, Wong C. Study on the effects of interfacial interaction on the rheological and thermal performance of silica nanoparticles reinforced epoxy nanocomposites [J]. Composites, Part B, 2017, 116: 388-397.

[2]Suresh S, Saravanan P, Jayamoorthy K, Kumar S A, Karthikeyan S. Development of silane grafted ZnO core shell nanoparticles loaded diglycidyl epoxy nanocomposites film for antimicrobial applications [J]. Mater. Sci. Eng., 2016, C64: 286-292.

[3]Kumar K, Ghosh P, Kumar A. Improving mechanical and thermal properties of TiO₂–epoxy nanocomposite[J]. Composites, Part B, 2016（9）: 353-360.

[4]Ramezanzadeh B, Haeri Z, Ramezanzadeh M. A facile route of making silica nanoparticles-covered graphene oxide nanohybrids（SiO₂-GO）; fabrication of SiO₂-GO/epoxy composite coating with superior barrier and corrosion protection performance [J]. Chem. Eng. J., 2016, 303: 511-528.

[5]Wang L, Qiu H, Liang C, Song P, Han Y, Han Y,

Gu J, Kong J, Pan D, Guo Z. Electromagnetic interference shielding MWCNT-Fe$_3$O$_4$@Ag/epoxy nanocomposites with satisfactory thermal conductivity and high thermal stability [J]. Carbon, 2019, 141: 506–514.

[6]Imani A, Zhang H, Owais M, Zhao J, Chu P, Yang J, Zhang Z. Wear and friction of epoxy based nanocomposites with silica nanoparticles and wax-containing microcapsules [J]. Composites, Part A, 2018, 107: 607–615.

[7]Li Q, Barrett D G, Messersmith P B, Holten-Andersen N. Controlling hydrogel mechanics via bio-inspired polymer–nanoparticle bond dynamics [J]. ACS Nano, 2016, (10): 1317–1324.

[8]Zare Y. Determination of polymer-nanoparticles interfacial adhesion and its role in shape memory behavior of shape memory polymer nanocomposites [J]. Int. J. Adhes., 2014, 54: 67–71.

[9]Hsieh T, Kinloch A, Masania K, Taylor A, Sprenger S. The mechanisms and mechanics of the toughening of epoxy polymers modified with silica nanoparticles [J]. Polymer, 2010, 51: 6284–6294.

[10]Johnsen B, Kinloch A, Mohammed R, Taylor A, Sprenger S. Toughening mechanisms of nanoparticle-modified epoxy polymers [J]. Polymer, 2007, 48: 530–541.

[11]Rahman I A, Padavettan V. Synthesis of silica nanoparticles by sol-gel: size-dependent properties, surface modification, and applications in silica-polymer nanocomposites-a review [J]. J. Nanomater., 2012, 8.

[12]Zare Y, Rhee K Y, Hui D. Influences of nanoparticles aggregation/agglomeration on the interfacial/interphase and tensile properties of nanocomposites [J]. Composites, Part B, 2017, 122: 41–46.

作者简介：李文，中国海洋大学，讲师
联系方式：liwen_2015@163.com

发表刊物：Applied Surface Science, 2020, 502: 144-151.

三种不同导电填料对聚氨酯导电涂层应用性能的影响

李　航　于美燕　张新宇　韩晓梅　齐　琦　陈守刚

摘要：本论文拟使用三种不同形貌的无机导电填料，通过用不同的分散剂对三种无机填料分别进行分散处理改性，先选出对改性填料分散性最好的助剂，然后研究用该助剂改性的填料对聚氨酯树脂涂层导电性、力学性能、耐热性能等应用性能的影响，选出最好的导电填料。测试发现，用助剂 DISPERBYK-P104S 改性过的导电钛白粉掺入聚氨酯树脂涂层后所有性能均优于其余填料掺入的涂层。涂层的电阻在室温下最小，在 3.5% NaCl 溶液浸泡 800 h 后附着力仍然在 2.1 MPa 以上，该涂层拉伸强度为 16.53 MPa，拉断伸长率为 650%，具有较好的弹性和力学强度，同时在 300℃烧蚀每次 15 min，烧蚀三次后，该涂层的表面仍然保持平整。因此，当导电填料为用 DISPERBYK-P104S 改性过的导电钛白粉时，聚氨酯树脂涂层的表面电阻在 100℃以下均介于 0.5~25 MΩ，而且该导电涂料的其他应用性能也为最佳。

关键词：导电性能；无机填料；助剂；电阻；断裂拉伸强度；拉断伸长率；耐热性能

导电涂料是随着现代工业发展而产生的特种功能涂料，已经在航空航天、电子、化工、军用等方面有广泛的应用。在1948年，美国已经将银掺入环氧树脂制成导电胶，这是已有公开的最早的导电涂料。[1-4] 随着导电涂料理论研究的深入，导电涂料的应用技术日益成熟与完善。

本文以聚氨酯树脂为主要树脂，由于其含有具有很强极性和化学活泼性的 -NCO-（异氰酸根）、-NHCOO-（氨基甲酸酯基团），与含有活泼氢的基材，如泡沫、塑料、木材、皮革、织物、纸张、陶瓷等多孔材料，以及金属、玻璃、橡胶、塑料等表面光洁的材料都有优良的化学黏结力，因而被普遍应用于国民经济的众多领域。因此很多导电涂料是通过在树脂中掺杂一些导电填料提高其导电能力、力学性能和耐腐蚀性能[5-9]，同时保证表面的美观。[10]陈亮[11]用丙烯酸聚氨酯作为成膜物，以短切碳纤维为导电填料，通过添加不同助剂制备了碳纤维/丙烯酸聚氨酯导电涂料及其涂层，提升了树脂的导电性。尹媛等[12]用炭黑（CB）为导电填料、聚氨酯（PU）为成膜物，制备聚氨酯改性的炭黑粒子（CB-PU），增强了其导电性能的同时还改善了它的力学性能。

然而以往研究的聚氨酯树脂导电涂料，其耐热性较差（一般耐热温度低于120℃），而且附着力较低。本文创新性地在浆料中添入小粒径的空心玻璃微珠im30k，利用其空心的特点以降低涂层的热传导率，提高了涂层的耐热性能，同时，由于其粒径较小可提高涂层的致密性和附着力；与此同时，在固化剂中加入了疏水性的F0302氟树脂，以提高涂层的疏水性能，然后选择了三种不同形貌的无机导电填料，通过用不同的DISPERBYK分散剂对三种无机填料进行分散处理，之后将改性的无机填料掺入聚氨酯浆料中制备得到了聚氨酯导电涂料，研究了三种填料对聚氨酯涂层导电性、耐腐蚀性能、力学性能和耐热性能的影响。

1 结果及分析

1.1 不同无机填料的分散性分析

通过对不同无机填料在不同助剂中分散性的对比，发现无论处理何种导电填料，经DISPER-BYK-P104S处理过的分散性明显比其余两组助剂处理过的分散性好。这是因为DISPERBYK-P104S助剂含有少量的硅氧烷聚合物，为疏水性分子链，有助于防止形成贝纳德漩涡和条纹，增进表面滑爽、流平以及无机填料的定向。同时发现，这几种助剂处理过后的无机填料中导电钛白粉的分散性最好。

为了比较改性填料的长期稳定性，又对其做了沉降试验。沉降试验可以显示出改性填料在聚氨酯树脂中的相容性。经过7天的沉降试验发现，ITO和导电云母无论用何种助剂处理都发生了分层现象，而导电钛白粉无论用何种助剂处理均未出现明显的分层。15d后，ITO和导电云母无论用何种助剂处理，都发生了明显的分层现象，用DISPERBYK-163和DISPERBYK-2001改性过的导电钛白粉均出现了较为明显的分层，而用DISPERBYK-P104S助剂处理过后仍未出现明显的分层，如图1所示，证明了用DISPERBYK-P104S助剂处理过的导电钛白粉在聚氨酯树脂中分散性能最好。

为了进一步验证DISPERBYK-P104S助剂对三种无机填料的不同改性效果，对其进行红外光谱分析，如图2所示。在图中，3360~3258 cm^{-1}处为—OH的特征吸收峰，1745 cm^{-1}处为C＝O的特征吸收峰，471 cm^{-1}、475 cm^{-1}处为Si-O-Si的特征吸收峰。分析发现，改性过的ITO和导电钛白粉表面都接枝了部分DISPERBYK-P104S的含Si官能团，而导电云母改性过后仍未出现明显的官能团，而且在改性导电钛白粉的红外图谱上还出现了–OH和C＝O的特征吸收峰，说明改性过后的导电钛白粉接枝了助剂上的分子链，分子链之间相互排斥提高了其分散性。

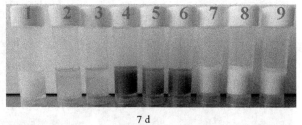

图1　不同助剂处理的无机填料的沉降试验

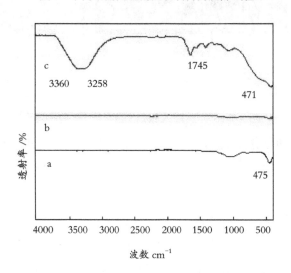

a. ITO；b. 导电云母；c. 导电钛白粉

图2　DISPERBYK-P104S改性过的无机填料的红外光谱

1.2 涂层的导电性能分析

分别将12wt.%的ITO、导电云母和导电钛白粉加入聚氨酯树脂的浆料中制备涂层，测量其电阻。为了研究填料的不同形貌对涂层导电性能的影响，对这三组涂层做SEM测试分析，如图3所示。

a. ITO涂层　　　　　　　　b. 导电云母涂层　　　　　　c. 导电钛白粉涂层

图3　掺入不同改性填料的聚氨酯树脂涂层的表面SEM图

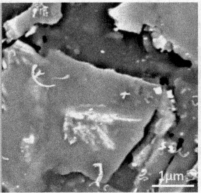
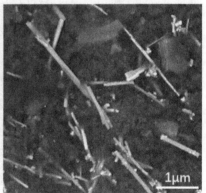

a. ITO填料　　　　　　　　b. 导电云母填料　　　　　　c. 导电钛白粉填料

图4　不同填料的SEM图像

图3显示，在掺入ITO（ITO形貌如图4a所示）和导电云母（导电云母形貌如图4b所示）的聚氨酯树脂的涂层中，这两种改性填料都有团聚和结块现象，并没有形成一个交联的导电网络，而掺入导电钛白粉的涂层中，填料分散均匀，相互连接组成了一个交联网络，因此当测量其电阻时，任意两点间均由于有导电钛白粉的填充而形成一个导电通路，使得导电性能良好。究其原因可能是得益于导电钛白粉具有的棒状结构（导电钛白粉形貌如图4c所示），由于其较大的长径比，导电粒子相互接触点单位密度增加，使得导电钛白粉在掺入涂层中后更容易相互搭建成电子通路，使得电阻下降。而其余两种填料由于都接近球状，不易填补绝缘体的缺陷，因此掺入涂层后导电性能不如导电钛白粉。

1.3　涂层的疏水性能分析

为了研究导电涂层的亲疏水性能，测量了各涂层在3.5% NaCl溶液中浸泡不同时间后的水接触角。图5显示了在铝合金板上不同导电涂层随时间水接触角变化的趋势。可以看出，导电钛白粉涂层的水接触角在浸泡初期是107°，并且在浸泡时间延长至400 h后，该涂层的水接触角仍大于90°，具有良好的疏水性能。这归因于助剂本身与导电钛白粉较好的接枝性，加上助剂本身的疏水性使得该涂层也具有良好的疏水性，而且固化剂中的FO302树脂本身具有的低表面能，使得该涂层具有较低的润湿性。

1.4　涂层的附着力分析

附着力是评价涂层耐腐蚀性能的一个指标，是涂层与金属基底的结合力的一个体现，更说明了涂

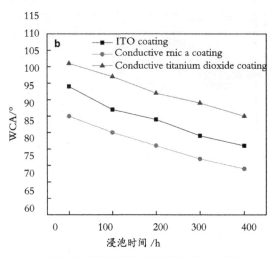

图5 不同涂层浸泡不同时间的水接触角

层对金属基底的保护作用。图6为掺杂不同改性填料的导电涂层的干态附着力及在3.5% NaCl溶液中浸泡不同时间后涂层对金属基底的附着力。未被NaCl溶液浸泡时，掺入改性导电钛白粉的聚氨酯涂层的附着力最高。随着浸泡时间的增加，所有涂层的附着力都有所下降，但导电钛白粉涂层附着力下降最慢，保持着最高的水平，在浸泡800 h后附着力仍然在2.1 MPa以上，说明导电钛白粉涂层对金属基底和环氧玻璃布基底均可提供较为长效的保护。

1.5 涂层的力学性能分析

为了探究这三种导电涂层的力学性能，对其进行了室温（25℃）下拉伸强度和拉断伸长率的测试。

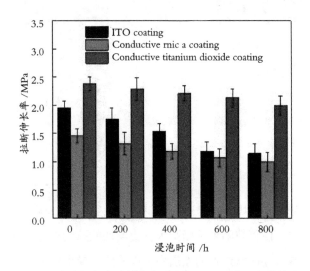

图6 不同涂层在金属基底上浸泡不同时间的湿态附着力

结果如图7所示。

由图7可见，无论是拉伸强度还是拉断伸长率，掺入导电钛白粉的涂层性能都是最好的（拉伸强度为16.53 MPa，拉断伸长率为650%），说明涂层具有最好的力学性能。这是因为掺入导电钛白粉后，由于导电钛白粉本身就具有较好的力学性能，在涂层发生弹性形变时，可以充当涂层中的应力集中点，消耗和吸收了较多外界的破坏力，使得涂层的塑性形变改善，屈服强度也增加；再加上导电钛白粉的分散较为均匀，涂层中整体的应力集中现象较为轻微，不易造成局部应力较大的情况，提高了其塑性变形和弹性。而加入其他改性填料的涂层由于团聚比较严重，导致其局部应力集中使得力学性能较差。

再对其进行应力（σ）-应变（ε）试验分析，得到如图8所示的曲线，其结果印证了图7的力学性能。

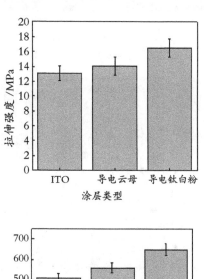

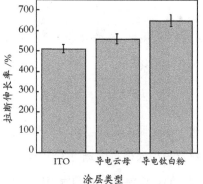

图7 各涂层的拉伸强度和拉断伸长率的测试结果

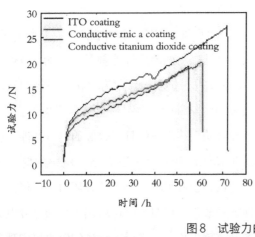
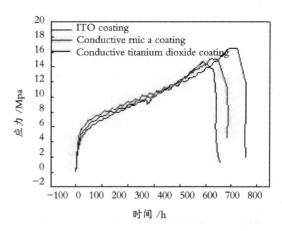

图8　试验力的变化与应力应变曲线

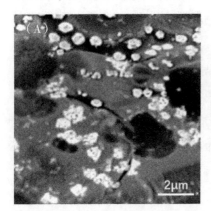
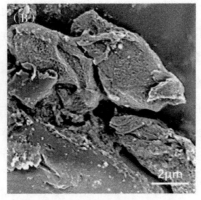
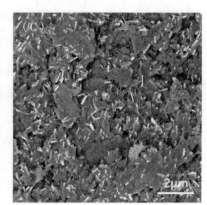

a. ITO涂层　　　　　　　b. 导电云母涂层　　　　　　c. 导电钛白粉涂层

图9　三种涂层横截面的SEM图像

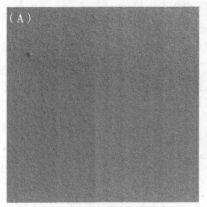
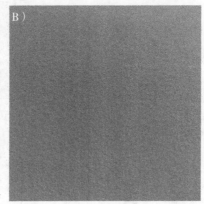

a. ITO涂层　　　　　　　b. 导电云母涂层　　　　　　c. 导电钛白粉涂层

图10　涂层的初始状态

为了进一步验证填料的填充效果对其力学性能的影响，对三种涂层横截面进行SEM分析，如图9所示。在掺入ITO和导电云母的涂层中，有颗粒团聚和缝隙，甚至出现了大块的缺陷，同时伴随着部分气泡。因此在进行拉伸试验时，容易造成应力集中，使得缺陷处不断扩大，力学性能急剧下降。在掺入导电钛白粉的涂层中可以看到，导电钛白粉的棒状颗粒均匀且致密地分布在树脂之间，当进行拉

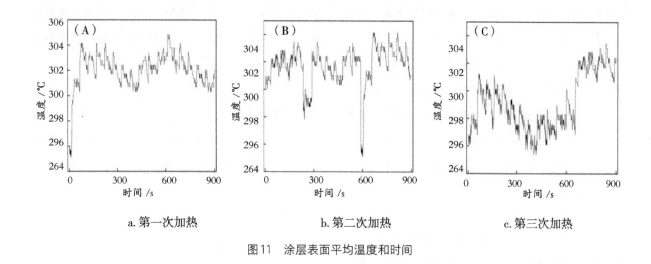

a. 第一次加热　　　　　　b. 第二次加热　　　　　　c. 第三次加热

图11　涂层表面平均温度和时间

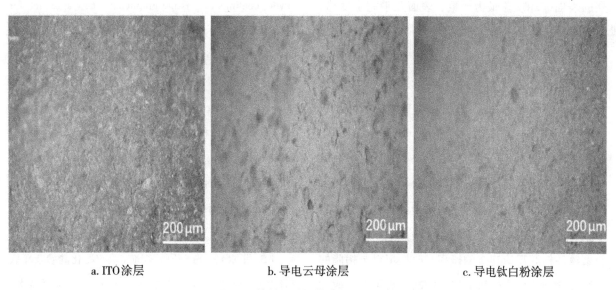

a. ITO涂层　　　　　　b. 导电云母涂层　　　　　　c. 导电钛白粉涂层

图12　烧蚀后涂层的表面三维形貌

伸试验时，导电钛白粉抵消了外界拉力对树脂的直接破坏，使得涂层力学性能上升。

1.6　涂层的耐热性能分析

图10为三种涂层在刚喷涂完毕时的状态，可以看出，在刚开始的时候，导电钛白粉涂层的表面是比较均匀的，而其余两组均有部分的颗粒团聚现象。

为了探究三种涂层在高温环境下的适应能力，将喷涂后的涂层在马弗炉中300℃循环加热三次，每次900s，待涂层冷却到室温后再进行下一个加热过程，观察其表面碳化程度。利用热红外成像仪监测马弗炉中加热的涂层表面平均温度随时间的变化，结果如图11所示。

由图11可以看出，在三次加热的过程中，涂层表面的平均温度均在300℃±5℃范围内，可以认为热量全部传递到了涂层表面，且每次高温时间都持续到了900s。

300℃下对三种涂层分别加热一次后，导电云母涂层已经开始硬质、碳化，且伴有强烈的起泡现象；ITO涂层颜色稍微变化，但高温下取出后涂层附着强度较低，可轻易刮除；导电钛白粉涂层颜色稍微变化，且发生轻微碳化，虽然高温下取出后涂层附着强度较低，但降低幅度不大。300℃下加热三次后，用刀片轻划各涂层的表面后发现，ITO涂层已可以比较容易地在上面留下划痕，且划痕较深；用相同的力度划导电钛白粉涂层划痕不明显，且划痕深度最浅，说明在烧蚀后导电钛白粉涂层仍能保持较强的附着力和较大的硬度。用三维电子显微镜对涂层烧蚀三次后做了三维形貌分析，如图12所示。

从图12中看出，经过烧蚀后，ITO涂层的表面有较多的团聚现象且出现了部分空洞，导电云母涂层的表面破坏现象最为严重，表面几乎完全变形，出现了很多雾影、坑洼和裂纹。而导电钛白粉涂层的表面仍然保持平整，没有出现明显的团聚和裂纹，也未出现明显的凸起和起泡，致密性仍然保持良好。这主要是因为掺入ITO和导电云母改性填料的涂层，由于表面活化程度较差，填料极易团聚，聚氨酯树脂的缺陷未能得到改善，所以使得填料与树脂的相容性差，性能下降；而导电钛白粉在用DISPERBYK P104S助剂改性过后上面接枝了较多的活性官能团，这些官能团的存在提高了导电钛白粉与聚氨酯树脂反应连接的概率，改性填料与树脂的相容性增强，使得聚氨酯树脂的缺陷被填充，改性填料的团聚效应大大降低，涂层的致密性得到了极大的提升。

2 结论

制备了三种加入不同填料（ITO、导电云母和导电钛白粉）的聚氨酯树脂导电涂层。研究结果表明，用助剂DISPERBYK-P104S改性过的导电钛白粉掺入聚氨酯树脂后，导电钛白粉可以实现在聚氨酯树脂中的均匀分散，从而能提供更多的导电通路，加上它本身较好的力学性能和弹性，可减缓涂

层缺陷的局部应力集中现象，同时，增加了填料与树脂的相容性，填充了聚氨酯树脂的缺陷，提高了涂层的致密性，使涂层具有良好的应用性能。

参考文献：

[1]Andriessen R, Snetselaar J, Suer R A, et al. Electrostatic coating enhances bioavailability of insecticides and breaks pyrethroid resistance in mosquitoes [J]. Proceedings of the National Academy of Sciences of the United States of America, 2015, 112（39）：12081-12086.

[2]Nine M J, Kabiri S, Tung T T, et al. Electrostatic powder coatings of pristine graphene: a new approach for coating of granular and fibril substrates [J]. Applied Surface Science, 2018, 441: S0169433218302228.

[3]Avelino F, Miranda I P, Moreira T D, et al. The influence of the structural features of lignin-based polyurethane coatings on ammonium sulfate release: kinetics and thermodynamics of the process [J]. Journal of Coatings Technology & Research, 2018: 1-15.

[4]陆刚. 聚氨酯树脂涂料发展潜力分析 [J]. 化学工业, 2014, 32（8）：12-16.

[5]张永兴, 陈守刚, 李航, 等. 氮化硅掺杂环氧树脂复合涂层的制备及耐腐蚀性能研究 [J]. 表面技术, 2018（1）：100-108.

[6]Zhang Y, Zhao M, Zhang J, et al. Excellent corrosion protection performance of epoxy composite coatings filled with silane functionalized silicon nitride [J]. Journal of Polymer Research, 2018, 25（5）：130.

[7]Ghahremani L, Shirkavand S, Akbari F, et al. Tensile strength and impact strength of color modified acrylic resin reinforced with titanium dioxide nanoparticles [J]. Journal of Clinical & Experimental Dentistry, 2017, 9（5）：e661-e665.

[8]He J, Shi J, Cao X, et al. Tensile mechanical prop-

erties and failure modes of a basalt fiber/epoxy resin composite material [J]. Advances in Civil Engineering, 2018（11）: 1–10.

[9]Inamdar D, Agashe C, Kadam P, et al. Doping optimization and surface modification of aluminum doped zinc oxide films as transparent conductive coating [J]. Thin Solid Films, 2012, 520（11）: 3871–3877.

[10]张涛，吴玉清，王菊琳. 北京宫殿、坛庙古建筑"宫墙红"的组成及色差 [J]. 表面技术，2017，46（2）:18–26.

[11]陈亮. 碳纤维/丙烯酸聚氨酯导电涂料制备及其性能研究 [J]. 表面技术，2016，45（8）:110–114.

[12]尹媛，张斌，韩建，等. 炭黑改性及对水性聚氨酯涂膜导电性的影响 [J]. 精细化工，2018，35（6）:1049–1054.

作者简介：李航，中国海洋大学，硕士研究生
联系方式：1224188205@qq.com
发表刊物：《表面技术》，2019，48（10）:148–156.

第二章

改善民生福祉，
全力推进健康青岛建设

关于加强青岛西海岸新区社区定点医疗机构医保服务稽查监管工作的调查与思考

庄洪艳　尚振明

摘要：医疗保障基金是人民群众的"保命钱"，必须始终把维护基金安全作为首要任务，织密扎牢医保基金监管的制度笼子，着力推进监管体制改革，以"零容忍"的态度严厉打击欺诈骗保行为。为确保基金安全高效、合理使用，需不断加强社区医保服务稽查监管工作：一是推行标准化稽查监管，二是加强稽查业务培训，三是探索实施精准稽查，四是加强稽查队伍建设。

关键词：零容忍；标准化；稽查监管；精准稽查

《中共中央国务院关于深化医疗保障制度改革的意见》（2020年2月25日）指出，医疗保障基金是人民群众的"保命钱"，必须始终把维护基金安全作为首要任务，要织密扎牢医保基金监管的制度"笼子"，着力推进监管体制改革，以"零容忍"的态度严厉打击欺诈骗保行为，确保基金安全高效、合理使用。为了促进青岛西海岸新区（以下简称"新区"）社会医疗保险健康、有序发展，掌握新区定点社区的运行现状，我们选取了4家医保定点社区医疗机构作为样本点进行了现场调研，又通过网上查询医保服务平台、查阅历次社区定点稽查资料、分析当地医保部门社区稽查和监管队伍数据等方式，全面了解社区定点医疗机构（以下简称"社区"）医保服务稽查监管工作情况，分析总结面临的困难和问题，提出提升社区定点医保服务稽查监管水平的思路和方法。

1　社区医保服务稽查监管工作的基本现状

1.1　社区定点基本情况

新区共有医保社区定点医疗机构145家，其中公立28家，民营117家。社区定点医疗机构是满足广大群众的基本就医需求，让医保服务延伸到基层群众的"APP客户端"，服务的优劣直接关系到国家医保政策在基层的落实程度和群众满意度高低。通过本次现场调研和历次稽查汇总分析，大部分社区能够按照政策或协议要求规范服务，群众满意度比较高。

1.2　稽查队伍基本情况

一是全部工作人员情况，医保部门工作人员共计130人，其中行政编制10人，事业编制45人，企业编制24人，第三方派驻51人，专职从事社区医保业务稽查人员7人。二是专业稽查人才情况，医学和财会专业人员是组建稽查队伍最适合的人选。按目前医保部门人员专业现状分析，财会专业37人，占总人数的28%；卫生专业38人，占总人数的29%；两专业合计人数75人，占58%。

1.3　社区人员从业情况

从现场调研和网上医保信息化平台看，大部分社区从业人员能达到医保服务要求，能满足基本的医疗服务需求。

2 社区医保服务稽查监管工作存在的问题及其原因

2.1 主要问题

2.1.1 社区医保业务水平需要提升

通过本次现场调研和历次稽查结果汇总，发现存在问题或不足152项次，平均每个社区约1项问题或不足，其中门诊统筹协议书不规范现象较多，药品出入库数据变更不及时、医保制度不健全、医保业务不熟练等现象仍然存在。

2.1.2 社区稽查专业队伍需要加强

一是社区稽查人员数量少，仅有7人，难以全面检查到位，必须全员参与稽查。全局工作人员编制成分复杂，流动性强，有一定的人员队伍不稳定风险。二是专业稽查人才缺少，医学和财会专业人员仅占58%，近一半人员达不到专业稽查人员的专业要求，专业人才缺口较大。

2.2 原因分析

2.2.1 社区业务培训力度不强

一是社区组织从业人员的培训力度不够，医保政策和业务要求只有医保负责人掌握，对从业人员没有指导到位。二是平时医保业务培训次数较少，年均不到2次，社区业务主要靠电话问询和社区之间相互学习。三是系统化专业培训缺乏，特别是缺少医学和药品管理等方面的培训。

2.2.2 社区稽查专业人员缺乏

一是医保部门是新成立的单位，人员较少，难以保证每个科室人员力量充足。二是医学专业人才在医保部门难以发展提升，现行的职称晋升制度规定医学专业不在医保部门设置岗位，导致吸引不到高级医学专业人才来医保部门工作。三是受编制限制，需要使用较多的企业编和第三方人员，造成人员不稳定。

3 加强社区医保服务稽查监管工作的对策举措

3.1 推行标准化稽查监管

一是明确业务要求，推行标准化稽查流程和内容。针对社区定点从业人员对医务业务不熟和稽查队伍专业人员不足等问题，建议建立标准化稽查体系，涉及两个层面，一方面对社区业务要求标准化，另一方面对稽查内容方式方法标准化。标准化有利于社区医保服务规范化，有利于稽查队伍快速组建，容易速成上手，提高稽查效率和针对性。二是明确分类标准，分级稽查。建立稽查台账，记录每个社区每次稽查存在问题的数量和问题大小，制定分级标准，评估出A、B、C3个层级，对出现问题较多、问题较大的C级社区重点稽查，多次稽查，直至没有问题，屡教不改的进入稽核程序，落实违约责任。

3.2 加强稽查业务培训

一是定期对医保干部进行业务培训，业务骨干相互轮流讲课结合邀请专家、教授授课，及时掌握医保国内外形势及发展方向，与时俱进。二是加强社区从业人员培训，针对日常稽查发现问题和医保政策业务的调整变动，每季度至少安排一次标准化培训讲座。让社区从业人员明确哪些工作必须做好和怎样做好，哪些行为被严厉禁止及其违约后果。坚持预防为主，逐步将医疗规则、医保规则的稽查培训前移，在事前、事中提醒和警示，从源头预防不合理医疗费用的发生。

3.3 探索实施精准稽查

一是加强专业精准稽查研究，重点研究突破医疗和财务两个专业性较强、风险点和问题较多的两大稽查关键点。医保部门应分医疗文书和财务药品两个专业组分头研究稽查内容、风险点和方法，形成标准化稽查攻略，一方面让专业零基础稽查队员也能随即开展稽查，另一方面到社区现场可以直奔主题，提"能"增"效"，实现风险点精准稽查。二是单笔金额筛选精准稽查，运用信息大数据分析，通过医保信息化系统筛选出单笔药费金额经常超过300元、500元、1000元的社区定点进行药费真实性专项稽查，对经常发生进口贵重药品费用拨付的定点社区进行药品串换专项稽查。三是数据异动精准稽查，对每月拨付医保资金进行数据连续分析，对近期金额徒增异动的社区定点进行异动专项稽查，分析异动原因，确认是否存在违规。逐步建立、健全大数据分析机制，充分利用大数据分析监测，提高事后费用稽查准确率。

3.4　加强稽查队伍建设

一是坚持高起点，建设专业化的医保稽查队伍，鼓励临床医学和财务会计专业的大学毕业生加入。同时强化定期业务培训，以增强稽查人员发现问题、查处违规的执行能力。二是探索建立"社会监督员"制度，面向社会各界选聘医保监督员，对社区定点医疗机构进行暗访或明查，参与医保经办机构的常规决策听证或现场稽查行动。

作者简介：庄洪艳，中共青岛西海岸新区工委党校，高级讲师

联系方式：18563958818@126.com

让胰岛 β 细胞修生养息：以高脂低碳生酮饮食干预为核心的"五位一体"2 型糖尿病整合治疗新方案

栾　健　宋一全　姚民秀　杨乃龙　刘淑娟　邓丽艳　朱　兵

摘要：2 型糖尿病的病因和发病机制目前尚不明确。作者通过大量的实验证实，2 型糖尿病患病原因与患者长期碳水化合物摄食过量、脂肪类食物摄入不足、运动量缺少、生活及工作压力过大、情志失调等不正确的生活习惯和诱发因素密切相关。

关键词：2 型糖尿病；高脂低碳生酮饮食；胰岛素抵抗；胰腺"休假"；胰岛 β 细胞；茶疗；运动疗法；健康教育

随着中国人口老龄化的加剧与人们生活方式的变化，糖尿病患病率从 1980 年的 0.67% 飙升至 2013 年的 10.40%。调查结果显示，中国成人糖尿病患病率为 11.60%（95% 可信区间 11.30%~11.80%），男性、女性分别为 12.10%（11.70%~12.5%）、11.00%（10.70%~11.40%），给社会和家庭带来了沉重的负担。[2]1 型糖尿病病因和发病机制尚不清楚，其显著的病理生理学特征是胰岛 β 细胞数量显著减少，甚至消失而导致胰岛素分泌显著下降或缺失。[1]2 型糖尿病的病因和发病机制目前亦不明确，其显著的病理生理学特征为胰岛素调控葡萄糖代谢功能的下降（胰岛素抵抗）伴随胰岛素 β 细胞功能缺陷所导致的胰岛素分泌减少（或相对减少）。[1]作者通过大量的实验证实，2 型糖尿病患病原因与患者长期碳水化合物摄食过量、脂肪类食物摄入不足、运动量缺少、生活及工作压力过大、情志失调等不正确的生活习惯和诱发因素密切相关。

1　目前糖尿病治疗的指导思想与方法

目前糖尿病的治疗方法有多种，包括饮食干预、运动锻炼[3]以及药物治疗[4]等。《中国 2 型糖尿病防治指南（2017 年版）》[1]中罗列了多种降糖药物，但治疗效果仍未令人满意，且糖尿病的患病率未得到有效控制。追根求源，不论是口服降糖药还是使用胰岛素，或联合用药，其治疗的指导思想均为通过药物来刺激胰腺胰岛细胞分泌胰岛素，减少肝脏葡萄糖的输出，改善外周胰岛素的敏感性，抑制血糖吸收，或直接补充外源性胰岛素来维系血糖水平。但鲜有药物治疗或者解决方案是从恢复 2 型糖尿病患者受损胰腺胰岛功能着手。口服降糖药并不能导致胰腺功能的恢复，可能只是一种"饮鸩止渴"的应急之策。根据拉马克的用进废退学说[5]，长期胰岛素的注射将最终导致 2 型糖尿病患者受损的胰腺因长期不发挥作用而丧失功能。

2　目前临床治疗 2 型糖尿病药物的缺陷

翻开《中国 2 型糖尿病防治指南（2017 年版）》[1]，可以清楚地看到目前 2 型糖尿病的常规治疗路径以及常规使用药物。根据《中国 2 型糖尿病防治指南（2017 年版）》中 2 型糖尿病综合控制目标和高血糖的治疗路径中高血糖的药物治疗，不论是口服降糖药，还是胰高血糖素样肽－1（GLP-1）

受体激动剂以及胰岛素，均对临床上控制、平稳患者血糖起到一定作用，但对于 2 型糖尿病患者胰腺胰岛细胞受损这一根本问题的解决以及各种糖尿病并发症的控制，均达不到理想效果。作者就这些主要药物在临床治疗上的缺陷分析如下。

2.1 口服降糖药

口服降糖药主要是通过促进胰岛素分泌、减少肝脏葡萄糖的输出、改善外周胰岛素抵抗来降低血糖，但临床副作用也十分明显。[1]

2.1.1 二甲双胍类

与胰岛素或胰岛素促泌剂联合使用时，可增加低血糖发生的风险，同时存在胃肠道反应，对肾、肝功能不全、严重感染或手术患者均不能使用。[6]

2.1.2 磺脲类药物

虽然能刺激 β 细胞分泌胰岛素，增加体内的胰岛素水平而降低血糖，但磺脲类药物使用不当可导致高胰岛素血症、体质量增加，对老年患者、肾功能不全患者应注意低血糖反应。[1]

2.1.3 噻唑烷二酮类药物（TZDs）

通过增加靶细胞对胰岛的敏感性而降低血糖，但与胰岛素或胰岛素促泌剂联合使用会增加低血糖发生的风险，并且 TZDs 会导致体质量增加、水肿以及骨折与心力衰竭的风险。[7]

2.1.4 格列奈类药物

此类药物主要通过刺激胰岛素分泌达到治疗目的，与二甲双胍联合治疗，增加了低血糖风险。[8]

2.1.5 α–糖苷酶抑制剂

通过抑制碳水化合物在小肠吸收而降低餐后血糖，同时也存在着严重的胃肠道反应，如腹胀、排气。

2.1.6 二肽基肽酶–4（DPP-4）抑制剂

通过抑制 DPP-4 而减少 GLP-1 在体内的失活，使内源性 GLP-1 的水平升高，增强胰岛素分泌，抑制胰高糖素分泌，从而降低血糖水平，部分 DPP-4 抑制剂与心力衰竭而住院的风险增加相关。[9]

2.1.7 钠–葡萄糖协同转运蛋白 2（SGLT2）抑制剂

通过抑制肾脏肾小管中负责从尿液中重吸收葡萄糖的 SGLT2 而降低肾糖阈，促进葡萄糖排泄，从而达到降低血液循环中葡萄糖水平的作用，但 SGLT2 抑制剂往往会导致生殖尿路感染及酮症酸中毒，罕见的急性肾损伤与骨折，以及足趾截肢。[10-13]

2.2 GLP-1 受体激动剂

通过 GLP-1 受体而发挥降低血糖、增强胰岛素分泌、抑制胰高糖素分泌、延缓胃排空等作用，还可通过中枢性的食欲抑制来减少进食量，但 GLP-1 受体激动剂也可引起严重的胃肠道反应，如恶心、呕吐。

2.3 胰岛素

胰岛素治疗是控制高血糖的重要手段，尤其是针对酮症酸中毒患者，只有胰岛素才能快速降低患者血糖水平，通过给患者大量补液及体液酸性的纠偏，从而治疗酮症酸中毒症状。1 型糖尿病患者需依赖胰岛素维持生命，同时用胰岛素控制高血糖并降低糖尿病并发症发生的风险[1,14]；2 型糖尿病患者在口服降糖药效果不佳或存在使用禁忌时，也需使用胰岛素控制高血糖并减少糖尿病并发症的发生风险[1,15-16]。根据来源和化学结构的不同，胰岛素可分为动物胰岛素、人胰岛素和胰岛素类似物。根据控制血糖的效能比较，胰岛素类似物与人胰岛素的效能相似，但胰岛素类似物在减少低血糖发生风险方面优于人胰岛素。在患者不能很好地自我管理的前提下，胰岛素的长期使用存在着低血糖风险，往往导致肥胖、脂肪垫、胰岛素过敏、胰岛素抵抗、脂肪萎缩等不良反应。

3 一种让胰腺"休假"的全新 2 型糖尿病整合治疗新方案

传统 2 型糖尿病治疗的"五驾马车"[17]包括：①健康教育；②药物治疗；③运动治疗；④自我监测；⑤饮食治疗。上述措施虽对控制和平稳糖尿病患者血糖有一定效果，但没有考虑到恢复2型糖尿病患者受损胰腺胰岛细胞功能，糖尿病及并发症得不到根本控制。随着降糖药物长时间的使用，药物对肝、肾巨大的副作用会日渐明显。大多数患者不了解2型糖尿病急慢性并发症的危害，73.33%的患者是因为出现并发症时才到医院就诊，从而延误了病情；46.67%的患者不能正确掌握饮食知识；42.00%患者运动知识欠缺，对运动的形式、频率、强度及时间不会合理安排，用药的随意性较大，常根据自己的主观感觉或"经验"用药，擅自增加降糖药物种类或剂量；62.67%的患者医疗费用是自费，41.33%的患者家庭月收入为500～1000元，患者出于经济因素考虑，减少监测数。[17]以上种种原因令传统的"五驾马车"理论得不到切实有效的执行，大多仍停留在理论的宣导层面，这也是近年来糖尿病发病率越来越高且达不到有效控制的关键因素之一。针对目前2型糖尿病治疗这一现状，作者通过近20年的临床实践探索，提出一种让身体胰腺"休假"的全新2型糖尿病整合治疗新方案——以生酮饮食为核心的2型糖尿病"五位一体"的整合治疗新方案。

3.1 中药干预恢复受损胰腺胰岛细胞的功能

大多数医家[18-19]与糖尿病前期中医药循证临床实践指南[20]将糖尿病前期归纳为中医学"脾瘅"范围。《黄帝内经》中"五脏皆柔弱，善病消瘅"这一论述源自《灵枢·五变》篇——"人之善病消瘅者，何以候之少俞答曰：五脏皆柔弱者，善病消瘅。"[21]对于脾瘅（肥胖型）和消瘅（消瘦型）两大类型糖尿病患者，在郁、热、虚、损四个自然演变期间内，作者通过临床证实，所有2型糖尿病患者在临床上均存在两个共性，即肝气郁滞与肾阴不足。作者通过中药制剂"黄荞颗粒"（功用为益气养阴，健脾利湿，疏肝理气，滋养胰腺，青岛德贤糖尿病医院生产）来给2型糖尿病受损的胰腺胰岛细胞提供能量和营养，在高脂低碳生酮饮食医学营养治疗的协

助下，达到恢复2型糖尿病患者受损胰腺功能的目的。

3.2 高脂低碳生酮饮食医学营养治疗

高脂低碳生酮饮食即生酮饮食，是一种以高脂肪、低碳水化合物为主，加上适量蛋白质组成的医学营养治疗饮食方案[22-23]。脂肪、蛋白质、碳水化合物在理论上的比例应该为（5～7）：2：1。在高脂低碳生酮饮食营养治疗中，脂肪供能占总能量的70%~80%，蛋白质供能占总能量的15%~20%，碳水化合物供能占总能量的5%~10%。

高脂低碳生酮饮食作为一种2型糖尿病医学营养治疗方法，已开展了大量的临床研究。[24] Saslow等[25]将25例2型糖尿病患者随机分为干预组（生酮饮食）与对照组，饮食干预16周后，与对照组比较，干预组的糖化血红蛋白（HbA1c）的浓度明显下降；32周后，干预组的 HbA1c 浓度的降低是对照组的2倍；干预组体质量平均减少12.7 kg，而对照组体质量平均减少3.0 kg，干预组三酰甘油浓度较对照组也显著下降，但高密度脂蛋白胆固醇、低密度脂蛋白胆固醇无显著的变化；进行生酮饮食的患者中并未出现显著的副作用。朱兵等[26]发现，高脂低碳饮食联合运动疗法能够有效减轻糖尿病大鼠的糖尿病症状，改善血糖控制能力，具有较强的降低血糖、血脂的治疗效果，且该作用可能是通过对葡萄糖激酶、丙酮酸激酶以及磷酸烯醇式丙酮酸羧激酶1的转录调控。

高脂低碳生酮饮食医学营养治疗方法，可以解决2型糖尿病患者由于长期不吃肉、不吃蛋而导致的能量营养不足乃至脏器衰竭的问题；同时，这种崭新的医学营养治疗方法可以让2型糖尿病患者身体受损的胰腺得到"休生养息"，即通过减少碳水化合物的摄入，而改由酮体供给能量，胰腺也就不必过多分泌胰岛素，胰腺负担减轻。这一营养途径根本转化的模式，就是所说的一种让胰腺"休假"的全新2型糖尿病治疗方法。胰腺"休假"不是长

期休息，是经过一段时间治疗以后，让胰岛恢复正常生理功能，这完全有别于胰岛素替代疗法，是胰腺"休生养息"。大量临床实践验证了高脂低碳生酮饮食能让糖尿病患者脂肪代谢能力增强，快速降低三酰甘油水平，使体质量迅速恢复到正常水平。

参考美国糖尿病学会（ADA）膳食指南[27]，高脂低碳生酮饮食医学营养治疗方法完全可以达到以下医学营养治疗的3个目标：①维持健康体质量。超重/肥胖患者减重的效果良好，3～6个月减轻体质量5%～15%[1]，体质量减轻几乎可以改善所有与肥胖相关的合并症和代谢指标[28]，消瘦者达到并长期维持理想体质量。②达到并维持理想的血糖水平，降低HbA1c水平[29]。③减少心血管疾病的危险因素，包括控制血脂异常和高血压[30]。

朱兵等[31]采用以高脂低碳生酮饮食和运动相结合的综合治疗方案治疗2型糖尿病患者，结果显示，患者体质量、三酰甘油、空腹血糖、餐后2 h血糖、HbA1c显著下降；同时，在治疗过程中，糖尿病患者的其他症状如失眠、畏寒、便秘、皮肤瘙痒、四肢麻木、视力减退、脂肪肝、高血压、心脏功能减退等症状均消失或得到明显改善，总有效率达到88.1%。高脂低碳生酮饮食医学营养治疗方法，可以有效降低体质量和血糖，减少降糖药物的应用，且没有严重的不良事件发生，说明在短期内具有可行性、较好的疗效和安全性。[32]同时，对于生酮饮食我们必须遵循两条基本原则，一是坚持生酮饮食必须在医生/营养师指导下进行，二是坚持生酮饮食是一种治疗性饮食。[33]

在高脂低碳生酮饮食医学营养治疗方法的具体实施过程中，需要关注其适应证与禁忌证[24]，初步证实，"五位一体"的整合治疗新方案可以规避这些不足之处，但仍有待进一步的证据收集。随着相关研究的不断深入，高脂低碳生酮饮食医学营养治疗方法在2型糖尿病的治疗方面会得到广泛的应用，也即将开展这方面的多中心临床研究。

3.3　2型糖尿病的运动治疗

合理的运动不仅能降低血糖，改善肥胖和胰岛素抵抗性，治疗、预防代谢综合征，而且能调节机体的整体机能，提高生活质量。运动锻炼在2型糖尿病患者的综合管理中占重要地位，其作用如下：①规律运动有助于调节糖代谢，降低血糖，控制血糖水平[34]。运动持续时，肝脏和肌肉内的储存糖原分解成葡萄糖，为运动提供能量不断消耗，血糖逐渐下降，高血糖状态得以缓解。②运动能减轻体质量[35]：长期而适当的运动能增强脂肪细胞中酶的活性，加速脂肪的分解，促进多余脂肪消耗，控制体质量。③运动能改善心肺功能，减少心血管危险因素[36]：空腹或餐后2 h血糖升高是发生大血管并发症的根本原因，高血糖能加速动脉粥样硬化的形成，促使肺组织胶原蛋白发生反应而造成肺组织弹性减弱，规律的运动能降低血糖，血糖的降低改善了心肺功能。④运动能够提高糖尿病患者胰岛素敏感性。研究[37]证实，2型糖尿病胰岛素抵抗主要是骨骼肌细胞膜上的葡萄糖转运蛋白-4以及决定其转运率的葡萄糖转运蛋白-4 mRNA的减少，而运动能使机体细胞内葡萄糖转运蛋白-4 mRNA增多，从而葡萄糖转运蛋白-4含量增加。

此外，运动还能够启动糖尿病患者自身抑制性炎症的基因，控制血糖平衡并降低蛋白质糖化，扩大记忆中枢的体积，提高脑源性神经营养因子的水平，尤其是针对采用高脂低碳生酮饮食医学营养治疗方法的2型糖尿病患者，可以重新建立机体三大营养代谢新的动态平衡。

作者建议，在医师指导下，根据每个2型糖尿病患者自身的身体状况，特别是心肺功能、运动功能以及患者的生活习惯，进行医学评估后，制定个性化的运动处方，循序渐进开展；通过临床实践，针对2型糖尿病患者，最简单易行的运动方式为中等强度的走路——医学步行[38]即在平地或适当的坡上做定距离、定速度的步行。这种中等强度的医学步行必须是连续的、不间断的（步行间断时间不能超过1 min），每次医学步行的时间不得低于30 min，1~2次/天，本着循序渐进的原则，按计划逐渐延长步行距离，提高步行速度。医学步行时心率不得低于最大心率的50%~70%[1]（最大心率按"210-年龄"计算[39]），运动时心率应达到"170-年龄"[39]。将每天的走路融入日常生活中，运动时应预防运动损伤，同时预防运动后感冒。

特别强调，在空腹血糖＞16.7 mmol/L、反复低血糖或血糖波动较大、有酮症酸中毒（DKA）等急性代谢并发症、合并急性感染、增殖性视网膜病变、严重肾病、严重心脑血管疾病（不稳定性心绞痛、严重心律失常、一过性脑缺血发作）等情况下禁忌运动。[1]

3.4　2型糖尿病的饮茶治疗

茶叶富含茶多酚、茶色素、茶多糖等成分，茶多糖、茶多酚、茶色素均具有降血糖的作用[40]，红茶、绿茶、乌龙茶中的茶多酚均能提高胰岛素的活性[41]，抑制小肠内葡萄糖运转载体的活性[42]，达到降低血糖的效果。通过大量的临床实践，作者发现所有茶对糖尿病的治疗均有好处，通过饮茶让糖尿病患者放松心态、舒缓情志、调节心理，同时达到2型糖尿病辅助治疗的目的。在所有茶中，绿茶性寒、味苦，具有清热、解毒、利肝、明目、降脂等效用，可作为2型糖尿病患者推荐用茶。[43]通过饮用绿茶改善糖尿病患者胰岛素抵抗状态，维持正常胰岛素水平，可显著降低糖尿病并发症发生率，减缓动脉粥样硬化进程，治疗糖尿病性心肌病。对于每一个具体2型糖尿病患者而言，饮茶量应根据其自身生活习惯以及睡眠状况，由临床医生指导给出具体意见。

3.5　2型糖尿病患者的健康教育和情志调节

鉴于2型糖尿病的发病与生活习惯密切相关，很多2型糖尿病患者患病的原因从流行病学调查角度诊断，是由于饮酒过多、口味过重、吃盐太多、暴饮暴食、饮食无度、生活压力过大、情志失调、生活无规律、严重失眠、长期食用过量碳水化合物等原因造成。因此对于2型糖尿病患者，除了正确的临床治疗外，还应注重健康教育和情志调节。通过健康教育，2型糖尿病患者应该清楚认识到自身患病的原因所在，重新建立正确的生活模式。在治疗期间，要求患者力争戒急躁、生气、发怒等情绪，要求患者开开心心喝茶、快快乐乐走路，通过集体教育、个体教育、远程教育等方式，帮助2型糖尿病患者正确认知糖尿病，确立正确的生活方式，很好地调节糖尿病患者自身的心理，增强治疗的信心，最终达到理想治疗的效果。实施家属同步教育，加大家庭支持系统对患者的协助与督促，可提高糖尿病患者遵医行为的自觉性，可以有效地控制血糖。[44]

在上述2型糖尿病"五位一体"的整合治疗新方案中，中药干预、高脂低碳生酮饮食医学营养治疗、运动治疗、饮茶治疗以及健康教育和情志调节均相辅相成、密切关联。其中又以中药干预和高脂低碳生酮饮食医学营养治疗为主要方法，运动治疗、饮茶治疗以及健康教育和情志调节为次要方法。在具体治疗过程中，通过良好的健康教育和情志干预，培养患者的治疗依从性，让患者积极、轻松、认真地配合完成"五位一体"的整合治疗新方案。

4　展望

作者用这种让身体胰腺"休假"的全新2型糖尿病治疗方法，在临床上探索了近20年，临床治疗了近千例2型糖尿病患者。临床治疗的2型糖尿病患者，一般可以在3~6个月内停服口服降糖药，停用胰岛素以及其他辅助性中药，而糖尿病患者的空腹血糖、餐后2 h血糖、三酰甘油、糖化血红蛋白均恢复正常。这种让2型糖尿病患者受损胰腺"休假"的全新糖尿病整合治疗新思路、新方案，能够降低肥胖型2型糖尿病患者的体质量，控制血糖，提高脂肪代谢能力，梳理肝气，滋肾养阴健脾，改善2型糖尿病患者的临床指标，有利于延缓2型糖尿病并发症的发生，有效修复2型糖尿病患者受损的胰岛细胞。

随着这种全新糖尿病整合治疗新方法在临床实践中的不断推进以及相关研究的不断深入，作者相信这种2型糖尿病整合治疗新方法会有比较广阔的运用前景，能够造福更多的糖尿病患者。

致谢：北京世纪坛医院江波医生对本文提出了宝贵修改意见，在此表示衷心感谢！

参考文献：

［1］中华医学会糖尿病学分会.中国2型糖尿病防治指南（2017年版）［J］.中华糖尿病杂志，2018，10（1）：4-6.

［2］徐瑜，毕宇芳，王卫庆，等.中国成人糖尿病流行与控制现状——2010年中国慢病监测暨糖尿病专题调查报告解读［J］.中华内分泌代谢杂志，2014，30（3）：184-186.

［3］常翠青.2型糖尿病运动处方［J］.中华糖尿病杂志，2014，6（6）：361-364.

［4］American Diabetes Association. Standards of medical care in diabetes: 2014［J］. Diabetes Care，2014, 37（Suppl 1）：S14-S80.

［5］Jean-Baptiste Pierre Antoine de Monet, Chevalier de Lamarck. Philosophie zoologique［M］. Cambridge University Press，2011：1-484.

［6］National Kidney Foundation. KDOQI clinical practice guideline for diabetes and CKD: 2012 update［J］. American Journal of Kidney Diseases，2012, 60（5）：850-886.

［7］Hernandez A V, Usmani A, Rajamanickam A, et al. Thiazolidinediones and risk of heart failure in patients with or at high risk of type 2 diabetes mellitus: a meta-analysis and meta-regression analysis of placebo-controlled randomized clinical trials［J］. Am J Cardiovasc Drugs，2011，11（2）：115-128.

［8］Wang W Q, Bu R F, Su Q, et al. Randomized study of repaglinide alone and in combination with metformin in Chinese subjects with type 2 diabetes naive to oral antdiabetes therapy［J］. Expert Opin. Pharmacother，2011，12（18）：2791-2799.

［9］Scirica B M, Bhalt D L, Braunwald E, et al. Saxagliptin and cardiovascular outcomes in patients with type 2 diabetes mellitus［J］. N Engl J Med. 2013, 369（14）：1317-1326.

［10］刘娟，Jasmeen T，柯建伟，等.短期胰岛素泵强化治疗期间2型糖尿病患者胰岛功能变化对预后的影响［J］.中华糖尿病杂志，2014，6（5）：293-298.

［11］纪立农，郭立新，郭晓蕙，等.钠-葡萄糖共转运蛋白2（SGLT2）抑制剂临床合理应用中国专家建议［J］.中华糖尿病杂志，2016，24（10）：865-870.

［12］Cai X L, Ji L W, Chen Y F, et al. Comparisons of weight changes between sodium-glucose cotransporter 2 inhibitors treatment and glucagon-like peptide-1 analogs treatment in type 2 diabetes patients: A meta-analysis［J］. J Diabetes Investing，2017, 8（4）：510-517.

［13］Ji L N, Ma J H, Li H M, et al. Dapagliflozin as monotherapy in drug-naive Asian patients with type 2 diabetes mellitus: a randomized, blinded, prospective phase Ⅲ study［J］. Clin. Ther.，2014, 36（1）：84-100.

［14］Diabetes Control and Complications Trial Research Group. The effect of intensive treatment of diabetes on the development and progression of long-term complications in insulin-de- pendent diabetes mellitus［J］. Retina，1994, 14（3）：286-287.

［15］Holman R R, Paul S K, Bethel M A, et al. 10-year follow-up of intensive glucose control in type 2 diabetes［J］. N. Engl. J Med.，2008, 359（15）：1577-1589.

［16］Patel A, MacMahon S, Chalmers J, et al. Intensive blood glucose control and vascular outcomes in patients with type 2 diabetes [J]. N. Engl. J Med., 2008, 358（24）: 2560-2572.

［17］袁敏，陈志国，付伟云，等.影响 2 型糖尿病病人驾驭"五驾马车"的原因及护理对策［J］.南阳理工学院学报，2014，6（3）：122-125.

［18］高彦彬.古今糖尿病医论医案选［M］.北京：人民军医出版社，2015.

［19］方朝晖，赵进东，石国斌，等.脾瘅（糖尿病前期）中医综合防治方案及其临床研究［J］.天津中医药，2014，31（10）：583-587.

［20］方朝晖，仝小林，段俊国，等.糖尿病前期中医药循证临床实践指南［J］.中医杂志，2017，58（3）：268-272.

［21］邓小敏，陈兰，陈思华，等.从《内经》"五脏皆柔弱善病消瘅"理论探讨2型糖尿病防治策略［J］.辽宁中医药大学学报，2019，21（3）：9-11.

［22］朱兵，刘焕娜，杨乃龙.高脂低碳饮食在2型糖尿病治疗中的应用进展［J］.中华糖尿病杂志，2018，10（8）：563-565.

［23］Wider R. The effects of ketonemia on the course of epilepsy［J］. Mayo. Clin. Proc., 1921, 2: 307-308.

［24］江波，邹大进，马向华，等.生酮饮食干预2型糖尿病中国专家共识（2019 年版）［J］.实用临床医学杂志，2019，23（3）：1-6.

［25］Saslow L R, Mason A E, Kim S, et al. An online intervention comparing a very low-carbohydrate ketogenic diet and lifestyle recommendations versus a plate method diet in overweight individuals with type 2 diabetes: a randomized controlled trial [J]. J Med. Internet. Res., 2017, 19（2）: e36-e46.

［26］朱兵，张晓雨，范鸣，等.高脂低碳水化合物饲养加运动对2型糖尿病大鼠代谢指标的影响［J］.中华糖尿病杂志，2014，6（11）：826-830.

［27］American Diabetes Association. 4. Lifestyle management [J]. Diabetes Care, 2017, 40（Suppl. 1）: S33-S43.

［28］Hussain T A, Mathew T C, Dashti A A, et al. Effect of low-calorie versus low-carbohydrate ketogenic diet in type 2 diabetes [J]. Nutrition, 2012, 28（10）: 1016-1021.

［29］Volek J S, Sharman M J, Gómez A L, et al. Comparison of a very low-carbohydrate and low-fat diet on fasting lipids, LDL subclasses, insulin resistance, and postprandial lipemic responses in overweight women [J]. J Am. Coll. Nutr., 2004, 23（2）: 177-184.

［30］de Souza R J, Mente A, Maroleanu A, et al. Intake of saturated and trans unsaturated fatty acids and risk of all cause mortality, cardiovascular disease, and type 2 diabetes: systematic review and meta-analysis of observational studies [J]. BMJ, 2015, 351: h3978-h3986.

［31］朱兵，林岭，汤其强，等.高脂低碳饮食综合方案对2型糖尿病的疗效研究［J］.中国临床保健杂志，2014，17（4）：390-391.

［32］Tay J, LuscombeMarsh N D, Thompson C H, et al. Comparison of low-and high-carbohydrate diets for type 2 diabetes management: a randomized trial [J]. Am. J Clin. Nutr., 2015, 102（4）: 780-790.

［33］江波.生酮饮食前景可期，论证过程漫长［J］.实用临床医药杂志，2019，23（7）：1-1, 15.

［34］Boulé N G, Haddad E, Kenny G P, et al. Effects of exercise on glycemic control and body mass in type 2 diabetes mellitus: a meta-analysis of controlled clinical trials［J］. JAMA, 2001, 286（10）: 1218-1227.

［35］Ross R, Dagnone D, Jones P J, et al. Reduction in obesity and related comorbid conditions after diet-induced weight loss or exercise-induced weight loss in men. A randomized, controlled trial [J]. Ann. Intern. Med., 2000, 133（2）: 92-103.

［36］Maiorana A, O, Driscoll G, Cheetham C, et al. The effect of combined aerobic and resistance exercise training on vascular function in type 2 diabetes［J］. J Am. Coll. Cardiol., 2001, 38（3）: 860–866.

［37］Kennedy J W, Hirshman M F, Gervino E V, et al. Acute exercise induces GLUT4 translocation in skeletal muscle of normal human subjects and subjects with type 2 diabetes［J］. Diabetes, 1999, 48（5）: 1192–1197.

［38］Goodyear L J, Kahn B B. Exercise, glucose transport, and insulin sensitivity［J］. Annu. Rev. Med., 1998, 49: 235–261.

［39］高崇，郑红梅，王小清. 2型糖尿病的运动疗法［J］. 河北医科大学学报，2008，29（3）:478–480.

［40］侯辰侠，杨哲，杨超，等. 茶叶不同提取成分降血糖作用的研究与比较［J］. 现代生物医学进展，2010，10（12）: 2241–2243.

［41］Anderson R A, Polansky M M. Tea enhances insulin activity［J］. J Agric. Food Chem., 2002, 50（24）: 7182–7186.

［42］Kobayashi Y, Suzuki M, Satsu H, et al. Green tea polyphenols inhibit the sodium-dependent glucose transporter of intestinal epithelial cells by a competitive mechanism［J］. J Agric. Food Chem., 2000, 48（11）: 5618–5623.

［43］江东风，王林戈，张莉，等. 绿茶对糖尿病的防治作用［J］. 茶叶科学，2010，30（4）:243–250.

［44］张瑞芹，李文景，褚彦君. 实施家属同步教育对2型糖尿病患者遵医行为及血糖的影响［J］. 中国全科医学，2010，13（6）: 2045–2046.

作者简介：栾健，青岛市市立医院本部，内分泌科主任，主任医师

联系方式：18661675725@163.com

发表刊物：《实用临床医药杂志》，2019，23（11）: 1–6.

西那卡塞在终末期肾病患者继发性甲状旁腺功能亢进症中的应用

丁慧源　刘　蕾　薛成爱　刘永芹

摘要： 为探讨西那卡塞在终末期肾病继发性甲状旁腺功能亢进症患者中的治疗效果，本研究选取青岛市西海岸新区人民医院终末期肾病合并继发性甲状旁腺功能亢进症的患者60例为观察对象。将入选患者随机分为实验组和对照组，每组各30例；实验组患者在应用磷结合剂和维生素D类似物的基础上加用西那卡塞，对照组患者接受磷结合剂和维生素D类似物的常规治疗。观察2组患者血甲状旁腺激素（PTH）、血钙（Ca）、血磷（P）水平的变化。结果显示，治疗24周后，实验组患者血PTH、Ca、P浓度明显下降，下降程度显著高于对照组，差异有统计学意义（$P < 0.05$）。研究表明，西那卡塞能够降低继发性甲状旁腺功能亢进症患者的血PTH及Ca、P水平。

关键词： 西那卡塞；终末期肾病；甲状旁腺功能亢进

继发性甲状旁腺功能亢进症（Secondary hyperparathyroidism, SHPT）是终末期肾病患者常见的并发症，其临床表现以多系统损害为主，常见甲状旁腺增生，血钙、血磷及甲状旁腺激素水平升高。[1-2] 相关研究[3]显示，SHPT与终末期肾病患者血管钙化、心血管疾病的发生率密切相关，显著增加了患者心血管事件的发生和全因死亡风险。临床中，继发性甲状旁腺功能亢进症的治疗主要有血液净化、药物治疗和手术治疗，药物治疗中活性维生素D类药物为常用药物，而该类药物会导致血钙、血磷的增高，进而导致血液透析患者血管钙化的风险增高。近年来，盐酸西那卡塞的应用降低了PTH的分泌，同时降低了透析患者血钙、血磷的水平。本研究旨在探讨西那卡塞的应用对继发性甲状旁腺功能亢进的治疗效果。

1 对象与方法

1.1 对象

选取2019年10月至2020年4月西海岸新区人民医院继发性甲状旁腺功能亢进的患者60例为观察对象，收集入选患者性别、年龄、透析龄、基础病等一般资料。

1.2 入选标准

（1）年龄18～70岁，透析龄>6个月；

（2）甲状旁腺激素>600 pg/mL；

（3）既往应用活性维生素D类药物效果欠佳；

（4）排除严重心血管病及近3个月消化道出血病史患者。

1.3 治疗方案

对照组患者根据病情应用碳酸镧咀嚼片、骨化三醇治疗；实验组患者在对照组治疗的基础上加用盐酸西那卡塞，初始治疗从小剂量25 mg/d开始，每2周复查血PTH、Ca、P浓度，若控制不达标，则逐渐增加药物用量至75 mg/d。

表1 2组患者治疗前及治疗24周后各生化指标水平

组别	时间	PTH（pg/mL）	血钙（mmol/L）	血磷（mmol/L）
实验组	治疗前	613.4±138.2	2.46±0.4	1.92±0.5
	治疗24周	294.2±85.6	2.26±0.3	1.65±0.4
对照组	治疗前	608.6±140.2	2.45±0.5	1.92±0.6
	治疗24周	575±102.7	2.47±0.4	1.87±0.3

1.4 观察指标

监测并比较2组患者治疗前后血PTH、Ca、P浓度及变化情况，并观察患者在治疗过程中的不良反应发生情况。

1.5 统计学方法

采用SPSS 19.0统计学软件进行分析，计量资料用平均数±标准差（x±s）表示，采用t检验；计数资料采用χ^2检验，$P<0.05$表示差异有统计学意义。

2 结果

治疗前，实验组与对照组患者血PTH、Ca、P水平差异无统计学意义（$P>0.05$）；治疗24周后，实验组患者血PTH、Ca、P水平较治疗前明显下降，且下降幅度明显优于对照组，差异有统计学意义（$P<0.05$）见表1。

3 讨论

3.1 SHPT的治疗进展

SHPT是慢性肾脏病常见的并发症，该病的发生受甲状旁腺、骨骼、肾脏等器官与PTH、Ca、P、维生素D等物质的影响，这些物质在人体内相互影响，随着肾功能的下降，机体内矿物质与骨代谢平衡被打破，随即发生SHPT，严重影响终末期肾病患者的生存质量及生存期。

SHPT发病机制复杂，单一药物很难控制好，临床上需要结合患者病情对症治疗，在慢性肾衰竭早期积极纠正酸中毒，调节Ca、P水平，中期往往需要应用活性维生素D作用于甲状旁腺细胞的维生素D受体，晚期药物治疗无效时，需要切除甲状旁腺。在SHPT的治疗过程中，维生素D的应用会促进肠道对Ca、P的吸收，导致高钙血症、高磷血症的出现。[4]盐酸西那卡塞作为拟钙剂，降低PTH的同时，不会增加血钙、血磷的吸收，其作用类似甲状旁腺切除手术效果。

3.2 西那卡塞治疗SHPT的效果

继发性甲状旁腺增生过度分泌PTH引起SHPT，进而导致矿物质-骨代谢紊乱及血管钙化等疾病，相关研究[5]显示，西那卡塞能够显著降低SHPT患者的PTH水平，维持钙磷平衡，本研究入选患者PTH水平均值在600 pg/mL左右，接受对应治疗后，实验组患者PTH、Ca、P水平较对照组明显下降，差异有统计学意义（$P<0.05$）。

综上，西那卡塞的应用能够明显降低SHPT患者血PTH、Ca、P水平，维持矿物质-骨代谢平衡，提高患者生存质量。

参考文献：

[1]Drueke T B. Cell biology of parathyroid gland hyperplasia in chronic renal failure[J]. J Am. Soc. Nephrol., 2000, 11（6）：1141-1152.

[2]Su Y, Zhang Q, et al. Analgesic efficacy of bilateral superficial and deep cervical plexus block in patients with secondary hyperparathyroidism due to chronic renal failure[J]. Ann. Surg. Trent. Res., 2015, 89（6）：856-864.

[3]Yu M A, Yao L, Zhang L, et al. Safety and efficiency of microwave ablation for recurrent and persistent secondary hyperparathyroidism after parathyroidectomy: A retrospective pilot study[J]. Int J Hyperthermia, 2016, 32

（2）：180-186.

［4］Brancaccio D，Bommer J，Coyne D. Vitamin D receptor activator selectivity in the treatment of secondary hyperparathyroidism understanding the differences among therapies［J］.Drugs，2007，67（14）：1981-1998.

［5］郭健英，李彤，林海雁.西那卡塞治疗血液透析继发性甲状旁腺功能亢进症的疗效观察.中国医院用药评价与分析，2016，16（7）：918-920.

作者简介：丁慧源，青岛市西海岸新区人民医院，主治医师

联系方式：1319205672@qq.com

分析改良 MEWS 在髋关节置换术后 DVT 中的预警管理效果

王德亮　刘向军　苏秀梅　张　彬　马美丽

摘要： 为了探讨改良早期预警评分（MEWS）在髋关节置换术后下肢静脉血栓形成（DVT）中的预警管理效果，本文选择黄岛区人民医院2019年6～9月在骨科进行髋关节置换术的35例患者作为研究对象，随机分为两组，一组为观察组17例，采用常规护理，一组为试验组18例，采用MEWS系统对髋关节置换术后患者DVT护理管理，比较两组患者高危因素风险评分和DVT发生率。通过两组患者高危风险评分的比较下，试验组DVT的风险明显低于观察组，差异具有统计学意义（$P < 0.05$）；试验组DVT的发生率明显低于观察组，差异具有统计学意义（$P < 0.05$）。对髋关节置换术后的患者采用MEWS进行评分，能有效预防DVT并发症，有效改善患者的病情，促进预后情况，提高生活质量水平。

关键词： 改良早期预警评分（MEWS）；髋关节；置换术；下肢静脉血栓形成（DVT）；预警管理；效果

髋关节置换术是利用手术的治疗方法将已骨折或已发生病变的髋关节进行人工关节假体取代的治疗手术，能做到重建髋关节功能的任务，在减轻或消除疼痛的同时纠正畸形和功能障碍。[1-2]但手术后，大部分患者容易引发静脉血栓栓塞症（VTE）及下肢深静脉血栓形成（DVT），造成患肢肿胀、压痛、浅静脉曲张、触觉异常等症状，一般出现单项或多项症状，给患者带来身体上的折磨。为了有效预防DVT的发生，临床治疗中大多使用抗凝等方法，但在长期的使用中会影响伤口愈合的效果，不利于快速预后，因此对行髋关节置换术后实施DVT中的预警管理十分重要。[3]本文就改良早期预警评分（MEWS）应用于行髋关节置换术后的患者进行DVT的预警管理效果做出分析，现报告如下。

1　资料与方法

1.1　一般资料

将黄岛区人民医院2019年6～9月在骨科进行髋关节置换术的35例患者进行随机分组：观察组17例，男9例，女8例；年龄在51～70岁，平均年龄为（65.23±4.23）岁；其中股骨颈骨折8例、股骨头缺血性坏死9例；合并高血压9例、糖尿病4例、心脏病4例。试验组18例，男6例，女12例；年龄在50～73岁，平均年龄为（64.23±3.56）岁；其中股骨颈骨折10例、股骨头缺血性坏死8例；合并高血压9例、糖尿病4例、心脏病4例。两组患者一般资料组间比较，差异无统计学意义，$P > 0.05$，具有可比性。

纳入标准：①患者均经CT或X检查后确诊为行髋关节置换术。②患者及家属均知晓本次研究，并签署同意书，本研究已经医院伦理委员会通过。

排除标准：①患有精神类疾病者，意识不清，无法正常进行语言沟通交流。②合并患有肾、脾、肝等器质性疾病者。③凝血功能障碍或异常者。

1.2 方法

观察组采用常规护理，进行DVT预防护理，其操作包括：①均进行生命体征检测和病情评估。②均进行饮食指导、康复锻炼指导、出院指导等。③进行定期巡查，密切关注患者的病情状况。试验组采用改良后MEWS评分系统对DVT进行预警管理，MEWS五项风险评估结合专科评估，包括：①对新入院患者2 h内完成风险评估并记录，入院行急诊手术者在返回后进行风险评估，对抢救等情况可延至6 h内进行风险评估。②对低危者每周评估1次，中危者每周评估2次，高危者每周评估3次。③风险评估内容为：MEWS五项、年龄、体重、活动状况、创伤风险、高危疾病、特殊风险等，针对内科，其风险评估分值≥4，为高风险，评估分值＜4，为低风险；针对外科，其评估分值≥15，为高风险，评估分值11～14，为中风险，评估分值≤10，为低风险。其护理小组的入选标准为：①护理小组成员为相关科室的护士长或相关科室工作5年以上的骨干护士。②小组成员均有超强的责任感，热爱护理工作，具有良好的护理素养及职业道德。③均有较强的敬业精神和沟通交流能力，对新事物及新业务有较高的接受力与学习力。④均能掌握DVT相关专业知识，其相关专业技能较强。其实施护理的基本操作方法包括：①针对低危者，给予相关体位护理，将患肢外展，保持中立位，利于患者休息；处于平卧位时，将枕头放于患肢下方；当需要侧翻或更换体位，则需要去除体位垫，利于患者卧床休息。在饮食护理上，需要叮嘱多清淡饮食，多吃蔬菜水果，饮水量＞1500 mL。②针对中危者，应指导其进行适当运动，如：紧绷大腿肌肉，将膝关节伸直后抬高下肢至离床面10 cm，5～10次为一组，每

天运动10～20组，每组间隔1 h。教会患者使用弹力袜或弹力绷带，同时在运动中要时刻关注其动脉搏动和心率指数以及血流运动状况，在运动后或休息时禁止在患肢局部进行按摩和热敷。③针对高危者要加强指导运动，其具体运动操作为：采取平卧位，下肢勾起脚背，使劲向下蹬，呈骑自行车的运动轨迹，做10～20次，每天运动总量保持在200次以上，每次间隔1 h。同时针对患肢采取间歇充气加压法，每天治疗2次，每次持续45 min。④还要指导床上大小便及每天日常清洁，采用温水进行擦浴，保持髋关节周围皮肤的清洁，对不能抬臀者，应在臀下垫体位垫。要注意保持伤口的卫生及敷料的清洁干燥，同时密切关注体温变化，防止因感染引起的体温升高。⑤密切监测血凝D-D二聚体、纤维蛋白酶原、血小板分布宽度、循环容量等相关指标，预防血栓抗凝现象发生，影响伤口恢复。其术后要及时进行心理干预，主要有：①在日常巡查和交流中，观察患者的心理变化和情绪变动，了解心理动态，并及时针对心理活动进行相应的心理疏导和安抚，尽量消除其负面情绪，保持心情的愉悦。②护理中要保持耐心、亲切的服务态度，尽量满足患者的合理需求，减少其抵触心理，保证护理进度的顺利进行。③详细介绍治疗方法、术前、术中、术后相关禁忌，并介绍主治医生的成功案例，在加深患者对治疗的了解与认识中，帮助其树立治疗的自信心，并促进其对医生的信任，提升医患、护患间的关系，减少医患、护患之间的矛盾。④做好DVT预防护理评价，对发现疑似血栓现象，应及时报告医生，并配合相关方法进行诊断，做到早发现、早治疗。

1.3 观察标准

观察并分析两组患者的高危风险评分状况，计算总风险率。通过髋关节置换术后DVT的发生情况，计算总发生率。

1.4　统计学方法

本研究中数据计算均采用统计学软件（SPSS13.0版本）进行分析，其研究所得计数资料（x^2）的表示方式为（N，%），若$P < 0.05$，则判定结果存在统计学意义。

2　结果

2.1　两组患者高危因素风险比较

在护理治疗后，采用改良后MEWS评分中发现：观察组高危因素风险中轻度者3例（17.65%）、中度者5例（29.41%）、重度者9例（52.94%）；试验组高危因素风险中轻度者6例（33.33%）、中度者10例（55.56%）、重度者2例（11.11%）。两组数据间x_2值分别为6.473、13.993、40.189，P值分别为0.011、0.001、0.001。试验组总风险率明显低于观察组总风险率，差异具有统计学意义，$P < 0.05$。

2.2　两组患者DVT发生率比较

经DVT预警护理中发现，观察组发生DVT7例（41.18%），试验组发生DVT3例（16.67%）。观察组总发生率明显高于试验组总发生率，差异有统计学意义，$P < 0.05$。详细见表1。

表1　两组DVT发生情况N（%）

组别	例数	DVT发生率
观察组	17	7（41.18）
试验组	18	3（16.67）
x^2	-	14.611
P	-	0.001

3　讨论

髋关节置换术是目前临床手术中相对成熟的治疗技术，对于患者发生髋骨骨折而引发的需行髋关节置换术的疗效来说是较为明显的，既可以缓解疼痛，改善关节活动状态，还能进行患肢校正，改良关节活动功能。但是手术易引发DVT，它不仅具有高发病率、高病死率特点，还因为多发少见，而具有高误诊率、高漏诊率，既影响患者生命安全，也影响手术安全。[4-5]现阶段对治疗髋关节置换术后多为常规护理，但其中护理内容缺乏专业知识性、全面性、系统性，更加重术后DVT的发生率，严重威胁术后康复和护理安全。再加上髋关节置换术中存在高龄、合并心血管类疾病、长期持续的被动体位、卧床、血液高凝等高危风险因素，在临床会增大发生DVT的风险。

DVT的危害性是极为严重的，不仅会造成单侧肢体肿胀、皮肤发红、疼痛、浅静脉曲张，一旦救治不及时还会造成慢性期VTE破坏深静脉瓣膜，导致下肢皮肤色素沉着、下肢溃疡；血栓脱落，进而发展为肺血栓栓塞（PTE），导致呼吸困难及气促，伴有或不伴有发钳、持续存在或进行性加重胸痛、晕厥、咯血、心悸、干咳等威胁生命安全。[6-7]DVT在临床中可能是隐匿的，不表现出任何症状或体征，因此很难鉴别，所以针对DVT的预防上需要进行预警评估，以此加强临床护士对DVT的评估和判断力，能有效建立与完善相应的预警系统和护理流程。

本研究中就针对改良后MEWS评分进行预警管理，通过互联网技术将MEWS评估表进行数据库的建立与连接，利用PDA终端对患者监测和评估后的数据进行计算和分析，从而得出高危风险分值，护士根据分值及时做出相应的判断，按照DVT预防方法及DVT护理流程对患者进行干预治疗，记录并及时上报，避免出现护理安全事故。[8]同时利用MEWS中的数据能作为日常护理的依据，根据患者在MEWS系统中的风险分值，以此制定相应的护理方案，完善相应的DVT预警管理方案及护理流程，降低DVT的发生，提升护理人员的工作效率和质量。另外MEWS能有效评估病情程度的同时预测预后情况，以此预判DVT的发生，能及早发现DVT并发症的存在风险，针对此风险讨论研究并制定出相应的解决措施，从而提高治疗的严谨性与科学性，提升护理效益，提高患者的满意度，减少病发率和致死率。在预警管理中通过预先的评估不仅有利于医护人员及早发现患者的DVT并发症的潜在风险，及时做出治疗对策，还有助于在术前排出隐患，确保手术的安全性与顺利性。同时由于抗凝药物的使用中会出现并发深静脉血栓，从而诱发DVT并发症，因此医护人员在预警管理中提前做好预防DVT护理工作，能有效降低DVT发生率。在护理中还要随时注意患者的肢体活动，根据病情恢复状况指导或协助进行适当的肢体运动，能减轻因术后耐受性差，而引起的患肢疼痛，避免因长时间卧床而造成的压疮症。[9]

本文针对改良后MEWS在髋关节置换术后DVT中的预警管理效果研究中发现，试验组高危因素总风险率明显低于观察组总风险率，差异具有统计学意义（$P < 0.05$），同时在DVT发生率比较中试验组的总发生率也明显低于观察组总发生率，差异具有统计学意义（$P < 0.05$）。充分表明对髋关节置换术后DVT中的预警管理能有效避免并发症，一定程度上弥补常规护理中的缺陷。

综上所述，对于改良后MEWS在髋关节置换术后DVT中的预警管理中不仅综合评估患者的高危风险因素的风险率，并在评估后加强制定与完善了DVT预警方案，避免在护理治疗中遗漏或误算高危风险患者，还能在预防DVT护理工作中加强与患者的沟通交流，利于心理干预，从而缓解患者的不良情绪的发生，提高护理工作的质量和效率。同时研究证明了改良后MEWS在髋关节置换术后DVT中的预警管理效果较好，能有效减少DVT并发症的发生率，提高患肢功能性康复，并且还有助于预防DVT发生，促进患者早日康复，值得在临床中推广使用。

参考文献：

［1］班洁勤，黄秋霞，陈松，等.预警性护理对老年髋关节置换术后并发症的预防效果［J］.临床医药文献杂志，2017，4（9）：112-113.

［2］戴丽丽，朱春萍.改良MEWS在髋关节置换术后DVT中的预警管理［J］.实用临床护理学杂志，2017，2（21）：166-171.

［3］周伟.医患联动预警在全髋关节置换术围手术期下肢静脉血栓预防中的意义［J］.南通大学学报（医学版），2018，28（2）：140-142.

［4］朱肖星，朱萧玲，陈定章，等.骨科手术后深静脉血栓的国内外现状分析和策略［J］.心脏杂志，2017，29（3）：369-372.

［5］许文珍.髋关节置换术中预防下肢深静脉血栓的预防及护理措施［J］.实用临床医药杂志，2017，21（6）：129-131.

［6］王秀梅，黄世敏.预见性护理对髋关节置换术患者下肢深静脉血栓形成的预防作用［J］.实用临床医药杂志，2017，21（6）：132-134.

［7］丁兰束，刘曙光，朱燕娴.集束化护理在预防老年髋关节置换术患者术后下肢深静脉血栓形成的效果［J］.河南外科学杂志，2017，23（2）：174-175.

［8］马红云，杨春平.优质术中护理预防髋关节置换术患者下肢深静脉血栓形成的价值分析［J］.吉林医学，2017，38（6）：1156-1158.

［9］杨丽娟，李萍，许文娟，等.风险预警评分在预防髋关节置换患者下肢深静脉血栓中的应用［J］.2019，40（12）：2912-2913.

作者简介：王德亮，青岛西海岸新区人民医院，主治医师

联系方式：hdqrmyyzzk@163.com

早期全方位急救联合急诊神经介入治疗对急性脑梗死患者预后生存的影响

王　坤　袁　萍　刘东伟　刘　鹏　赵　鹏　樊永帅　臧家蒙

摘要：为了研究早期全方位急救联合急诊神经介入治疗对急性脑梗死患者预后生存的影响，本文选取2016年6月～2019年6月在青岛西海岸新区人民医院急救中心就诊的急性脑梗死患者100例，按照回顾统计分为对照组和观察组，各50例。实验显示，两组治疗后72 h MDA、AOPP、S100β水平低于两组治疗前，SOD高于两组治疗前，观察组治疗后72 h MDA、AOPP、S100β水平低于对照组治疗后72 h，SOD高于对照组治疗后72 h，具有统计学差异（$P < 0.05$）。两组治疗后72 h NIHSS评分低于治疗前，观察组治疗后72 h NIHSS评分低于对照组治疗后72 h，具有统计学差异（$P < 0.05$）。研究结果表明，早期全方位急救联合急诊神经介入治疗对急性脑梗死患者效果显著，能有效缩短患者血管再通时间，改善患者氧化应激相关指标，降低患者神经功能损伤评分，提高患者血管再通率，减少死亡，有助于患者预后生存。

关键词：早期全方位急救；神经介入；急性脑梗死；预后

急性脑梗死是一种常见的神经系统急症，患者发病急，并且病情发展迅速，具有较高的致残率和死亡率，严重影响患者的生命安全以及生活质量。相关研究认为脑梗死是造成患者长期致残的首要原因，其中75%的脑梗死患者是因为急性血栓形成以及其他位置的血栓发生转移，患者局部脑血管发生闭塞。[1-2]目前介入治疗是治疗急性脑梗死的主要有效手段，美国、欧洲、中国等在2015年修改了急性缺血性脑卒中的介入治疗指南，将介入取栓在急性缺血性脑卒中特别是大血管闭塞治疗中作为1级A类推荐证据进行推荐。所以此类患者的治疗效果与治疗时机的选择有紧密的联系，患者越早治疗效果越好。[3]神经介入手术是治疗脑血管疾病常用的治疗手段，与传统的开颅手术相比，神经介入的特点是创伤小，患者恢复快，适应症较广，在临床治疗中得到广泛认可。[4]本文旨在通过对此类患者急诊急救治疗的流程进行改进，并统计此类患者的氧化应激相关指标，研究早期全方位急救联合急诊神经介入治疗对急性脑梗死患者预后生存的影响，为急性脑梗死患者的临床治疗提供理论依据。

1　对象与方法

1.1　研究对象

本文选取2016年6月～2019年6月在青岛西海岸新区人民医院急救中心就诊的急性脑梗死患者100例，男58例，女42例，年龄30～68岁，平均年龄（49.5±10.6）岁。按照随机数字法分为对照组和观察组，各50例。对照组男29例，女21例，平均年龄（49.6±10.5）岁；观察组男29例，女21例，平均年龄（49.8±10.5）岁。两组患者在性别比例、平均年龄等比较中，无统计学差异（$P > 0.05$），具有统计学差异。

纳入标准：所有患者均经过头颅CT和MRI确诊

为脑梗死；均在发病6h内在我院就诊。

排除标准：有脑梗死史患者；介入治疗史患者；出血性脑卒中患者；妊娠期以及哺乳期患者；心、肝、肾功能不全患者。本文研究患者及其家属均知情，签署知情通知书。

1.2 方法

1.2.1 治疗方式

观察组患者先进行全方位的早期急救并进行介入治疗。早期全方位急救措施：患者在120接诊和院前急救医护人员接诊到患者后初步评估为脑梗死后立即进入本文研究的治疗过程，即刻通知有关科室（急诊、CT室、介入导管室、麻醉科等）做好急救准备，进入医院急诊绿色通道，行颅脑CT、CTA和颈部CTA检查，检测患者是否有颅内出血现象，一旦患者确诊为急性大血管闭塞之后，在CT室同患者家属谈话，有溶栓指征则即刻溶栓，有介入取栓指征则进入介入取栓流程。手术前将患者血压控制180/100 mmHg（1mmHg＝0.133kPa），并且对患者血常规、血小板计数、凝血时间、凝血酶原时间不低于100×10^9/L。

1.2.2 氧化应激相关指标检测

采集每名患者清晨空腹血液样本，使用转速为1000 r/min的离心机，离心处理20 min，分离血清，放入洁净的EP试管中，在-20℃环境中保存，待用。采用酶联免疫吸附试验检测丙二醛（Malondialdehyde，MDA）、晚期氧化蛋白产物（Advanced oxidative protein products，AOPP）、超氧化物歧化酶（Superoxide dismutase，SOD）、S100β水平。

1.2.3 NIHSS评分

采用美国国立卫生研究院卒中量表（NIHSS）评估患者手术前和手术后2周神经功能，由专业的康复科医师完成。主要评估的内容包括意识水平、凝视、视野、面瘫、上肢运动、下肢运动、共济失调、感觉、语言、构音障碍及忽视症11项内容，大于16分表示患者严重功能不全，小于6分表示患者

神经功能恢复良好。分数越高，说明患者神经功能缺损越严重。

1.2.4 治疗有效率统计

主要包括显效、有效、无效。显效：患者术后血管再通，治疗后72 h患者NIHSS评分降低超过90％，其病残程度0级；有效：患者术后血管再通，治疗后72 h患者NIHSS评分降低在20％～90％，其病残程度1～3级；无效：患者术后血管无再通，治疗后72 h患者NIHSS评分降低小于20％。治疗有效率＝（显效+有效患者）/总例数×100％。

1.2.5 并发症发生率及预后

观察两组患者治疗后72 h发生的并发症，主要包括血管痉挛、血管迷走神经反射、血管破裂、血压降低等，及时为患者进行干预，统计并发症发生率。统计两组患者血管再通率和病死率。

1.3 统计学处理

采用SPSS20.0统计软件进行分析，其中计数资料采用百分率描述，组间比较采用X_2检验，治疗前后比较采用重复测量资料，做重复测量方差分析，两组间比较采用实施独立样本t检验，$P < 0.05$则说明差异具有统计学意义。

2 结果

2.1 早期全方位急救联合急诊神经介入对患者氧化应激相关指标的影响

如表1所示，观察组和对照组两组治疗前MDA、AOPP、SOD、S100β水平比较，无统计学差异（$P > 0.05$）。两组治疗后72 h MDA、AOPP、S100β水平低于两组治疗前，SOD高于两组治疗前，具有统计学差异（$P < 0.05$）。观察组治疗后72 h MDA、AOPP、S100β水平低于对照组治疗后72 h，SOD高于对照组治疗后72 h，具有统计学差异（$P < 0.05$）。

表1　两组患者治疗前后氧化应激相关指标

组别	例数	MDA/（μmol/L）		AOPP/（μmol/L）		SOD/（U/mL）		S100β/（ng/L）	
		治疗前	治疗后72 h	治疗前	治疗后72 h	治疗前	治疗后72 h	治疗前	治疗后72 h
对照组	50	10.51±2.29	8.92±1.20	96.62±20.24	89.96±12.78	70.75±5.11	93.36±11.69	2.58±0.35	2.15±0.31
观察组	50	10.62±2.20	5.35±0.85	96.85±20.17	64.56±10.36	70.82±5.02	145.22±17.96	2.52±0.38	1.56±0.20
t		0.245	17.170	0.057	10.920	0.069	17.110	0.821	11.310
P		0.807	0.001	0.955	0.001	0.945	0.001	0.414	0.001

2.2 早期全方位急救联合急诊神经介入对患者NIHSS评分的影响

如表2所示，观察组和对照组两组治疗前NIHSS评分比较，无统计学差异（$P>0.05$）。两组治疗后72 h NIHSS评分低于治疗前，具有统计学差异（$P<0.05$）。观察组治疗后72 h NIHSS评分低于对照组治疗后72 h，具有统计学差异（$P<0.05$）。

表2　两组患者治疗前后NIHSS评分比较

组别	例数	NIHSS评分	
		治疗前	治疗后72 h
对照组	50	26.62±3.32	12.22±1.58
观察组	50	26.48±3.56	10.25±1.27
t	—	0.839	6.872
P	—	0.203	0.001

2.3 早期全方位急救联合急诊神经介入对患者治疗效果的影响

如表3所示，观察组治疗有效率98.00%高于对照组治疗有效率84.00%，具有统计学差异（$P<0.05$）。

表3　两组患者治疗有效率比较（%）

组别	例数	显效	有效	无效	治疗有效率
对照组	50	20（40.00）	22（44.00）	8（16.00）	42（84.00）
观察组	50	29（58.00）	20（40.00）	1（2.00）	49（98.00）
χ^2	—	—	—	—	5.983
P	—	—	—	—	0.014

2.4 早期全方位急救联合急诊神经介入对患者并发症的影响

如表4所示，观察组并发症发生率14.00%高于对照组并发症发生率6.00%，无统计学差异（$P>0.05$）。

表4　两组患者并发症发生率比较（%）

组别	例数	血管痉挛	血管迷走神经反射	血管破裂	血压降低	并发症发生率
对照组	50	1（2.00）	1（2.00）	0（0.00）	1（2.00）	3（6.00）
观察组	50	2（4.00）	2（4.00）	1（2.00）	2（4.00）	7（14.00）
χ^2						1.778
P						0.182

2.5 早期全方位急救联合急诊神经介入对患者预后的影响

如表5所示，观察组血管再通率为86.00%高于对照组血管再通率68.00%，具有统计学差异（$P<0.05$）。观察组病死率10.00%低于对照组病死率24.00%，具有统计学差异（$P<0.05$）。

表5　两组患者预后情况比较（%）

组别	例数	血管再通率	病死率
对照组	50	34（68.00）	12（24.00）
观察组	50	43（86.00）	5（10.00）
χ^2	—	4.574	4.336
P	—	0.032	0.037

3 讨论

急性脑梗死患者发病后，其一侧肢体运动、感觉功能会出现障碍，当患者脑组织出现大面积的缺血，会严重威胁患者生命健康。内科治疗过程中，能有效地缓解患者痛苦，患者病死率降低，但治疗后脑出血发生率、致残率较高。[5]局灶性脑梗死会伴随可逆性半暗区发生，患者脑动脉闭塞发生后，因血流减少导致脑动脉周围缺血。[6]相关研究指出，患者脑动脉闭塞后半暗区并不是静止不变，而是不断变化，预防半暗区进展是促进血管再通的关键。[7]

脑梗死会产生大量的氧自由基，影响其细胞结构促进过氧化反应发生。MDA是细胞膜以及细胞器生物膜结构中脂质发生过氧化反应的产物，其中蛋白质经过过氧化作用产生AOPP。[8]李平[9]研究显示，MDA、AOPP水平能够有效地反映氧自由基的含量。SOD是一种重要的抗氧化酶，氧自由基产生会导致其不断被消耗。S100β蛋白属于一种中枢神经特异性蛋白，其水平降低有助于神经生长和修复。[10]庞鑫鑫[11]研究也指出，高水平S100β蛋白具有神经毒性功能，造成患者脑损伤。本文研究结果中，观察组治疗后72 h MDA、AOPP、S100β水平低于对照组治疗后72 h，SOD高于对照组治疗后72 h。这说明早期急救联合急诊神经介入能改善患者氧化应激状况，促进患者神经功能恢复。大部分急性脑梗死患者因为就诊不及时，以及就诊的流程较长，错过最佳的治疗时间，严重影响患者预后。[12]脑出血、脑肿瘤等脑血管病治疗中，神经介入不断发展，在降低患者病死率和致残率方面发挥着关键性的作用。Lansky研究指出，神经介入治疗技术不断发展，脑梗死患者发病后及时进行神经介入治疗，能再通其梗死脑血管，促进患者脑组织血流灌注恢复，避免因为缺血缺氧导致神经功能损伤情况发生。本文研究结果显示，两组治疗后72 h NIHSS评分低于治疗前，说明早期急救以及急诊神经介入治疗均能一定程度地改善患者神经功能损伤状况，其中观察组治疗后72 h NIHSS评分低于对照组治疗后72 h，说明早期急救联合急诊神经介入改善患者神经功能损伤显著。

通过急性脑梗塞特别是大的脑血管闭塞患者的早期急救流程的改进，在最短的时间内对患者进行正确的诊治，通过脑保护，保证患者在最短和最佳的时间接受治疗。介入治疗直达患者脑梗塞区域，将血栓溶解后，有助于改善患者临床症状，进一步缩小患者脑梗死面积，从而降低患者致残率。本文数据显示，观察组治疗有效率98.00%高于对照组治疗有效率84.00%，说明早期急救联合急诊神经介入治疗能提高急性脑梗死患者治疗有效率。Beghi研究认为，神经介入治疗对操作人员要求较高，增加手术难度，容易引发并发症。本文研究结果证实，观察组并发症发生率14.00%高于对照组并发症发生率6.00%。Eckerland研究也证实，神经介入术会增加患者发生高血压、脑动脉瘤等并发症发生风险。本文结果显示，观察组血管再通率为86.00%高于对照组血管再通率68.00%，并且观察组病死率10.00%低于对照组病死率24.00%，说明早期急救联合急诊神经介入治疗急性脑梗死患者能促进患者血管再通，减少患者死亡，从而提高患者预后生存。与刘顶成研究结果保持一致。

综上所述，通过急性脑卒中患者急诊急救诊疗流程的改进，早期全方位急救联合急诊神经介入治疗对急性脑梗死患者效果显著，能有效地改善患者氧化应激相关指标，降低患者神经功能损伤评分，提高患者血管再通率，减少死亡，有助于患者预后生存。同时笔者认为真正的"全方位联合救治"是指：院外的脑卒中知识宣讲、院前院内的急诊急救流程改进和技术提升，最终达到让老百姓包括医护人员知晓如何预防脑卒中，发生脑卒中如何能在第一时间获得和进行治疗，做到全民总动员预防和治疗脑卒中，会更加有效地提高急性缺血性脑卒中的治疗效果。

参考文献：

［1］杜雯雯，吴明华.中青年急性脑梗死的危险因素分析［J］.脑与神经疾病杂志，2019，27（4）：230-233.

［2］陈戈，张洁茵，李丽丝，等.急性脑梗死患者溶栓后出血性脑梗死的防治研究［J］.河北医药，2019，41（4）：567-570.

［3］曹文锋，吴凌峰，屈新辉，等.神经介入治疗常见的并发症及处理［J］.中国医药导报，2011，08（11）：161-162.

［4］张帆，廖宁.神经内科脑血管病介入治疗操作分类探讨［J］.中国卫生统计，2017，34（2）：345-346.

［5］徐耀铭，齐晓飞，王姝瑶，等.急性脑梗死早期进展相关危险因素的临床研究［J］中风与神经疾病杂志，2018，35（6）：548-549.

［6］Ono H, Nishijima Y, Ohta S, et al. Hydrogen Gas Inhalation Treatment in Acute Cerebral Infarction: A Randomized Controlled Clinical Study on Safety and Neuroprotection［J］. J Stroke Cerebrovasc Dis. 2017, 26（11）：2587-2594.

［7］Ke Z, Zhao Y, Wang C, et al. The alliance with expanding blood volume and correcting anemia is an effective therapeutic measure for the adult anemia patients of acute cerebral infarction［J］. Int J Neurosci. 2018, 128（5）：429-434.

［8］Cooke J, Maingard J, Chandra RV, et al. Acute middle cerebral artery stroke in a patient with a patent middle cerebral artery［J］. Neurol Clin Pract. 2019, 9（3）：250-255.

［9］李平，汪波.依达拉奉联合溶栓治疗急性脑梗死的疗效及对氧自由基清除效果的影响［J］.中国现代医学杂志，2015，25（28）：49-52.

［10］黄洪琳，伍树芝.血清S100-β蛋白在急性脑梗死中的临床应用研究［J］.检验医学与临床，2018，15（15）：2214-2216，2220.

［11］庞鑫鑫，王勋，张黎明.S100β蛋白在脑损伤诊断中应用研究［J］.脑与神经疾病杂志，2018，26（9）：572-574.

［12］韩旭，张雨婷，赵宏宇.急性脑梗死患者就诊时间延迟的影响因素分析［J］.中国医科大学学报，2019，48（4）：324-327.

作者简介：王坤，青岛西海岸新区人民医院，神经外科副主任，副主任医师

联系方式：jiaonankejiaoke@126.com

儿童药品在临床使用中存在的突出困难和问题

李作芬　张瑞霞　薛　丽

摘要：儿童是一个特殊的群体，在当前的社会背景下，儿科临床实践中存在着较为突出的用药问题，儿童的用药安全也严重威胁着儿童的身体健康。儿童用药品种、剂型、规格的缺乏制约儿童的用药及疗效；加之儿童处于生长发育过程中，各个脏器代谢不完善，药品的说明书模糊告知，家长对于用药知识及阅读药品说明书知识不足等，药物的不良反应发生较多，均造成儿童用药的困难。

关键词：儿童；临床；用药问题

据全国第六次人口普查统计，2010～2014年，我国0～14岁儿童占总人口比率约为16.5%[1]，而每年我国患病儿童数约占总患病人数的20%左右。[2]在如此庞大的儿童患者群中，作为一个特殊的群体，身体各方面的器官和生理功能尚未发育成熟，药物代谢能力较为脆弱，容易出现不良反应，因此合理用药提到了非常重要的高度。在临床实践中，一些儿童常见病、多发病仍在严重威胁着儿童身体健康，就诊率一直维持在高位，针对常见病、多发病的儿童专用药却相对短缺。同时，儿童的组织器官处于不断发育成熟阶段，有些药物在儿童体内的吸收、分布、代谢与成人相比有明显差别。[3]总结20多年的儿科临床用药经验，常见的困难和问题归纳如下。

1 儿童用药特点

儿童用药中适宜的品种、剂型和规格较为缺乏，另一方面在于临床用药实践中存在超说明书用药等不规范现象，家长使用药品安全问题，给儿童合理用药造成极大的困难。

1.1 儿童用药品种

在所有临床用药中，包括注射液、口服、肌肉注射等剂型中成人品种较多，以北京为例，在北京注册的所有生产的药品品种中，大部分为成人品种，儿童专用药品只有83个（含处方药和非处方药），占3.44%[4]，而在临床实践中，大部分情况是根据儿童年龄、儿童体表面积来计算儿童体重，计算出用量后用成人药品折算，比如1/3片、1/5片等等，即使研磨成粉末，也有计量的准确性差异，尤其是危重病人用药，比如地高辛，计量的偏差可能会造成病人生命的安全问题。还有，液体剂量较大问题，因为儿童不同年龄用药剂量不同，小年龄儿童用药较少，静脉用药输液时间过长，导致药物的有效性降低，药品容易过期，造成药品和资源的浪费。

1.2 超说明书用药问题

很多西药和中成药都有说明书模糊的问题。有的药物只有成人剂量，没有儿童剂量；有的只有"儿童酌减"，有的只有"儿童慎用"；尤其像儿童支原体感染应用的阿奇霉素，所有的说明书都没有儿童用药的详细说明书，因为儿童的特点，支原体感染用药品种不能像成人可以有多种选择，比如喹诺酮类、四环素类，这对于临床医生治疗疾病是一个非常大的挑战，既要治疗好病人，还要预防可能的并发症。类似的药物还有很多，比如孟鲁司特10 mg，说明书写着"15岁以下慎用"等，不胜枚举。

1.3 家长用药安全问题

医生开出药方，很有必要指导家长如何正确使用。临床工作中，经常遇到家长不阅读说明书，或者虽然阅读但看不懂说明书的情况，这直接导致用药五花八门。例如阿奇霉素口服药，很多家长分每日2片，3次给药；或者自认为药物副作用大，减少使用剂量，导致副作用的增加和临床效果不佳。

2 抗生素使用问题

抗生素作用抗菌药物的出现，确实挽救了感染病人的生命。比如结核病，在解放前是足以致命的疾病，而现在结核病已经被控制得非常好。抗生素的使用存在以下问题。

2.1 滥用现象

滥用现象包括家长和医生的滥用。首先，家长滥用抗生素。很多家长认为感冒就是有炎症，到药店自行购买抗生素，不管有用没用，不管是成人、儿童均自行购买，这是临床误区，需加强患儿家属教育。其次，医生滥用，包括抗生素针剂的广泛使用。对于儿童来说，抗生素带来的耐药和副作用严重威胁患儿未来的健康。严格按照临床依据选择抗生素及输液，是每位儿科医生的职责，能口服不选择针剂、能不用就不要用。

2.2 抗生素的种类及供应缺乏

儿童抗生素品种较少，尤其3个月以内及新生儿可选择的余地较少。加之抗生素总量的限制，经常临床无药可选，或者想用的药经常断货。比如刚给病人做完皮试（针刺），但翌日药品断货，不得不再次更换皮试，增加患儿的痛苦、招致患儿家属的不满，易引起医患纠纷。

2.3 缺少抗生素监测

临床缺少儿童体内抗生素监测指标及毒物检验项目，尤其儿童过量服药的案例，无法根据药物毒性及体内药物残留来指导临床。

3 儿童用药的副作用

3.1 较成人更容易发生ADR

儿童具有特殊的生理特点，并且由于处于生长发育阶段，机体各系统、各器官的功能尚未成熟完善。儿童对药物的代谢速度比成人慢，由于肾脏发育不完全，致使肾脏排泄功能较差，并且药物很容易进入血脑屏障等，所以儿童较成人更容易发生ADR。[5]

3.2 用药的不良反应多种多样

不合理用药的发生原因主要包括如下类型：药剂量超标、在药品配伍里面出现了不同程度的儿童慎用药和禁用药，另外还包括药物配伍使用不合理等相关方面的问题。查阅文献发现不良反应主要表现如下。[6]

3.2.1 年龄与ADR发生的关系

患儿年龄最小的为新生儿，年龄最大的为14岁，且1~3岁儿童新的/严重的ADR报告比例最高。

3.2.2 药物的给药途径、药品种类与ADR发生的关系

由于临床儿科用药大多以静脉滴注为主，而且静脉滴注时药物可直接进入血液循环，血药浓度相对较高，对儿童产生较强的刺激作用。

3.2.3 超药品说明书与ADR发生的关系

以临床阿奇霉素为例，阿奇霉素副作用可累及全身各个系统，尤其变态反应最高，常见的有胃肠道反应：恶心、呕吐、腹痛、腹泻、食欲下降等；其次有皮疹、皮肤红斑，肝功能损害等。阿奇霉素在肝脏中的浓度可超过血浆浓度20~25倍，提示肝功能不全者慎用，当发生肝毒性时，停药保肝对症治疗，肝功能可逐渐恢复正常。阿奇霉素还可引

发哮喘患者茶碱中毒，哮喘患儿应用氨茶碱时应注意。[7]

4　结语

综上所述，儿童是祖国的未来，他们的身体健康状态关系到祖国的繁荣昌盛，保护儿童也是儿科医生们的职责。所以，合理安全准确选择药物十分必要。需要在国家层面加大儿童药物研发力度，研制出适宜儿童的药物剂型。可以建立全国儿童ADR监测中心，将全国儿童ADR监测网络与全国ADR监测系统对接，实现数据的全国范围共享。完善药品说明书及加大药品浓度检测方法；加强对家长的医学常识教育及宣传，做到不滥用抗生素，合理、正确服药，而且要注意药品的使用禁忌。临床医生加强学习，严格掌握抗生素使用指征，合理选择抗生素及其他药物，及时发现处理各种药物不良反应；医生指导儿童及家属科学治疗、合理用药。医院加强对抗生素的使用的监管及处罚制度。制药企业应本着实事求是的原则，严格按照有关规定撰写药品使用说明书，对于儿童药品的使用剂量、注意事项、不良反应以及禁忌证等应明确、详细标定。完善药品使用说明书可以在源头上为临床安全用药提供保障。

参考文献：

[1]中华人民共和国国家统计局2010年第六次全国人口普查主要数据公报［DB/d］.http://www.stats.gov.cn/tjgb/rkpcgb/qgrkpcghb/t20110428_402722232.htm.

[2]余明莲，杨悦.我国儿童用药可获得性的调查分析［J］.解放军药学学报，2011，27（4）：368-372.

[3]马立新，刘霞，闫根全，等.目前儿童用药存在的问题及思考［J］.中国医院，2012，16（2）：45-46.

[4]吴彬.切勿忽视儿童用药成人化［J］.北京观察，2016（8）：.

[5]卫生部医政司，卫生部合理用药专家委员会.《抗菌药物临床应用管理办法》释义和抗菌药物临床应用培训教材［M］北京：人民卫生出版社，2012:257-260.

[6]王瑞芹，霍艳飞，谢彦军，等.2016-2017年山东省530例新的/严重的儿童药品不良反应回顾性分析［J］.中国药房，2019，30（1）:118-119.

[7]韩琳，王庆学.目前儿童用药存在的问题及思考［J］.中国医院，2012，16（2）：45-46.

作者简介：李作芬，青岛市西海岸新区人民医院，副主任医师

联系方式：kelzf@163.com

2型糖尿病合并冠心病患者颈动脉内膜中层厚度和斑块的观察

刘东伟　庄玉群　王　坤　逄淑秀　李娜

摘要：为了研究分析2型糖尿病（T2DM）合并冠心病（CAD）患者自身的颈动脉内膜中层厚度（cIMT）与斑块，回顾性分析本院2015年3月至2018年1月收治的21例T2DM患者的资料，将其当作A组。另外，T2DM合并CAD的32例当作B组（凭借冠状动脉受累相应的支数分成：Ba组总共9例，1支病变；Bb组总共10例，2支病变；Bc组总共13例，3支病变），观察比较其结果。结果显示，Ba组患者、Bb组患者、Bc组患者的斑块积分、cIMT多于A组患者，$P < 0.05$，Bc组患者的斑块积分最大且cIMT最厚，接着，为Ba组患者与Bb组患者，$P < 0.05$；Bc组患者的斑块诊断检出率大于A组患者，$P < 0.05$。可见，冠状动脉病变相应的支数逐步增多，斑块积分与cIMT、斑块诊断检出率逐步升高；cIMT超声监测能够被当作对T2DM合并CAD患者施予监测的高效、简易方式。

关键词：冠心病；颈动脉内膜中层厚度；分析；2型糖尿病；斑块

在临床中，2型糖尿病（T2DM）为十分普遍的代谢紊乱病症。冠心病（CAD）为T2DM十分普遍的并发症，而T2DM患者产生的冠脉病变大多是数支重型病变，患者自身的预后较差，对其施予治疗十分困难，还较易贻误最优的治疗机遇。所以，选取高效且安全的监测方法对于T2DM合并CAD患者来说十分关键。[1]鉴于此，本研究为了分析T2DM合并CAD患者自身的颈动脉内膜中层厚度（cIMT）与斑块，选出青岛西海岸新区人民医院2015年3月至2018年1月收治的21例T2DM患者与T2DM合并CAD的32例患者，现将具体情况总结如下。

1 资料与方法

1.1 一般资料

回顾性分析青岛西海岸新区人民医院2015年3月至2018年1月收治的21例T2DM患者的资料，将其当作A组。另外，T2DM合并CAD的32例当作B组（凭借冠状动脉受累相应的支数分成：Ba组总共9例，1支病变；Bb组总共10例，2支病变；Bc组总共13例，3支病变）。A组男性、女性分别问12例、9例；患者的年龄为32~77岁，年龄均值为（54±16.38）岁。B组男性、女性分别为18例、14例；患者的年龄为31~76岁，年龄均值（53±15.38）岁。对比两组相关资料，其结果显示无统计学的意义，$P > 0.05$，可深入对比、研究。

1.2 方式

cIMT超声监测：借助GE Voluson730式彩色多普勒超声仪（美国）与SP6-12型超宽频带线阵探头测算cIMT，由一位具备充实经验的医护人员对全部患者实施cIMT超声监测，把探头垂直放在颈动脉实施探查与定位，探查至颈总动脉分叉位置即为颈总动脉球部，顺血管长轴开展探查，选出颈总动脉分叉位置近心处10 mm长度的内颈总动脉后壁，测算cIMT，这一数值即最厚的cIMT数值。对两边cIMT实施测算，并对最大值施予记录。

1.3 数据分析处理

此次研究中所用软件版本为SPSS19.9，对斑块积分、cIMT相关数据进行统计时，选（$x \pm s$）代表；对斑块诊断检出率相关数据进行统计时，选（％）代表。对比、分析四组相关数据，结果有差距，表明有统计学的意义（$P < 0.05$）。

2 结果

2.1 比照四组cIMT、斑块积分

Ba组、Bb组、Bc组斑块积分、cIMT多于A组，$P < 0.05$，Bc组斑块积分最大且cIMT最厚，接着，为Ba组、Bb组，$P < 0.05$。详情如表1。

表1 比照四组cIMT、斑块积分（$\pm s$）

组别	cIMT/mm	斑块积分/分
A组（$n=21$）	0.99 ± 0.34	0.79 ± 0.69
Ba组（$n=9$）	1.21 ± 0.45	1.59 ± 1.29
Bb组（$n=10$）	1.43 ± 0.36	2.54 ± 1.15
Bc组（$n=13$）	1.65 ± 0.33	3.73 ± 2.24

2.2 比照四组斑块诊断检出率

Bc组斑块诊断检出率大于A组，$P < 0.05$。详情如表2。

表2 比照四组斑块诊断检出率N（％）

组别	斑块诊断检出率
A组（$n=21$）	7（33.33）
Ba组（$n=9$）	5（55.56）
Bb组（$n=10$）	6（60.00）
Bc组（$n=13$）	12（92.31）

3 讨论

cIMT有所增厚为动脉粥样硬化产生进展期间的最早时期，有研究人员指出，颈动脉内膜中层有所增厚为动脉粥样硬化（AS）的关键标识，而斑块产生为AS相应的特点，能够凸显出身体中其他关键大血管本身的动脉硬化程度。[2]所以，cIMT有所增厚是动脉粥样硬化相应的局部症状，其能够被当作在早期中对AS实施评测的指标。现阶段，cIMT已经被当作心脑血管意外产生及死亡的取代指标，被大量地运用到了临床上。

总之，冠状动脉病变相应的支数逐步增多，斑块积分与cIMT、斑块诊断检出率逐步升高；cIMT超声监测能够被当作对T2DM合并CAD患者施予监测的高效、简易方式。

参考文献:

［1］张娟，周星佑，蒋敏海.急性脑梗死患者颈动脉内膜中层厚度性别差异性研究［J］.医学研究杂志，2016，45（5）：152-154.

［2］蔡松泉，张慧君.H型高血压合并急性脑梗死与颈动脉内膜中层厚度的关系分析［J］.临床合理用药杂志，2017，10（1）：109-110.

作者简介：刘东伟，青岛西海岸新区人民医院急诊科副主任

联系方式：58104367@qq.com

发表刊物：《世界最新医学信息文摘》，2019，81：62.

强化健康宣教在城市化进程中2型糖尿病合并高脂血症患者中的作用

马　坤

摘要：为了研究连续的强化健康宣教在城市化进程中农村2型糖尿病合并高脂血症患者中的作用，本文从门诊、住院、查体人群中选取120人随机分为两组，实验组给予强化健康宣教，于各时间节点采集两组患者的血糖、血脂的数据。结果显示，实验组血糖、血脂的控制效果明显优于对照组。强化健康宣教对城市化进程中农村2型糖尿病合并高脂血症患者的治疗有积极的作用。

关键词：强化健康宣教；城市化进程；2型糖尿病合并高脂血症

目前中国的城市化进程明显加快，城镇人口占全国人口比例已从2000年的34%上升到2016年的57%。[1]在这些地区，由于饮食结构和生活方式的明显改变，2型糖尿病合并高脂血症的患病率急剧升高，随着医疗改革的推进、患者认识的提高，现在患者对血压、血糖的控制要求逐渐增强，但是对于血脂的危害，认识尚浅。2012年全国调查结果显示，中国成人血脂异常总体患病率高达40.40%[2]，较2002年呈大幅度上升。人群血清胆固醇水平的升高将导致2010～2030年我国心血管病事件增加约920万。[3]此外，我国儿童青少年高胆固醇血症患病率也有明显升高[4]，这预示未来中国成人血脂异常患病及相关疾病负担将继续加重。

本研究通过对城市化的农村地区2型糖尿病合并高脂血症患者进行连续的强化健康宣教，并采集相应时间节点的血糖、血脂数据，对采集结果进行统计学分析，从而评价连续的强化健康教育在城市化进程中农村地区的2型糖尿病合并高脂血症患者的管理中的作用。

1　临床资料

1.1　一般资料

山东省青岛市西海岸新区薛家岛街道社区卫生服务中心辖区绝大多数社区已进行农村改造，农村的城市化进程在积极推进。本研究从近期住院、门诊以及居民查体患者中随机选取120人，分为两组。实验组60人，对照组60人。两组在性别、年龄、病程等方面无显著的统计学差异（ $P > 0.05$ ）。

1.2　诊断标准

参考《中国2型糖尿病防治指南》（2017年版）和《中国成人血脂异常防治指南》（2016年修订版）。

2　研究方法

实验组从入组时开始给予连续的强化健康宣教，形式有大课堂式集中教育、小组式健康管理、"一对一"沟通指导、热线电话随时咨询等多种方式。对照组仅对病人的咨询做针对性的回答，不做过多的健康宣教。研究时间为半年。

3　观察指标

分别于入组时、1周、2周、3周、1个月、2个月、3个月、4个月、5个月、6个月时检测实验组和对照组两组患者的空腹血糖、早餐后2h血糖、血压；

于入组时、3个月、6个月时检测糖化血红蛋白和血脂中的低密度脂蛋白胆固醇、总胆固醇、甘油三酯、高密度脂蛋白胆固醇指标。

4　研究结果

采用统计学描述性统计、t检验、双重差分法等处理。

4.1　组间比较

4.1.1　实验组

（1）空腹血糖：从第1周起，与入组时比较就有明显的差异，$P<0.05$，差别具有统计学意义。并且随着时间的推进，差异逐渐增大。

（2）餐后2h血糖：第1周与入组时比较，$P>0.05$，无显著性差异，但是从第2周起，与入组时比较$P<0.05$，差异具有统计学意义，并且随着时间的推进，差异逐渐增大。

（3）糖化血红蛋白：第3个月和出组时与入组时比较，P均<0.05，差异具有统计学意义。

（4）血脂：低密度脂蛋白胆固醇（LDL-C）、总胆固醇（TC）、甘油三酯（TG）三项第3个月和出组时与入组时比较，$P<0.05$，差异具有统计学意义。

高密度脂蛋白胆固醇（HDL-C）第3个月和出组时与入组时比较，$P>0.05$，差异不显著，不具有统计学意义。

（5）血压：第1、2、3周时与入组时比较，$P>0.05$，差异没有统计学意义。但是从第1个月起，与入组时比较，$P<0.05$，差异具有统计学意义，并且随着研究的推进，差异逐渐增大。

4.1.2　对照组

（1）空腹血糖：第3周、1个月时与入组时比较，$P<0.05$，差异具有统计学意义。其他时间节点的空腹血糖，$P>0.05$，差异不具有统计学意义。

（2）餐后2h血糖：1个月时与入组时比较，$P<0.05$，差异具有统计学意义。其他时间节点，$P>0.05$，差异不具有统计学意义。

（3）糖化血红蛋白：第3月和出组时与入组时比较，$P>0.05$，差异不具有统计学意义。

（4）血脂：总胆固醇（TC）第3个月与入组时比较，$P<0.05$，差异具有统计学意义；出组时$P>0.05$，差异不具有统计学意义。

低密度脂蛋白胆固醇（LDL-C）、甘油三酯（TG）、高密度脂蛋白胆固醇（HDL-C）三项第3个月和出组时与入组时比较，$P>0.05$，差异不具有统计学意义。

（5）血压：第1个月时与入组比较，$P<0.05$，差异具有统计学意义；其他时间节点，$P>0.05$，差异不具有统计学意义。

4.2　组间比较

4.2.1　空腹血糖

第1个月时，$P>0.05$，差异没有统计学意义；其他时间节点，两组比较，$P<0.05$，差异均具有统计学意义。

4.2.2　餐后2h血糖

1周、1个月时，$P>0.05$，差异没有统计学意义；其他时间节点，两组比较，$P<0.05$，差异均具有统计学意义。

4.2.3　糖化血红蛋白

第3个月和出组时两组比较，$P<0.05$，差异具有统计学意义。

4.2.4　血脂

低密度脂蛋白胆固醇（LDL-C）、总胆固醇（TC）、甘油三酯（TG）三项第3个月和出组时，两组间比较，$P<0.05$，差异具有统计学意义。

高密度脂蛋白胆固醇（HDL-C）第3个月和出组

时两组间比较，$P > 0.05$，差异不具有统计学意义。

4.2.5 血压

第1周、2周、1个月时两组比较，$P > 0.05$，差异没有统计学意义。其他时间节点两组间比较，$P < 0.05$，差异具有统计学意义。

5 讨论

综合以上统计结果，我们发现，连续的强化健康宣教对于患者的空腹血糖、餐后血糖、血脂中的低密度脂蛋白胆固醇、总胆固醇、甘油三酯三项、血压均有明显的积极的作用。对高密度脂蛋白胆固醇（HDL-C）作用没有统计学意义。由此可以说明，强化健康宣教可以对慢性病患者的疾病监测有重要作用。通过健康宣教，让患者形成一个积极的防病治病的理念，重视日常管理，与疾病共生，有利于慢性病的长期治疗和并发症的预防。另外我们发现，在本研究的第1个月内，由于频繁地监测血糖，对照组的患者也有意识地控制饮食、增加运动，血糖也有了明显的下降。1个月后，由于血糖检查频次降低，患者的监测意识逐渐消失，血糖控制较差。由此我们可以看出，血糖监测在患者的血糖控制中具有积极的意义。我们还发现，出组时集中数据采集恰好在春节前一个周，因为饮食的影响，对照组的血糖虽然较入组时有所好转，但是较研究1月以后各节点的血糖有所升高，由此我们可以看出，中国是一个秉承"民以食为天"理念的国家，传统的意识影响根深蒂固，要想从根本上改变糖尿病患者的饮食观念，需要一个长期的坚持的过程，这也是基层医务工作人员健康宣教工作的重点。

该研究给家庭医生工作提供了模板，将健康宣教这种科学的、系统的、廉价的、无毒副作用的"治疗"，扎根于基层卫生工作中，从而更好地控制患者血糖、血脂指标，减少并发症的发生，提高患者的生活质量，减轻患者的经济压力，从而减轻国家、地区的经济负担。另外，有效的医患沟通也有助于促进社会的和谐。该研究对基层家庭医生工作的开展有着重要的意义。

参考文献：

[1] 中华医学会糖尿病学分会.中国2型糖尿病防治指南（2017年版）[J].中华糖尿病杂志，2018（1）.

[2] 国家卫生和计划生育委员会疾病预防控制局.中国居民营养与慢性病状况报告[R].北京:人民卫生出版社，2015.

[3] Moran A，Gu D，Zhao D，et al. Future cardiovascular disease in china:markov model and risk factor scenario projections from the coronaryheart disease policy model-china. CircCardiovascQual Outcomes，2010，（3）：243-252.

[4] 丁文清，董虹孛，米杰.中国儿童青少年血脂异常流行现状meta分析，中华流行病学杂志，2015，36:71-77.

作者简介：马坤，青岛市西海岸新区薛家岛街道社区卫生服务中心，副院长，主治医师

联系方式：mkmakun@163.com

发表刊物:《糖尿病天地》，2020，17（2）：23.

改良早期预警评分单项预警值在急性缺血性脑卒中病情预警的应用研究

马美丽　丁全菊　张　红　孙建伟　赵洪秀　刘　研

摘要：为了分析改良早期预警评分（MEWS）单项预警值在急性缺血性脑卒中病情预警的应用价值，本文选取青岛西海岸新区人民医院2017年3月至2019年10月收治的100例急性缺血性脑卒中患者为研究对象，所有患者入院后进行MEWS单项预警值评分，结合患者收缩压、心率、体温、呼吸频率、意识水平单项值评分给予患者针对性护理干预，观察患者转归结果。结果表明，不同MEWS评分患者转归结果均存在一定差异，MEWS评分高者与MEWS评分低者差异具有统计学意义（$P < 0.05$）。改良早期预警评分单项预警值可及时反映急性缺血性脑卒中患者病情变化情况，可有效改善患者预后效果，值得临床推广应用。

关键词：早期预警评分；单项预警值；急性缺血性脑卒中；病情预警

脑卒中也常被称之为脑血管意外，患者多因各种因素导致脑内动脉闭塞、变窄、破裂，脑内血液出现急性循环障碍。该疾病病情复杂，进展快，残疾率、死亡率较高，因此，病情预警对患者预后具有重要意义。[1]本研究特收集青岛西海岸新区人民医院（以下简称"人民医院"）收治的100例急性缺血性脑卒中患者为研究对象，对改良早期预警评分（MEWS）单项预警值评分应用价值进行分析，现报告如下。

1　资料与方法

1.1　一般资料

选取2017年3月至2019年10月"人民医院"收治的100例急性缺血性脑卒中患者，其中57例为男性，43例为女性；最小年龄24岁，最大年龄87岁，39例为脑梗死，36例为脑出血，25例为蛛网膜下腔出血。所有患者MRI、CT诊断均与我国第4届脑血管病学术中所制定的急性缺血性脑卒中相关诊断标准符合，发病时间在7天内，对研究内容知情同意，自愿参与研究且已签署知情同意书。

1.2　方法

1.2.1　改良早期预警评分

记录患者基本资料（姓名、性别、年龄、住院时间、疾病转归、出院时间），生命体征、瞳孔变化、意识情况；对患者MEWS单项预警值评分，评分内容含收缩压、心率、体温、呼吸频率、意识5项，总评分共计15分，患者MEWS评分与患者危险性呈正相关。

1.2.2　处理流程

所有患者入院后均对生命体征进行测量，根据MEWS标准填写MEWS评分表，MEWS 0~3分，使用蓝色标记对患者身份进行标识，严格遵循医嘱快速开通静输液通路，加强患者病房巡查，根据患者病情给予对症处理和护理干预。MEWS 4~6分，使用黄色标记对患者身份进行标识，由于患者病情相对危重，可转入急诊重症室进行治疗，密切对患者生命体征进行监测，每间隔15~30 min对患者进行一次巡查，快速开通静脉通路，严格遵循医嘱用药，护理人员应全程对患者进行监测，交接班时详细交代患者病情。MEWS 7~9分，使用红色标记对患者身份进行标识，快速开通≥2条静脉通路，静脉通路尽量选择近心位置静脉，根据患者病情情况决定是否需深静脉穿刺，观察静脉通路是否通畅，严格遵循医嘱给予药物急救和监护。MEWS≥10分，由于患者病情危重，应避免患者搬动，就地进行救治，做好护理单记录，并给予患者针对性护理，待患者病情稳定后，在医护人员陪同下转入急诊重症室治疗，并对患者治疗及病情转归进行追踪。

1.3 统计学方法

采用SPSS20.0软件对本次研究数据做统计学分析，以均数±标准差（$\bar{x}\pm s$）表示计量资料；以（%）比较χ^2检验表示计数资料，$P<0.05$时提示差异有统计学意义。

2 结果

0~3分（14例）：死亡0例，好转6例，治愈8例；4~6分（27例）：死亡0例，好转12例，治愈15例；7~9分（24例）：死亡0例，好转20例，治愈4例；≥10分（35例）：死亡1例，好转25例，治愈9例；MEWS评分高者与MEWS评分低者差异具有统计学意义（$P<0.05$）。

3 讨论

MEWS系统是内科患者病情评估主要手段，通过该系统可准确对患者病情严重程度，潜在危险进行评估，且操作方便、简单。而在MEWS系统中单项预警值包括收缩压、心率、体温、呼吸频率、意识水平5项，其中意识水平、心率、血压为超早期单项预警因素，体温、呼吸频率为患者住院后影响病情转归的重要因素。研究表明[2]，MEWS评分8分以下者预后效果相对较好，而7分以上患者预后效果相对较差。

据相关资料统计[3]，我国脑卒中亚型中缺血性脑卒中患者达到70%，17.7%存在复发，4%~38%患者存在昏迷、意识障碍情况，患者病情危重，而使用MEWS单项预警值对患者进行综合评分，可快速对患者病情程度进行评估，根据患者评估结果，准确、及时地为患者提供有效对症治疗和护理干预，从而减少患者死亡率，提高治愈率。

本研究观察我院收治的100例急性缺血性脑卒中患者临床资料发现，不同MEWS评分患者转归结果均存在一定差异，MEWS评分高者与MEWS评分低者差异具有统计学意义（$P<0.05$）；患者MEWS评分超过2分时，表示患者病情有转为危重的可能，在治疗时，需将患者转入专科病房，加强患者病情监测，社区医生及护理人员应引起高度重视，及时对预警原因进行分析，尽早采取有效处理措施，建议患者尽早到二级以上脑卒中心医院检查，并进行专科评估。患者MEWS评分超过4分时，则需转入专科病房或ICU接受治疗，对单项预警值、简化三项预警值进行连续动态观察，提前做好风险控制。必要时可采取颅内引流术或保守治疗，清除患者脑内血肿；同时，加强医护人员培训，提高医护人员工作效率和配合度，有预见性、有目的为患者提供治疗护理需求，从而降低患者血压，保持患者意识清醒，降低患者死亡率。

综上所述，改良早期预警评分单项预警值可及时反映急性缺血性脑卒中患者病情变化情况，可有效改善患者预后效果，值得临床推广应用。

参考文献：

[1]张艳，陈剑苹，曾令丹，等.改良早期预警评分在脑卒中患者病情评估中的应用[J].当代护士（中旬刊），2018，25（7）：14-15.

［2］张彦红，李欣，刘凤丽，等.改良早期预警评分与ABCD2评分对急性脑卒中患者预后的预测价值研究［J］.实用心脑肺血管病杂志，2016，24（10）：30-32，53.

［3］马美丽，王祥翔，柴湘婷，尹艳，张钰敏，刘研.改良早期预警评分单项在缺血性脑卒中急性期病情转归中的应用研究［J］.中国实用医药，2018，13（32）：46-48.

作者简介：马美丽，青岛西海岸新区人民医院，质控科主任，主任护师

联系方式：mameili1970@163.com

健共体家庭－社区－医院风险预警系统三维联动模式在脑卒中患者中的应用研究

马美丽　邵德英　樊永江　王景梅　张　雪　魏秀云　安淑华

摘要： 为了研究家庭－社区－医院风险预警系统三维联动模式的效果，观察该模式在护理脑卒中患者中的价值，本文选择青岛西海岸新区人民医院神经内科2018年6～12月实施家庭－社区－医院风险预警系统三维联动模式前与实施该模式后的护理工作为研究对象，对比实施三维联动模式前后的救治效果、抢救成功率。此次研究中，实施后的分诊时间、急救时间明显低于实施前，$P < 0.05$，数据具有统计学意义。抢救成功率明显高于实施前，$P < 0.05$，数据具有统计学意义。在脑卒中患者的护理中实施家庭－社区－医院风险预警系统三维联动模式，能够提高治疗的及时性，提高抢救成功率，建立良好的医患关系，该模式具有一定的使用价值。

关键词： 家庭－社区－医院风险预警系统；三维联动模式；脑卒中

脑卒中是临床中常见的急性脑血管疾病，该疾病的发病是由于脑部供血血管破裂或者血管阻塞从而造成脑部组织缺氧、缺血，进而引起局部脑组织损伤甚至坏死。[1-2]该疾病高发于中老年人群，但随着人们生活方式的改变，因吸烟、不规律饮食、肥胖、缺乏运动、酗酒等原因，导致脑卒中发病率趋向年轻化且呈上升趋势。[3-4]除不良生活习惯以外年龄、性别、遗传或种族等先天因素和后天心血管疾病等原因都是脑卒中发病机制的危险因素。脑卒中患者常表现出语言障碍、吞咽障碍、偏盲、肢体障碍、失语等症状，对其生活质量造成影响。为此，医护人员须掌握疾病发展，并做出评估，才能保证治疗及时。但由于脑卒中属于慢性病，患者通常于院外治疗，然而基层医院、社区医院的医疗条件较为匮乏，缺乏对病情评价的有效手段，只能通过临床经验和基础的检查方法对病情加以判断，这不利于全面掌握病情发展，增加了医疗风险。[5]家庭－社区－医院风险预警系统利用了改良早期预警评分（MEWS），该评分用于ICU、急诊、患者转运中病情的评估，这一措施在国外受到大力推广。[6-7]本研究通过观察家庭－社区－医院风险预警系统三维联动模式的效果，探索该模式在护理脑卒中患者中的价值，其研究结果如下。

1　资料与方法

1.1　一般资料

选择青岛西海岸新区人民医院神经内科2018年6～12月实施家庭－社区－医院风险预警系统三维联动模式后与实施该模式前的护理工作为研究对象，实施前收治444例患者（男性200例，女性244例，年龄56～77岁），实施后收治444例患者（男性202例，女性242例，年龄56～77岁）纳入标准：①符合脑卒中诊断标准。②神经功能缺损状态评分小于16分。③经CT、核磁共振成像检查有影像学阳性病灶。④签署知情同意书。⑤ABCD2 ≤ 2。排除标准：①治疗护理依从性差。②中途退出治疗护理的患者。③伴有严重的心肺功能不全或严重的糖尿病。患者的一般情况、性别、年龄、病程、既往病史神经功能缺损状态评分无统计学意义，$P > 0.05$。本研究已经青岛西海岸新区人民医院伦理委员会批准。

1.2　方法

1.2.1　建立管理平台

建立管理平台，对脑卒中等慢性病实现全程动态管理，管理平台利用MEWS对患者病情进行评估。家庭、社区医生将患者体温、脉搏、呼吸、血压以及意识评估数值录入电脑，由系统自动合计分值，并将MEWS结果自动发送对应的一级、二级、三级医院预警平台，平台再将信号传送至神经内科，医生指导社区、基层医院专科医生救治。若患者达到预警值须及时转运，一级、二级、三级医院开通"绿色通道"，确保患者及时送入科室或者ICU抢救。

1.2.2　加强培训

选择三级医院中具有丰富临床经验以及MEWS风险评估经验的护士，成立培训师资团队，负责人员对团队成员加强培训力度，并将此纳入考核标准，考核通过后方可上岗。对试点社区、基层一级医院的医护人员进行培训，确保培训合格率达100%方能推行。

1.2.3　三维联动模式

根据患者的MEWS采取相应的联动措施，患者脑卒中发作时，社区（家庭）医生测量体温、脉搏、呼吸、血压以及意识评估。

（1）MEWS为2分，患者佩戴浅黄色预警手环，采取一级预警，根据对应数值升高的原因采取相应的干预措施，制定治疗方案。每日启动2次MEWS评估系统，直至患者生命体征恢复正常。一级、二级、三级医院开启绿色通道，根据病情急缓送入科室。

（2）MEWS为4分，4分为早期预警的临界点，患者佩戴橙色病情预警手环，评估系统启动预警平台，根据患者实际的病情采取干预措施。护士对患者病情进行初步评估，录入各项生理指标，首诊医生在30 min内对患者进行初步诊断，根据病情急缓采取相应的干预措施。病房护士须将MEWS分值标识于病床床头，实现医护联动的MEWS实时监测，在早期预见病情变化。

（3）MEWS为5分：患者佩戴红色病情预警手环，并立即送至二、三级医院，医院做好抢救准备，护士录入各项生理指标，若患者生命体征不稳定，须每4 h测量一次。首诊医生在15 min内对患者进行初步诊断，结合MEWS分值及早采取临床干预措施。日夜交接班须详细描述患者病情，病房护士须将MEWS分值标识于病床床头。

（4）MEWS为6分：患者病情危急，须在15 min内采取有效的治疗和护理措施，必要时启动院内会诊，做好转入ICU的准备。病房护士做好抢救准备，每30 min巡视观察病人。

1.3　观察标准

本研究须记录家庭–社区–医院风险预警系统三维联动模式实施前后的救治效果、抢救成功率及护理满意度。救治效果从分诊时间、急救时间判定，时间越短表示救治效果越好。抢救成功率＝（抢救成功例数）/总例数*100%。

1.4　统计学方法

将数据纳入SPSS17.0软件中分析，计量资料比较采用t检验，计数资料采用χ^2检验，并以率（%）表示，$P < 0.05$为差异显著，有统计学意义。

2　结果

2.1　实施前后救治效果对比

对实施家庭–社区–医院风险预警系统三维联动模式前后的救治效果进行比较，实施后对脑卒中患者的分诊时间、急救时间明显低于实施前（$P < 0.05$），两组之间比较，其差异具有统计学意义，如表1。

表1　实施前后救治效果对比（$\bar{x} \pm s$）

组别	例数	分诊时间	急救时间
实施后	444	0.79±0.24	40.93±2.16
实施前	444	2.34±0.42	55.38±2.63
t	—	67.517	89.466
P	—	0.001	0.001

2.2　实施前后抢救成功率对比

对实施家庭-社区-医院风险预警系统三维联动模式前后的抢救成功率进行比较，实施后对脑卒中患者的抢救成功率明显高于实施前（$P < 0.05$），两组之间比较，其差异有统计学意义，如表2。

表2　实施前后抢救成功率对比

组别	例数	抢救成功例数	抢救成功率
实施后	444	416	93.69%
实施前	444	389	87.61%
χ^2	—	9.689	9.689
P	—	0.002	0.002

3　讨论

脑卒中的发病机制是先天因素、后天因素、不健康的生活习惯相互作用的结果。脑卒中具有高致残率、高致死率的特点，我国脑卒中的发病率排名世界第一位，在我国每年因脑卒中而死亡的人数达196万余人，平均每16 s就有一个人脑卒中发作，每21 s就有一个人死于脑卒中。[8-9]及早发现对脑卒中患者康复意义重大，医护人员必须抢夺患者治疗的黄金时间。

脑卒中作为一项慢性病，患者主要以社区医院、基层医院治疗为主，脱离医护人员的监管。[10]然而基层一级医院、社区医院医疗资源稀缺，医生对病情判断缺乏科学依据，难以掌握患者病情的变化，不能实现早期分诊。

家庭-社区-医院风险预警系统是基于MEWS评估工具所建立的超前病情预估平台，该系统为基层家庭医生提供了科学的可量化的评估工具，提高医生对病情甄别的能力。通过家庭、社区、医院三维联动预警将患者生命风险降至最低。[11-13]

本次研究显示，实施家庭-社区-医院风险预警系统后的分诊时间、急救时间明显低于实施前，抢救成功率明显高于实施前，$P < 0.05$，数据具有统计学意义。由此可见该模式能够实现对病情的预警。

总而言之，在脑卒中患者的护理中实施家庭-社区-医院风险预警系统三维联动模式，能够提高治疗的及时性，提高抢救成功率，建立良好的医患关系，该模式具有一定的使用价值。

参考文献：

[1]倪维欣，钟建兵，刘剑.医院-社区-家庭三元联动管理在脑卒中后抑郁患者中的应用效果［J］.心血管康复医学杂志，2019，28（4）：393-397.

[2]冯菁."医院-社区-家庭"三元联动模式在老年糖尿病风险足分级管理中的应用价值［J］.中外女性健康研，2019（2）：32，46.

[3]王俊星，王丽，降依然，等.脑卒中患者"医院-社区-居家"延续照护模式在家庭医生式服务中的实践［J］.中国护理管理2017，17（4）：448-452.

[4]董艳丽.医院-社区-家庭联动模式在改善冠心病患者自我管理行为中的应用［J］.中华现代护理杂志.2018，24（1）：2332-2334.

[5]纪翠红，徐晓艳，王娜，等."医院-社区-家庭"联动延续性护理模式在经皮肝穿刺胆道引流患者中的应用［J］.中华现代护理杂志，2018，24（34）：4121-4125.

[6]金星.医院-社区联动护理方式在脑出血术后患者康复中的应用研究［J］.实用临床护理学电子杂志，2018，3（7）：54-58.

[7]解薇，童亚慧，乔建歌，等.医院-社区联动式健康教育在脑卒中偏瘫患者中的应用［J］.上海护理，2015（4）：38-42.

[8]李忠诚，何立浩."医院-社区-家庭"三维信息化管理方案在社区高血压随访中的应用［J］.中国初级

卫生保健，2018，32（7）:4-6.

　　[9]陈爽.医院社区联动护理管理模式对脑卒中病人康复效果及生活质量的影响[J].蚌埠医学院学报，2018，43（1）:1021-1022.

　　[10]黄群，周燕芬.健康管理信息系统在脑卒中患者社区康复中的应用研究[J].中国医学创新，2016（13）:118-121.

　　[11]钱凯华."医院—家庭"延续性护理在脑卒中压疮高风险患者中的应用[J].中外女性健康研究，2017，21（21）:23-24.

　　[12]马美丽，王祥翔，段勇，等.简化评分在短暂性脑缺血发作患者的预警管理[J].临床医药文献电子杂志，2019，6（99）:82.

　　[13]马美丽，王祥翔，柴湘婷，等.改良早期预警评分单项在缺血性脑卒中急性期病情转归中的应用研究[J].中国实用医药，2018，11（32）:46-47.

作者简介：马美丽，青岛西海岸新区人民医院，质控科主任，主任护师

联系方式：mameili1970@163.com

常规胃镜和无痛胃镜的护理干预对比及效果观察

丁海虹　薛　丽　丁全菊　王暖霞

摘要：为了观察比较常规胃镜和无痛胃镜的护理干预及效果，本研究选择2017年2月～2019年3月青岛市西海岸新区人民医院收治的102例胃镜检查患者作为对象，采用随机数表法按照1∶1比例将其分成两组，设为对照组和研究组，每组51例。对照组采取常规胃镜检查方式＋常规护理，研究组采取无痛胃镜检查方式＋综合护理，对比观察两组患者检查前与检查中的血压、血氧饱和度和心率，统计患者不良反应发生情况，另外调查患者满意度。研究结果显示：①检查前，两组患者血压、血氧饱和度及心率差异不大（$P > 0.05$）；检查中，组间差异显著，有统计学意义（$P < 0.05$）；②统计结果显示，研究组3例出现不良反应，对照组9例出现不良反应，研究组不良反应的发生率显著低于对照组（$P < 0.05$）；③调查显示，研究组的满意度（98.1%）高于对照组（86.2%），差异显著（$P < 0.05$）。本研究表明，胃镜检查中，选择无痛胃镜检查方式，并配合综合护理，可稳定相关指标，减少不良反应，且患者满意度高。

关键词：常规胃镜；无痛胃镜；护理干预；不良反应；满意度

胃镜是一种医学检查方法，可直观显示被检查部位的真实状况，通过对可疑病变部位的病理活检与细胞学检查，明确诊断，常用于诊断上消化道病变等疾病。无痛胃镜与常规胃镜是胃镜检查的两种方式。[1]本文笔者为了探讨常规胃镜和无痛胃镜的护理干预及其效果，选择102例患者并分成两组进行对比研究，取得了满意的效果。

1　资料及方法

1.1　一般资料

选择2017年2月～2019年3月我院收治的102例胃镜检查患者作为研究对象，采用随机数表法按照1∶1比例将其分成两组，设为对照组和研究组，每组51例。研究病例纳入标准：①胃镜检查者；②年龄20～80岁，性别不限；③自愿参与本次研究并签署知情同意书；④本次研究经医学伦理委员会审核批准。病例排除标准：①不愿参与本次研究的患者；②年龄＞80岁或者年龄＜20岁的患者；③严重心肝肾等重要器官功能障碍患者；④呼吸系统疾病患者；⑤认知障碍、行为障碍、精神障碍患者；⑥妊娠期或者哺乳期女性；⑦失聪失语及无法正常交流的患者。对照组51例患者包括29例男性和22例女性，年龄范围为23～75岁，平均年龄（47.95±5.82）岁，17例消化性溃疡，15例慢性胃炎，14例胃息肉，5例胃癌。研究组51例患者包括30例男性和21例女性，年龄范围为20～78岁，平均年龄（48.51±5.82）岁，19例消化性溃疡，14例慢性胃炎，15例胃息肉，3例胃癌。客观分析两组患者性别、年龄及疾病类型等基线资料，数据显示，差异无统计学意义，$P > 0.05$，可分组讨论。

1.2　方法

1.2.1　胃镜检查

（1）对照组：常规胃镜检查，检查前，禁食禁饮 8 h，检查前 10 min，口服 10 mL 2% 利多卡因胶浆，实施咽喉部麻醉，出现麻醉感时开始检查。

（2）研究组：无痛胃镜检查，给予鼻导管吸氧，建立静脉通道，静脉推注 0.1 mg 芬太尼，随后，给予 1.0～2.0 mg/kg 丙泊酚，按照 4 mg/s 的速度注射，待患者意识消失后，停止注射，开始检查。

1.2.2　护理方法

（1）对照组，给予常规护理，具体方法如下：第一，胃镜检查前，护理人员叮嘱患者取下义齿和佩戴的饰物，并禁食 6 h 以上，向患者介绍胃镜检查的相关知识，说明检查中的配合要领，增加患者依从性，积极配合检查。第二，护理人员根据检查需要，指导患者摆好体位，方便检查。第三，准备口垫，并做好检查前的各项准备工作。第四，检查后，密切观察患者的生命体征，叮嘱患者忌食辛辣刺激性食物，检查当日，食用半流质饮食。

（2）研究组，给予综合护理，具体措施如下：第一，检查前，准备好所需的胃镜检查器具，包括负压吸引器、监护仪以及麻醉药物等，并检查器械性能是否完好，有无异常，保证药物处于有效期内，确保检查顺序进行。第二，检查前，护理人员需详细咨询了解患者的麻醉药物过敏情况与疾病史，向患者介绍麻醉方法。同时，护理人员全面评估患者心理状态，掌握患者情绪变化的原因，向患者介绍无痛胃镜检查的目的及意义，耐心回答患者提出的问题，尽可能满足患者合理需求，缓解患者负性情绪，使其保持乐观心态，积极配合治疗。第三，胃镜检查前，护理人员叮嘱患者松开裤袋与衣领，将义齿与饰品取下。第四，检查中，护理人员密切观察患者的生命体征变化，建立静脉通道，根据患者实际情况，遵照医嘱，对症用药。若是生命体征出现异常，需及时告知医师，立即处理，以免造成不良后果。第五，检查后，护理人员将患者带领至观察室，待患者生命体征与意识恢复正常后，方可离开。第六，检查后 2 h，可饮水及饮食，但不得食用辛辣刺激性食物，检查当日，需食用半流质饮食。

1.3　观察指标

第一，比较两组患者检查前与检查中的血压、血氧饱和度及心率。

第二，观察统计两组患者不良反应发生情况。

第三，采用自行设计的问卷表，调查患者对本次检查及护理的满意程度，总分值 100 分，90～100 分表示非常满意，60～89 分表示满意，0～59 分表示不满意。

1.4　统计方法

均数加减标准差（$\bar{x} \pm s$）和例（n）、百分率（%）表示计量资料和计数资料，将相关数据录入 SPSS 20.00 软件中进行分析，予以 t 和 χ^2 值检验，$P < 0.05$ 表示有统计学意义。

2　结果

2.1　血压、血氧饱和度及心率

两组患者检查前的血压、血氧饱和度及心率差异无统计学意义（$P > 0.05$），但检查中，组间差异显著，有统计学意义（$P < 0.05$）。如表 1 所示。

表 1　观察比较患者检查前及检查中的血压、血氧饱和度及心率（$\bar{x} \pm s$）

组别	血压（mmHg）		血氧饱和度（%）		心率（次/min）	
	检查前	检查中	检查前	检查中	检查前	检查中
研究组（n=51）	125.84检查前及检查	127.91检 15.86	95.621检 15.	96.731检 15.	75.621检 15.	80.511检 15.
对照组（n=51）	126.58检 15.86	145.81检 15.86	96.131检 15.	98.351检 15.	76.781检 15.	98.371检 15.
t	0.427	5.693	0.384	4.513	0.651	6.852
P	0.618	0.000	0.763	0.000	0.348	0.000

2.2　不良反应

统计显示，研究组的不良反应发生率低于对照组，组间数据分析差异显著，有统计学意义（$P<0.05$）。如表2所示。

表2　观察比较患者的不良反应发生情况（n，%）

组别	恶心呕吐	呛咳	流涎	躁动	合计
研究组（n=51）	2	1	0	0	3（5.8%）
对照组（n=51）	4	3	1	1	9（17.6%）
χ^2值	-	-	-	-	6.738
P值	-	-	-	-	0.009

2.3　满意度

调查发现，研究组的满意度比对照组高，两组数据差异显著，有统计学意义（$P<0.05$）。如表3所示。

表3　调查分析两组患者的满意度（n，%）

组别	非常满意	满意	不满意	满意度
研究组（n=51）	31	19	1	50（98.1%）
对照组（n=51）	18	26	7	44（86.2%）
χ^2值	-	-	-	9.788
P值	-	-	-	0.001

3　讨论

胃镜检查，是指借助一条纤细且柔软的管子，将其伸入胃中，医生可以直接对食道、胃部及十二指肠的病变进行观察，特别是微小病变。[2-3]1868年，德国人库斯莫尔借鉴江湖吞剑术，发明的库斯莫尔管是最早的胃镜，其实是一根长金属管，末端装有镜子。[4]但是，由于此种胃镜容易将病人的食道戳破，不久便废弃了。1950年，日本医生宇治达郎成功发明软式胃镜的雏形——胃内照相机。[5]胃镜主要包括两种类型，一是常规胃镜，二是无痛胃镜。[6]无痛胃镜是在普通胃镜的基础上，先经由静脉给予一定剂量的短效麻醉剂，促使患者迅速进入镇静、睡眠状态，基于毫无知觉的情况下完成胃镜检查，检查完毕后，迅速苏醒。[7-8]相比常规胃镜，无痛胃镜检查中，病人毫无痛苦，避免痛苦状态下不自觉躁动所带来的机械损伤，深受患者青睐，尤其适合心理紧张及胆怯患者[9]。同时，在医疗改革的推动下，人们树立了较强的法律意识及健康意识，开始关注临床护理，对护理服务提出了更高的要求。本文通过比较发现，研究组检查中的血压、血氧饱和度及心率指标优于对照组（$P<0.05$）。

常规护理属于被动护理形式，护理内容片面、单一，缺乏针对性，未将患者作为护理的中心，难以满足不同患者的合理需求，与现代护理理念不符合，应用价值不高[10]。综合护理属于新型护理模式，强调以患者为中心的原则，将护理程序作为核心，护理各方面都以护理程序为整体框架，环环相扣，整体协调一致，提高护理质量[11]。无痛胃镜检查中，采用综合护理模式，着眼于患者生理及心理等方面，根据检查前、检查中和检查后不同的身心状态，提供针对性护理服务，保证检查顺利进行，检查不良反应减少，增加满意度。本次研究显示，研究组不良反应发生率低于对照组（5.8% vs 17.6%），满意度高于对照组（98.1% vs 86.2%）。杨修玲[12]在《常规胃镜和无痛胃镜的护理干预研究》一文中，选择60例胃镜检查人员且分成常规组与无痛组，分别予以常规胃镜检查和无痛胃镜检查，同时采取相应的护理干预。结果显示，检查前，常规组血压、血氧饱和度及心率指标分别为（125.65±12.38）、（95.64±0.43）、（76.32±3.54），与无痛组的（126.36±18.23）、（96.37±0.54）、（76.81±3.78）无明显差异（$P>0.05$），但检查中，两组患者血压、血氧饱和度及心率差异有统计学意义（147±18.23 vs 127.36±15.64；98.54±2.13 vs 96.87±0.51；115.46±3.89 vs 80.67±4.23）；同时，无痛组2例恶心呕吐，1例呛咳，2例流涎，1例躁动，2例流泪，常规组25例恶心呕吐，5例呛咳，22例流涎，7例躁动，18例流泪，无痛组不良反应发生率低于常规组（$P < 0.05$）。经数据分析显示，本次研究与杨修玲的研究基本符合。

综上所述，胃镜检查中，选择无痛胃镜，并配合综合护理干预，效果良好，值得推广借鉴。

参考文献：

[1]王宏伟.全程护理干预对无痛胃镜检查患者痛苦的改善作用研究［J］.中国医疗设备，2017，32（S2）:115-116.

[2]齐立娜.无痛胃镜联合肠镜检查患者应用全程护理干预的效果［J］.医疗装备，2018，31（4）:182-183.

[3]魏豪娜，李青莲.常规胃镜和无痛胃镜的护理干预方法及应用效果研究［J］.中国医学创新，2018，15（22）:85-88.

[4]王玉兰，何冰娟.无痛胃镜在老年患者检查中全程护理干预效果分析［J］.中国医学装备，2018，15（09）:128-131.

[5]于芳.全程护理干预在电子胃镜检查中的应用［J］.临床医药文献电子杂志，2018，5（55）:120-121.

[6]张英.常规胃镜和无痛胃镜的护理干预方法及效果观察［J］.世界最新医学信息文摘，2018，18（94）:201-208.

[7]陈向阳.比较无痛胃镜与普通胃镜检查的临床护理方法［J］.世界最新医学信息文摘，2016，16（A0）:322-325.

[8]马绪伟.护理干预对常规胃镜和无痛胃镜检查效果的观察［J］.实用临床护理学电子杂志，2016，1（12）:35-37.

[9]谭燕.胃镜治疗上消化道异物临床体会及护理要点分析［J］.实用临床护理学电子杂志，2017，2（15）:35-36.

[10]侯涛.常规胃镜和无痛胃镜的护理干预管理研究［J］.临床医药文献电子杂志，2017，4（31）:6034-6035.

[11]张影.无痛胃镜检查的全程护理观察［J］.世界最新医学信息文摘，2019（25）:273-274.

[12]杨修玲.常规胃镜和无痛胃镜的护理干预研究［J］.母婴世界，2016（11）:218.

作者简介：丁海虹，青岛西海岸新区人民医院，护理部副主任，副主任护师

联系方式：dhhion1972@163.com

临床舒适护理在电子胃镜检查全过程中的应用价值分析

丁海虹 薛 丽 丁全菊 王暖霞 崔英丽 程 菲

摘要：为探讨临床舒适护理在电子胃镜检查全过程中的应用价值，本研究选取青岛市西海岸新区人民医院 2014 年 5 月至 2017 年 12 月期间收治的 2000 例接受电子胃镜检查患者作为本次观察对象，根据护理方法分组，对照组 1000 例患者给予常规护理配合，做好基础护理配合，观察组 1000 例给予舒适护理。实验结果显示：舒适护理观察组患者的舒适度评分（88.66±2.11）及护理满意度评分（96.32±2.64）明显优于常规护理对照组的舒适度评分（78.52±2.67）及护理满意度评分（82.86±2.55），数据对比差异显著（$P < 0.05$）。研究表明，将临床舒适护理模式运用于电子胃镜检查全过程，能有效地降低患者的疼痛感，提升临床舒适度及护理满意度，值得在临床上推广。

关键词：临床护理；舒适护理；电子胃镜检查；应用价值

电子胃镜检查是临床上常用的检查方式，本次研究选取了 2000 名患者作为观察对象，探讨临床舒适护理在电子胃镜检查全过程中的应用效果，为患者提供更多完善可行的护理操作方法。

1 资料与方法

1.1 一般资料

随机抽取青岛市黄岛区人民医院 2000 例接受电子胃镜检查的患者，将其作为观察对象，所选患者均符合胃镜检查操作标准，患者意识清晰，能够配合好工作。本组受检者中，男性 1032 例，女性 968 例，年龄 23～68 岁。根据护理方法分组，观察组（$n = 1000$）采用舒适护理，年龄 22～67 岁，平均年龄为（50.59±4.35）岁；对照组（$n = 1000$）实施常规护理，年龄 23～68 岁，平均年龄（50.45±4.77）岁。排除合并其他严重疾病及不符合胃镜检查标准者，所有患者知情。2 组患者年龄、性别等一般资料对比无显著差异（$P > 0.05$）。

1.2 方法

对照组患者给予常规护理模式，护理人员做好基础护理工作，协助患者做好胃镜检查。胃镜检查前，应告知检查患者本次检查的目的及注意事项，让患者在进行检查时配合医护人员的工作，常规禁饮禁食，在检查结束后，应密切观察其生命体征，护理人员再次叮嘱患者检查后的相关注意事项。[1]观察组患者给予舒适护理干预，护理人员不断完善护理措施，具体方法如下：①检查前护理。护理人员对患者胃镜检查前准备情况进行观察和分析，及时发现潜在风险。检查前开展心理辅导及健康教育，减少患者担忧。做好环境护理，带领患者熟悉环境，缓解紧张、焦虑等负性情绪。在此基础上，对患者检查前禁饮禁食情况进行询问，告知患者进行电子胃镜检查的相关注意事项，从而促进检查的顺利进行[2]。②检查中护理：在患者进行检查时，多数患者会担心及害怕，护理人员应在旁进行指导，告知患者恶心呕吐现象属于正常，让患者做好心理准备，同时给予患者心理疏导，让患者有勇气进行胃镜检查。在检查中，若患者出现剧烈恶心呕吐的现象，护理人员应及时通知医生，并协助医生进行处理[3]。③检查后护理。在电子胃镜检查结束后，护理人员应使用生理盐水等为患者实施口腔护理，清洁患者的口腔，让患者的口腔保持舒适度，对于想喝水的患者嘱咐其2 h后饮水，让患者在安静的环境下进行休息，恢复体力。[4-5]

1.3 观察指标

对比2组患者护理满意度评分，比较检查舒适度评分，采用自制调查表进行询问，每项评分范围均为0~100分，分数越高满意度和舒适度越高。本次调查表全部回收，均可用，可作为评价指标参考依据。

1.4 统计学方法

将本次研究中的数据分为计量资料与计数资料，采用SPSS22.0软件进行数据分析，分别采用t检验与χ^2检验，$P < 0.05$，差异具有统计学意义。

2 结果

观察组患者舒适度评分为（88.66±2.11），观察组护理满意度评分为（96.32±2.64），均明显高于对照组，2组数据对比差异明显（$P < 0.05$）（见表1-3）。

表1 两组患者的数据对比

组别	n	舒适度评分	护理满意度评分
对照组	1000	78.52±2.67	82.86±2.55
观察组	1000	88.66±2.11	96.32±2.64
P		< 0.05	< 0.05
统计值		21.0693	12.3912

表2 护理满意度评分表

满意度	医德	护理操作	护士的态度	就诊流程	服务质量
非常满意	25分	25分	25分	25分	25分
比较满意	20分	20分	20分	20分	20分
满意	15分	15分	15分	15分	15分
不满意	10分	10分	10分	10分	10分

表3 舒适度评分表

舒适度	检查环境	心理状况	医护人员的态度	就诊速度	服务态度
比较舒适	25分	25分	25分	25分	25分
舒适	20分	20分	20分	20分	20分
不舒适	15分	15分	15分	15分	15分

3 讨论

综上所述，将临床舒适护理模式运用于电子胃镜检查全过程，能有效地降低患者的疼痛感，提升临床舒适度及护理满意度，值得在临床上推广。

参考文献：

［1］阮秀云，窦胜昔.儿童无痛电子胃镜检查术前术后护理［J].中国社区医师（医学专业），2013，12（7）：319-320.

［2］缪燕.对行电子胃镜检查的患者实施优质护理的效果探析［J].当代医药论丛，2016，23（16）：153-154.

［3］吴云珍.舒适护理对电子胃镜检查患者舒适度及满意度的影响［J].中国卫生产业，2013，10（13）：36-37.

［4］凌慧峰.全程护理干预在电子胃镜检查中的应用效果观察［J].中外医学研究，2013，11（28）：126-127.

［5］王茹，周其莲，许丹丹，等.优质护理在小儿电子胃镜检查中的应用［J].当代护士：学术版（中旬刊），2015，10（10）：122-124.

作者简介：丁海虹，青岛市西海岸新区人民医院，护理部副主任，副主任护师

联系方式：dhhion1972@163.com

临床护理路径在双极人工股骨头置换手术治疗股骨颈骨折中的应用及对患者 QOL 评分的影响

姜永杰

摘要：为探究临床护理路径用于股骨颈骨折双极人工股骨头置换手术治疗的效果以及对 QOL 评分的影响，选取青岛市黄岛区中心医院 2017 年 10 月至 2019 年 1 月期间收治的 82 例股骨颈骨折患者作为实验对象，均开展双极人工股骨头置换手术治疗，按照手术治疗先后顺序分成实验组（$n=41$）和对照组（$n=41$），对照组选择一般护理，在此基础上实验组选择临床护理路径，对比两种护理方案对患者的影响。结果显示，实验组和对照组在住院时间、QOL 评分、Harris 评分、总护理满意度、并发症发生率上，差异有统计学意义（$P < 0.05$）。临床护理路径用于股骨颈骨折双极人工股骨头置换手术治疗，可明显改善患者髋关节功能、预防多种并发症、缩短康复速度，以改善生活质量，同时增加患者对护理服务的满意度。

关键词：临床护理路径；双极人工股骨头置换手术；股骨颈骨折；QOL 评分；并发症；髋关节功能

股骨颈骨折后的临床治疗方案包括保守治疗和手术治疗，其中保守治疗需长时间卧床休养，极易产生多种并发症，如褥疮、泌尿感染以及肌肉萎缩等，加重患者痛苦的同时延长康复时间。[1-2]因此常开展手术治疗，其中使用率较高的为双极人工股骨头置换手术，存有较显著效果，但是此种手术属于侵入性操作，也会对此类患者产生一定损伤，延长恢复时间。[3]这就需要在治疗期间开展有效且高质量的护理干预，可在一定程度上减少手术损伤，并确保临床手术治疗效果。因此本次针对临床护理路径用于股骨颈骨折双极人工股骨头置换手术治疗的效果以及对QOL评分的影响展开了研究。

1 资料和方法

1.1 一般资料

本次实验对象均选自青岛市西海岸新区中心医院 2017 年 10 月至 2019 年 1 月期间收治的 82 例股骨颈骨折患者，均开展双极人工股骨头置换手术治疗，按照手术治疗先后顺序分成实验组（$n = 41$）和对照组（$n = 41$）。入组标准：以上两组患者经相关临床检查全部确诊，择期开展双极人工股骨头置换手术治疗。患者知晓且同意此次实验详情，并获得了院内伦理委员会批准。排除标准：凝血功能障碍、癌症患者、机体脏器功能严重异常患者、病理性骨折患者、手术不耐受或不符合手术指征患者。其中实验组 27 例男患，14 例女患，年龄为 64 ~ 75 岁，年龄均值为（69.5 ± 6.5）岁；对照组 28 例男患，13 例女患，年龄为 65 ~ 75 岁，年龄均值为（70.1 ± 6.3）岁。以上两组患者的临床基线资料差异较小，未出现统计学意义（$P > 0.05$）。

1.2 方法

1.2.1 对照组

开展一般护理，具体内容包括：指导患者开展各项常规检查，安排舒适的病房，叮嘱患者家属在其住院期间减少探视频率和人数，特别是术后。根据患者具体病情开展用药指导、心理疏导、健康教育等护理。

1.2.2 实验组

1.2.2.1 入院第一天

和患者及家属沟通，知晓并记录患者年龄、姓名、疾病类型、诱发因素、疼痛情况、骨折程度等详情。带领并协助患者办理各项手续后，耐心为其介绍院内资历、手术医师、周边环境等内容。之后对患者心理状态和病情进行综合评估。同时指导患者如何正确排尿排便。

1.2.2.2 入院第二、三天

主动和患者沟通，知晓患者睡眠情况，并对影响睡眠质量的相关因素开展综合分析，之后根据医嘱予以患者药物，调节、平衡其作息时间，确保良好的睡眠质量。和家属共同帮助患者翻身和更换体位，并对受压迫位置进行按摩。每天按时清洁室内环境、定期更换床单被罩和患者衣物。指导患者学习如何正确咳嗽和深呼吸，每天还需做好患者会阴和皮肤的清洁，保证清爽干燥。叮嘱患者每天至少饮水 2500 mL，可适当增加日间查房频率。

1.2.2.3 手术前一天

和患者交谈，知晓其心理变化详情，之后为患者讲解疾病知识、治疗方案、可达到的效果、术后可能出现的并发症等，为患者做好心理建设。告知患者术前准备事项、配合事项以及禁忌事项等，同时为患者讲解保持良好心态和充足睡眠的重要性，可在睡前指导患者泡脚和全身按摩，放松患者身心，提升其睡眠质量。

1.2.2.4 手术当天

护理人员准备好各项手术器械和相关药物，将患者送至手术室后，配合麻醉师开展麻醉操作，之后开展体征监测、吸氧等操作，术中密切配合手术医师。完成手术后为患者擦拭创口周边血迹，完成包扎后为其穿戴好衣物送至观察室，将头部偏向一侧。待患者恢复意识后送至病房，之后指导患者如何正确使用镇痛泵。术后 6 h 之内间隔 2 h 查房一次，并检查导尿管、引流管、氧气管等详情。

1.2.2.5 术后第一至三天

按时帮助患者更换体位，并在床上铺上软垫，避免出现压疮，叮嘱患者有效咳嗽和深呼吸，加速痰液的排出。根据患者恢复情况为其制定针对性的康复训练，先以床上被动活动为主，之后根据其承受能力增加健侧肢体主动活动。并教会患者家属如何帮助患者按摩肌肉，之后协助患者开展床下活动，由简至难，逐渐增加活动量。每天 3 至 4 次，每次 5～10 min。按照患者机体详情合理制定饮食方案，保证每日均衡摄入维生素、蛋白质等，多选择一些新鲜蔬菜水果，禁食油腻、辛辣生冷等刺激食物，告知患者多饮水。若出现腹气不通情况，则需顺时针按摩患者腹部，确保胃肠正常功能。

1.2.2.6 术后第四天至出院

指导患者适当活动患侧肢体，如旋转、屈伸踝关节和收缩股四头肌等，逐渐开展主动活动，之后发展至屈曲运动，每天 3～5 次，每次 20 min 左右。患者出院前一天为患者进行出院教育、指导等，同时叮嘱患者定期来院复查，并留下患者联系方式。

1.3 观察指标和评价指标

①记录患者并发症发生情况、住院时间；②指导患者对此次护理服务进行综合评估，总计 100 分，十分满意在 90 分以上、满意在 80～89 分、一般在 70～79 分、69 分以下为不满意。1-不满意例数/总例数×100%＝总满意度；②对患者治疗 3 个月后的髋关节功能通过 Harris 髋关节功能评分表开展评估，共计 100 分，分值越高功能越好；[4]③对患者生活质量通过 QOL 评分进行评估，共计 100 分，分值越高生活质量和生活能力越高。[5]

1.4 统计学处理

此次实验数据选用统计软件 SPSS19.0 分析，计数资料选（n，%）表示，检验值为 χ^2；计量资料选均数±平方差表示，检验值为 t，差异有统计学意义（$P < 0.05$）。

2　结果

2.1　对比82例患者住院时间、QOL评分和Harris评分

在住院时间、QOL评分和Harris评分上，实验组均多于对照组，差异有统计学意义（$P < 0.05$）。详见表1。

表1　对比82例患者住院时间、QOL评分和Harris评分（$\bar{x} \pm s$）

分组	住院时间（天）	QOL评分（分）	Harris评分（分）
实验组（$n=41$）	7.32 ± 1.09	86.69 ± 3.26	80.47 ± 5.69
对照组（$n=41$）	11.36 ± 2.06	75.67 ± 2.03	70.87 ± 3.36
t	11.010	18.374	9.302
P	0.000	0.000	0.000

2.2　对比82例患者护理满意度

在总护理满意度上，实验组为95.12%，对照组为75.61%，差异有统计学意义（$P < 0.05$）。详见表2：

表2　对比82例患者护理满意度

分组	不满意	一般	满意	十分满意	总满意度（%）
实验组（$n=41$）	2	7	8	24	39（95.12）
对照组（$n=41$）	10	9	8	14	31（75.61）
χ^2					6.248
P					0.012

2.3　对比82例患者并发症发生情况

在并发症发生率方面，实验组为7.32%，对照组为29.27%，差异有统计学意义（$P < 0.05$）。详见表3。

表3　对比82例患者并发症发生情况（%）

分组	深静脉血栓	肺部感染	脂肪液化	切口感染	总发生率（%）
实验组（n=41）	1	0	1	1	3（7.32）
对照组（n=41）	3	2	3	4	12（29.27）
χ^2					6.609
P					0.010

3　讨论

近年来随着社会人口老龄化的不断严重，股骨颈骨折率逐渐增加，主要是此类群体年龄较大，骨密度和骨密度逐渐降低，出现跌倒、碰撞后极易发生股骨颈骨折。以往临床针对股骨颈骨折常开展传统内固定治疗，虽有一定成效，但是患者恢复时间较长且需长期卧床休养，极易出现股骨头缺血性坏死、骨不连、压疮等异常情况，加重患者的痛苦，延长了康复时间，并减弱了生活质量。[6]随着临床手术和假体技术的不断发展，双极人工股骨头置换手术在临床中广泛应用，且有显著成效，但是患者也极易受到手术、情绪、环境等因素的影响，在一定程度上减弱了生活质量。这就需要在围手术期开展科学、有效的护理服务，临床以往常开展一般护理，此种护理模式缺乏规范性、科学性，且无法兼顾患者疾病和心理状态。[7]而临床路径护理能够根据患者、科室疾病等特点制定具有针对性、科学性、条理性的干预方案。

在此实验中，实验组的QOL评分和Harris评分，和对照组相比，差异有统计学意义（$P < 0.05$）。实验组的护理满意度为95.12%、并发症发生率为7.32%，对照组分别为75.61%和29.2%，差异有统计学意义（$P < 0.05$）。入院第一天为患者介绍院内环境，可减少患者陌生感，进而减少紧张情绪；第二、三天调节患者作息时间可保证足够的睡眠，加强病房和身体清洁，可提升舒适度；手术前一天叮嘱患者各项事项和开展心理疏导，可提升患者治疗配合度；术后第一至三天开展健侧肢体活动，能够预防深静脉血栓[8]，开展饮食护理可加速患者康复；术后第四天至出院开展患侧运动，能够促进患者关节功能恢复，因此开展临床护理路径可改善患者髋关节功能生活质量，加速患者恢复。

总之，临床护理路径用于股骨颈骨折双极人工股骨头置换手术治疗，可提升患者髋关节功能和生

活质量、护理满意度，并预防多种并发症、加速患者恢复。

参考文献：

[1]郭桂玲.股骨颈骨折人工股骨头置换术后的临床护理经验总结［J］.中国医药指南，2017，15（1）：216-217.

[2]王梅.老年股骨颈骨折行人工股骨头置换术术前术后护理治疗的探讨［J］.中国社区医师，2017，33（18）：141-141.

[3]周琴，王军花，张兴桂.延续性护理干预对高龄股骨颈骨折患者人工股骨头置换术后康复效果及生活质量的影响分析［J］.现代诊断与治疗，2018，29（17）：158-160.

[4]刘雨.老年股骨颈骨折患者人工股骨头置换术围手术期护理［J］.航空航天医学杂志，2018，183（4）：127-129.

[5]周庆兰，范颖英，周佳佳，等.延续性护理干预对高龄股骨颈骨折患者人工股骨头置换术后的康复效果及生活质量的影响［J］.护理实践与研究，2018，15（3）：154-156.

[6]郑明凤.高龄股骨颈骨折人工股骨头置换术围手术期整体护理措施研究［J］.中医临床研究，2017，9（21）：115-117.

[7]海春芳.老年股骨颈骨折患者人工股骨头置换术的围手术期护理［J］.河南外科学杂志，2017，23（4）：178-179.

[8]郭海晶.临床护理路径对中青年移位型股骨颈骨折手术治疗效果的影响［J］.现代中西医结合杂志，2016，v.25（13）：1469-1471.

作者简介：姜永杰，青岛市西海岸新区中心医院，科教科主任，副主任护师

联系方式：qdjyj-2009@163.com

联合肢体语言沟通加个性化护理在儿科护理工作中实施的疗效评价

王景梅

摘要：为了体会在儿科护理工作中实施联合肢体语言沟通加个性化护理的临床价值，本文将本院儿科于 2018 年 2 月至 2019 年 1 月内收治的 75 例患儿作为研究对象，护理模式差异为分组原则，设对照组行联合肢体语言沟通，设观察组联合肢体语言沟通加个性化护理，观察家长满意度、患儿治疗依从性。结果显示，观察组家长满意度为 97.4%，对照组仅为 83.3%，$P < 0.05$。观察组患儿治疗依从性为 94.7%，对照组仅为 77.7%，$P < 0.05$。在儿科工作中实施护理干预，建议采纳联合肢体语言沟通加个性化护理，在提高患儿治疗依从性、家长满意度方面有重要价值。

关键词：肢体语言沟通；个性化护理；儿科护理；临床疗效

儿科患儿年龄小、身体机能尚未发育完全，因此机体免疫力、抵抗力相对低下；近年来，受行为习惯、生活方式、饮食结构等因素的影响，导致儿科患病人数明显增加，临床发病率也呈逐年攀升趋势；若延误最佳治疗时机，极易引起诸多并发症，对患儿身心健康、生长发育产生严重影响[1]。患儿年龄较小、认知情况较差，遵医行为较差，故需在治疗期间辅以相关优质护理干预，确保提高临床疗效，促进患儿尽早康复。此研究选取青岛市西海岸新区中心医院儿科 75 例患儿展开，重点分析联合肢体语言沟通加个性化护理的实际价值。

1　资料与方法

1.1　一般资料

将 75 例本院儿科于 2018 年 2 月至 2019 年 1 月内收治的患儿分为二组，其中观察组（$n = 39$）：男性患儿数：女性患儿数 = 20：19），年龄区间：4 ~ 10 岁，平均（7.12±2.00）岁。对照组（$n = 36$）：男性患儿数：女性患儿数 = 18：18，年龄区间为 4.5 ~ 10 岁，平均（7.23±1.56）岁。比较患儿一般资料，有较高可比性。

1.2　方法

1.2.1　对照组

进行语言联合肢体语言沟通：①成立小组：抽调科室优秀人员（自身专业素质过硬、临床工作时间 > 3 年）成立小组，提前做好培训、准备工作；在实际工作中做好记录。②实际措施：a.面部表情：干预期间，要求护理人员必须注意自身形象，始终保持微笑，并将和蔼态度贯穿始终，增加患儿信任感、配合度。b.眼神：在患儿接受静脉输液、肌注等治疗时进行眼神交流，使其增加安全感、减少哭闹。c.肢体接触：要求以规范、娴熟的操作展开护理，实际护理中密切观察患儿身体、面部情况；若其出现抵触情绪，可以轻握双手、抚摸头部来缓解其情绪。

1.2.2　观察组

以对照组为基础，联合个性化护理：①加强监护：日常护理工作中详细记录患儿机体变化情况，避免其出现异常情况。②家长宣教：主动、积极地与家长展开沟通、交流，通过发放健康手册、知识讲座等途径确保其充分了解患儿自身疾病，构建和谐、良好护患关系。③环境：定时通风、清洁、消毒，确保病房环境安静、整洁；在病房墙壁粘贴小猪佩奇等卡通人物，将病房涂刷鲜艳颜色，缓解患儿不安心理。④饮食：将饮食干预的重要性告知家长，叮嘱其日常饮食多进食清淡、易消化食物。主要摄入低脂肪食材，例如鸡蛋。纠正患儿挑食习惯，用餐规律，禁止进食油炸、膨化、辛辣食物，提高机体免疫力，促进其康复。

1.3　观察指标

1.3.1　观察家长满意度[2]

量表分值总分100分，≥90分为非常满意，70～90分为基本满意，≤70为不满意。

1.3.2　观察患儿治疗依从性

量表分值总分100分，≥90分为非常依从，70～90分为基本依从，≤70为不依从。

1.4　统计学

计算软件：SPSS22.0版本。连续性变量资料："t"计算以"$\bar{x}\pm s$"表示。定性数据："χ^2"核实后以百分比形式（％）表示。P值在0.05区间：证实两组所产生的全部数据资料在统计学上存在显著差异。

2　结果

2.1　家长满意度

观察组家长满意度为97.4％，对照组仅为83.3％，$P<0.05$。见表1。

表1　满意度统计

组别	非常满意	基本满意	不满意	总满意度（n，％）
观察组（$n=39$）	33	5	1	38（97.4）
对照组（$n=36$）	20	10	6	30（83.3）
χ^2	—	—	—	4.3996
P	—	—	—	$P<0.05$

2.2　患儿治疗依从性

观察组患儿治疗依从性94.7％，对照组仅为77.7％，$P<0.05$。见表2。

表2　治疗依从性

组别	非常依从	基本依从	不依从	总依从性（n，％）
观察组（$n=39$）	32	5	2	37（94.7）
对照组（$n=36$）	20	8	8	28（77.7）
χ^2	—	—	—	4.7337
P	—	—	—	$P<0.05$

3　讨论

儿科性质特殊，只因患儿年龄较小，入院后对陌生环境存在一定的恐惧心理，加之受疾病的折磨，导致其极易产生紧张、恐惧、焦躁等情绪；而情感、语言表达能力尚不成熟，患儿很难表述自身不适，因此频发哭闹、治疗依从性差等现象。以往临床对儿科患儿实施护理干预，多以常规护理模式为主，但调查发现常规护理属于被动式模式，紧紧围绕基础性措施展开，无法调动医护人员工作积极性、责任心，导致措施流于形式，整体护理质量较差。

近年来，随着我国国民经济快速发展、护理行业的不断转型和完善，致使肢体语言沟通、个性化护理等模式成为近现代临床新型护理措施。儿科为肢体语言干预措施主要针对科室，在特定环境下，通过语言沟通、抚触、肢体干预、拥抱等一系列措施，鼓励、安慰患儿的同时拉近护患之间的距离，使其更信任护理人员，积极接受后续治疗。研究证实，在此基础上配合个性化护理，可确保护理措施更贴合患儿，提升临床疗效的同时确保患儿尽早康复[3]。

此研究选取中心医院儿科75例患儿展开，分组给予联合肢体语言沟通、联合肢体语言沟通加个性化护理结果显示：①观察组家长满意度为97.4％，患儿治疗依从性为94.7％。可见，对儿科患儿实施联合肢体语言沟通加个性化护理临床价值、可行性较高。提示：①联合肢体语言沟通加个体化护理模式，是常规护理的改良、升华，实际措施较常规护理而言，更贴合患儿，因此患儿依从性较高。②该模式更符合近现代系统护理理论，并且更满足患儿、家长实际需求，在提高家长满意度的同时可有效降低护患纠纷发生率，因此值得推广。

参考文献：

[1]姚剑霞.小儿护理中联合采用肢体语言沟通与个性化护理的效果观察[J].中外医学研究，2018.3（8）：91-92.

[2]章友仙.评价个性化护理联合肢体语言沟通在小儿护理工作中的实施效果[J].湖北科技学院学报，2018，4（1）：81-83.

[3]郝颖.探究肢体语言沟通与个性化护理结合应用在小儿护理工作中的临床效果[J].实用临床护理学杂志，2017，2（12）：140.

作者简介：王景梅，青岛西海岸新区人民医院，质控科副主任，副主任护师

联系方式：hdqrmyyzkk@163.com

发表刊物：《健康大视野》，2019，24：198.

护士主导多部门协作构建家庭－社区－医院风险预警系统三维联动工作模式

魏秀云   安淑华   邵德英   樊永江   王景梅   张   雪   马美丽

摘要：为了研究护士主导多部门协作构建家庭－社区－医院风险预警系统三维联动工作模式的效果，本研究选取2018年6~12月基层（家庭、社区、一级医院）常见慢性病、多发病病情变化时的患者200例为研究对象，对以上患者治疗期间施行护士主导多部门协作构建家庭－社区－医院风险预警系统三维联动工作模式，对其施行后的效果进行研究分析。实验显示，通过家庭－社区－医院风险预警三维联动模式，可以确保分级诊疗实施准确可靠，能够有效缩短早期急诊分诊时间，使患者得到有效干预措施，对高血压、糖尿病、心脑血管等慢性病患者提供全程动态管理，以及为家庭医生提供科学、超早期甄别病情变化的评估工具和风险级别转诊的依据；有效解决基层乡村医生因判断病情参差不齐导致的安全隐患，提高基层医生的专业素质及批判性思维能力。此模式实施前与实施后的早期急诊分诊时间比较，其差异有统计学意义（$P < 0.05$）。研究结果表明，家庭－社区－医院风险预警三维联动模式能够提高社区医生的专业素质及批判性思维能力，提高其观察病情变化的能力，促使更加科学、及时、准确地获取家庭、社区、医院三维联动交接病人的讯息，使医护记录一致，数据表达一致，更增加了多部门之间的信任与沟通，减少了交接延误的风险，从而提升了医疗服务质量。

关键词：多部门协作；风险预警系统；三维联动工作模式

在我国，MEWS评分主要被应用于ICU、急诊以及患者转运中病情的评估。早期预警评价系统有助于动态及时监测患者的病情变化，确保患者的安全，能够及时对高危患者进行干预，提高痊愈出院率，并减少患者的住院时间。[1]指导临床护理工作，能调动护理人员主观能动性，提高患者对护理工作满意度。目前我国很多医院，特别是基层医院、社区，由于医疗设备简陋，医护人员对病情的评价手段有限，评估患者病情还主要凭借一些基本的检查手段和临床经验，不利于患者病情变化的观察、诊治，甚至延误患者的抢救和治疗。本研究使预警系统指标数值化，方法简单，操作便易，不受医院环境及设备条件的限制，其评价效果客观，尤其适合在社区、基层镇区医院对突发病情变化的患者的风险管理。为此，本文对护士主导多部门协作构建家庭－社区－医院风险预警系统三维联动工作模式进行研究，其研究结果如下。

1 资料与方法

1.1 一般资料

选取2018年6~12月期间基层（家庭、社区、一级医院）常见慢性病、多发病病情变化时的患者200例为研究对象，其中男性患者为256例，女性患者为188例，年龄为56~75岁，平均年龄为（63.21±13.54）岁。本研究已经青岛西海岸新区人民医院伦理委员会批准，以上患者均符合此次研究标准，并排除治疗护理依从性差的患者，排除中途退出治疗护理的患者。

1.2　方法

1.2.1　医护人员培训

（1）选定试点社区，对基层乡村医生、社区医护人员、一级医院医护人员进行培训，成熟后分组进行专业化培训。此次实施MEWS风险评估由护士主导多个部门进行协作。

（2）选拔三级医院临床实施MEWS风险评估经验丰富的骨干护士组成培训师资团队，课题组负责人统一对师资团队进行培训，使培训标准同质化，每名师资通过课题组的考核合格后上岗。

1.2.2　MEWS评估结果及处置措施

（1）MEWS评分单项2分时的处置：社区患者突发病情变化，社区（家庭）医生或护士初评病人，测量五项生命体征，录入电脑MEWS量表中，生命体征中的单项数值达到2分时，在社区给予一级预警，认真查找数值升高的原因，采取干预措施，调整慢病诊疗方案，并启动MEWS评估系统，每日2次，直至恢复正常。

（2）MEWS评分4～5分时的处置：社区患者MEWS评分4～5分是患者病情早期预警临界点。当合计分值4～5分时，启动预警平台，并按病情急缓进行适当处置；为患者佩戴橙色病情预警手环（4分）或佩戴红色病情预警手环（5分），并立即护送患者到二级医院或者三级医院做进一步的干预处理。二、三级医院立即开通绿色通道，安排到对应的病房，病房护理人员初评，通过录入各项生理指标由信息化自动统计合分，分别记录于患者入院评估表和日夜交班报告中，当4分时，15～30 min内首诊医生应完成诊查和评估，按病情急缓作适当处置；护理人员在患者床头悬挂显示MEWS分值的警示牌，医生站实现预警提示管理，医护联动及时评估MEWS分值的动态变化，提前预见患者的病情变化，并完成医疗护理记录，医师应在病程中交代，护士应在危重护理记录单和日夜交班报告单中重点

交代。

（3）MEWS评分6分时的处置：此时患者病情恶化的可能性增大，需要高年资医师的诊治，必要时启动院内会诊，并适时转ICU。9＞MEWS≥6分时的处置：MEWS评分持续升高，必须在15 min内采取有效的治疗和护理措施，并紧急启动预警平台，一级医院的患者由医护陪同紧急上转二、三级医院；二、三级医院开通绿色通道，按照预警信息安排到对应的病房，病房医护人员做好应急抢救准备，实施病危病人的管理，每30 min巡视观察病人，同时通知各个科室上级医师或科主任诊治，进一步干预处理后若患者病情稳定，每4 h测量生理指标，实施MEWS合分，病情不稳定时每2 h测量生理指标，医生与病人家属及时沟通并记录，或根据病情进行院内会诊，并适时转ICU接受进一步治疗，并及时完善各项病程记录和护理记录。

（4）MEWS＞9分时的处置：患者死亡的危险性明显增加，社区、基层一级医院、二、三级医院医护人员均应高度关注病人，加强与患者家属的沟通工作，完善各项医疗护理记录，防范医疗纠纷的发生。

1.3　疗效标准

对护士主导多部门协作构建家庭－社区－医院风险预警系统三维联动工作模式的效果进行研究分析，并比较实施前与实施后的早期急诊分诊时间。

1.4　统计学方法

将数据纳入SPSS17.0软件中分析，计量资料比较采用t检验，并以（$\bar{x} \pm s$）表示，$P < 0.05$为差异显著，有统计学意义。

2　结果

2.1　实施家庭－社区－医院风险预警三维联动模式后的效果

通过家庭－社区－医院风险预警三维联动模式，

可以确保分级诊疗实施准确可靠，使患者得到有效干预措施，对高血压、糖尿病、心脑血管等慢性病患者提供全程动态管理，以及为家庭医生提供科学、超早期甄别病情变化的评估工具和风险级别转诊的依据；有效解决基层乡村医生因判断病情参差不齐导致的安全隐患，提高基层医生的专业素质及批判性思维能力。

2.2 实施前与实施后的早期急诊分诊时间比较

对此模式实施前与实施后的早期急诊分诊时间进行比较，其差异有统计学意义（$P<0.05$）。详见表1。

表1 实施前与实施后的早期急诊分诊时间比较（$\bar{x}\pm s$）

组别	例数	早期急诊分诊时间（min）
实施前	200	48.76 ± 5.77
实施后	200	16.42 ± 4.21
t	—	15.820
P	—	0.001

3 讨论

护士主导多部门协作构建家庭-社区-医院风险预警系统的三维联动工作模式，其不受医院环境及设备条件的影响，特别适合在基层镇区医院对突发病情变化的患者进行管理。[2-3]一旦患者病情发生变化，社区或基层医院可及时通过量化的危急值给予预警干预，并根据量化的风险值及时转诊到对应能力的医院，助推分级诊疗的科学性，有利于减少医疗风险，同时也为基层医院在观察及救治危重患者时提供一个可量化、科学的评估工具，最短时间内提高基层医生的能力。[4-5]

施行该模式可以为基层乡村医生提供一个科学的可量化的评估工具，有效解决乡村医生判断病情参差不齐的能力，提高社区医生的专业素质及批判性思维能力以及观察病情变化的能力[6]；降低沟通不良引起的医疗纠纷风险，增进患者或家属对社区医护人员的理解和信任，提高患者的满意度。[7]同

时，还能实现科学、量化、同质的MEWS评估工具前移到家庭、社区，使基层常见病、多发病等慢性病患者在突发病情变化时能得以实施MEWS风险评估，超早期甄别病情变化的风险级别，并对家庭、社区、医院三维联动给予预警与干预，将病人的风险降到最低。[8-9]此外，还能确保家庭、社区、医院三维联动交接病人的讯息更加科学、及时、准确，使医护记录一致，数据表达一致，更增加了各部门之间的信任与沟通，使危重患者及病情不稳定的病人的跨部门临床交接系统更加高速有效，减少了交接延误的风险，提升了医疗服务质量。[10-12]该模式在常见慢性病、多发病病情变化患者的治疗中起到重要作用。

根据本次研究结果得知，通过家庭-社区-医院风险预警三维联动模式，可以确保分级诊疗实施准确可靠，能够有效缩短早期急诊分诊时间，使患者得到有效干预措施，对高血压、糖尿病、心脑血管等慢性病患者提供全程动态管理，以及为家庭医生提供科学、超早期甄别病情变化的评估工具和风险级别转诊的依据；有效解决基层乡村医生因判断病情参差不齐导致的安全隐患，提高基层医生的专业素质及批判性思维能力。此模式实施前与实施后的早期急诊分诊时间比较，其差异有统计学意义（$P<0.05$）。

综上所述，家庭-社区-医院风险预警三维联动模式能够提高社区医生的专业素质及批判性思维能力，提高其观察病情变化的能力，促使家庭、社区、医院三维联动交接病人的讯息更加科学、及时、准确，使医护记录一致，数据表达一致，更增加了多部门之间的信任与沟通，减少了交接延误的风险，从而提升了医疗服务质量。

参考文献：

[1]纪翠红，徐晓艳，王娜，等."医院-社区-家庭"联动延续性护理模式在经皮肝穿刺胆道引流患者中

的应用［J］.中华现代护理杂志，2018，24（34）：4121-4125

［2］李红莉，杨雅，曾洁.应用课题研究型品管圈构建医院-社区联动糖尿病足患者延续护理模式［J］.当代护士（上旬刊），2019，26（11）：346-347.

［3］曹闻亚，常红，赵翠松，等.基层医院神经科护士卒中护理知信行现状及障碍因素调查［J］.护理管理杂志，2019，16（6）：246-247.

［4］李忠诚，何立浩.“医院-社区-家庭”三维信息化管理方案在社区高血压随访中的应用［J］.中国初级卫生保健，2018，32（7）：4-6.

［5］倪维欣，钟建兵，刘剑.医院-社区-家庭三元联动管理在脑卒中后抑郁患者中的应用效果［J］.心血管康复医学杂志，2019，34（4）：393-397.

［6］陈戈婷，麦顺和，兰一.家庭-社区-医院系统护理干预对颅脑外伤综合征病人生活质量的影响［J］.护理研究，2015，21（10）：1178-1181.

［7］彭秋平.社区家庭病床护理风险评估指标体系的研究［J］.齐齐哈尔医学院学报，2016，37（2）：262-263.

［8］王桂梅，谢红芬，罗娟，等.医院-社区-家庭一体化服务应用于抑郁症患者的效果评价［J］.中国护理管理，2016，16（7）：977-980.

［9］谭慧，谌永毅，胡兴.肿瘤患者医院-社区-家庭三位一体照护模式的研究进展［J］.中国护理管理，2015，15（2）：175-178.

［10］白雅婷，韩琳，刘金萍，等.基于网络的2型糖尿病患者医院-社区-家庭三位一体健康管理模式的构建及应用［J］.中国全科医学，2016，19（31）：3795-3798.

［11］马美丽，王祥翔，段勇，等.简化评分在短暂性脑缺血发作患者的预警管理［J］.临床医药文献电子杂志，2019，6（99）：82.

［12］马美丽，王祥翔，柴湘婷，等.改良早期预警评分单项在缺血性脑卒中急性期病情转归中的应用研究［J］.中国实用医药，2018，11（32）：46-47.

作者简介：魏秀云，青岛西海岸新区人民医院，护理部质控专家，副主任护师

联系方式：hdqrmyyhlb@163.com

浅谈非直属附属医院开展医德医风教育存在的问题及对策

薛　丽　张瑞霞　潘书娥　王　欣　赵　越　陈晓阳

摘要：非直属附属医院作为医学院校的教学医院，除了承担医疗，更重要的是肩负着对临床实习生的教学责任，而临床教学中，医德医风教育至关重要。本文从当前非直属附属医院医学生医德医风教育现状着手，论述了对临床实习生进行医德医风教育的必要性和迫切性，并对医德医风教育的形式进行了创新性探讨。

关键词：临床实习生；医德医风教育；岗前培训

非直属附属医学院是一种新型的临床教学基地，它的出现解决了当前高校大规模扩张与临床教学资源不足之间的矛盾。非直属附属医学院的发展模式是"医疗、教学、科研"三者相辅相成，但很多医院却倾向于医疗与科研，临床教学未得到很好的重视。而医德医风教育是临床教学工作的重要模块，当今医院大力提倡要改善并提高医疗服务质量，它不仅仅体现在高超的医疗技术上，更体现在良好的医德医风上。

1 非直属附属医学院开展医德医风教育的必要性

非直属附属医院是临床医学生的重要实习基地，实习阶段是医学生从学生到医生的过渡时期，是从理论走向实践的交界期，也是医学基础知识与临床实操相衔接的重要时期，更是确立医德信念的关键时期。

在学校期间，医学生接受的是医德医风教育的理论学习，而进入医院实习后，临床实习生才开始接触社会，接触患者。此时的他们突然面临纷繁复杂的医患关系，常常无法将理论与实践相转换。现实与理想的冲突，常让他们变得更加迷茫，逐渐放松对自己的要求，对患者的态度越来越冷淡，过多考虑自己的利益，而"无私奉献，一切以病人为中心"的意识却越来越淡薄。

尤其随着经济的快速发展，很多医院成了滋生"四风"的变异土壤，败坏了医生作为"白衣天使"的声誉和形象，使原本就复杂的医患关系变得更加紧张。因此，临床实习生作为我国医疗事业的接班人，正确引导临床实习生的职业道德取向，树立为人民服务、救死扶伤、无私奉献的思想意识显得尤为重要，也直接影响到我国医疗卫生事业的健康发展。

2 非直属附属医学院临床实习生医德医风教育存在的问题

2.1 医德观念淡薄，自控能力差，易受不良之风的影响

非直属附属医院的实习是医学生实习的初级阶段，他们的思想还处于懵懂时期，当现实与理想冲撞时，当遭到患者的不理解时，反而会以高冷的姿态对待患者，美其名曰作为自我保护的一种方式，但却将医患关系变得更加紧张，从此恶性循环。临

床实习生的热情被磨灭，对待患者时，语言生硬、表情更加淡漠，更甚者将病人的隐私作为茶余饭后的谈资。

很多实习生认为实习仅仅是学习临床技术操作，他们认为医生靠的是技术而不是医德，形成错误的思想，缺乏医德观念，再加上临床实习生心智不够成熟，极易受到不良风气的影响，产生错误的世界观、人生观和价值观。

2.2 教育监管体系不完善，医德医风教育的学习缺乏系统性

医学院校的附属医院较多，分布较广，学校对实习生的医德教育鞭长莫及，也不能有效监督。一般附属医院对临床实习生的管理是由医院科教科负责，很多医院科教科人员不足，而且职责较多，除了负责医学生的见实习，还负责医院的科研、进修、重点学科、学术会议等。在有限的精力下，科教科只能将工作重点放到学生的出勤及安全方面，而对于实习生的医德教育一般是在岗前培训及平时的班会、讲座中涉及。所以，医德医风教育的学习缺乏系统性，再加上有些科室带教老师忙于医疗，对实习生的管理比较松懈，使得很多医院的实习生在实习期间医德医风教育不连贯，甚至缺失。

3 非直属附属医学院临床实习生医德医风教育的途径

3.1 建立完善的医德医风教育体系

实习生医德医风的教育要贯穿整个实习过程，主要通过岗前培训、实习初期和实习成熟期三个阶段进行。

3.1.1 岗前培训

实习生在真正接触临床实际操作之前，医院科教科会进行系统而全面的岗前培训。岗前培训是临床实习的基础环节，培训的效果将直接决定实习生临床实习任务是否圆满完成。岗前培训的内容一般包括医院概况、医院规章制度、医德医风教育、临床基本技能、病例书写、医院感染相关知识等，医德医风教育的重要性可见一斑。通过岗前培训，让实习学生懂得医生的职业道德，医生承担的责任和义务，树立"以病人为中心"的坚定信念。实习生要具备爱岗敬业、无私奉献的精神，努力成为医德好、服务好、质量好、让群众满意的好医生。

3.1.2 实习初期

实习的初级阶段，实习生刚刚步入社会，思想比较单纯，本阶段的医德教育主要以理论教育为主。通过正面医德教育的引导，让实习生学会明辨是非，自觉抵制不良社会风气的影响；通过具备高尚医德、高度责任心的优秀带教老师的言传身教，观看影像资料，倾听优秀医务工作者的演讲或报告，营造良好的医德医风氛围；通过列举一些反面教材，让他们知道不遵守医德的不良后果，真正懂得医者仁心，认识到医德在医疗中的重要地位，从而对医疗事业充满无限热情和激情。

3.1.3 实习成熟期

当实习进入中后期阶段，此时的实习生已经比较成熟，医德教育主要以参与教育为主，让实习生亲自去采集病史、做常规操作和检查，与患者沟通交流，直观感受患者所需，甚至可以给见习的学生当教员，提升作为医务人员的责任感，为见习学生树立榜样，对实习生也起到激励作用。实习成熟期适合鼓励教育，让他们勇于突破自己内心的防线，敢于去尝试。

3.2 开展形式多样的医德医风教育活动

通过开展形式多样的医疗实践活动，在实践中开展医德教育，效果更明显，更能引发实习生的共鸣。具体措施如下：①举办医德医风知识竞赛——通过这种直观生动的教育，让实习生在轻松愉悦的氛围中加强对医德医风知识的理解；②开展医德医风知识讲座——定期邀请医德高尚、经验丰富的老专家座谈，与实习生面对面交流，通过专家们的切

身经历为实习生树立良好的医德观念，也可以选取一些社会热点，让学生通过讨论鲜活的案例各抒己见，从而懂得救死扶伤是医务人员的崇高使命，应正确处理好利益与医德之间的关系；③积极参与"三下乡"、义诊等活动，跟随优秀的带教老师下乡义诊，宣传医疗卫生知识，获得更多机会接触基层，直观感受作为医务人员的责任感，从而树立正确的人生观和价值观。

3.3 提高临床教学质量，强化带教老师的医德医风榜样力量

非直属附属医院的临床教学质量高低直接影响实习生临床实际操作能力及对他们医德医风的培养。在这些影响因素当中，带教老师的言传身教将显得尤为重要，优秀的带教老师不仅传道授业解惑，更是以身作则，通过严谨的工作作风、高度的责任心以及高尚的医德潜移默化地影响着实习生，这对于实习生综合素质的提高，养成良好的职业操守、内在修养和培养高尚医德具有决定性的作用，只有优秀的带教老师才能培育出医术精湛、医德高尚的临床实习生。

总之，对于非直属附属医院来说，在实习生的医德医风教育上，应该健全医德医风教育体系，医德教育不能流于形式，要对实习生进行点带面、点面结合的系统性的医德教育，通过创新性的医德医风教育模式，培养具备精湛医术、高度社会责任感、无私奉献及高尚医德的现代化医疗人才。

参考文献：

［1］陈文军，钟雷，马莉. 当今医患关系的心理学浅析［J］.解放军医院管理，2001，（2）：159-160.

［2］陈莉，黄庆琳，黄岗. 论医患关系认知与医学实习生伦理道德教育［J］.中国医学伦理学，2002，15（5）：49-50.

［3］罗萍，杨宏. 加强对临床实习生的医德教育［J］.昆明医学院学报，2007，3（28）：1136-1138.

作者简介：薛丽，山东省青岛西海岸新区人民医院，科教科副主任，主管护师

联系方式：jiaonankejiaoke@126.com

冠心病介入治疗患者创伤后成长特征及自我效能干预效果分析

薛灵敏

摘要： 为探讨冠心病介入治疗患者创伤后成长特征及自我效能干预效果，本研究选择2018年1月至2019年1月在青岛市西海岸新区中医医院进行冠心病介入治疗的80名患者作为研究对象，按随机数字表法分为观察组和对照组，各40例。观察组实施自我效能干预，对照组实施常规干预。结果显示，干预后，两组患者欣赏生活、个人力量、与他人关系、新的可能性以及精神变化等创伤后成长特征评分均明显升高，且观察组升高程度优于对照组（$P < 0.05$）。本研究表明，冠心病介入治疗患者的创伤后成长处于中等水平，对患者实施自我效能干预能够明显提高患者创伤后成长和自我效能水平，有效改善患者生活质量，有利于促进患者康复，值得临床推广。

关键词： 冠心病；介入治疗；创伤后成长；自我效能干预；生活质量

冠状动脉粥样硬化性心脏病（冠心病）是目前临床中中老年常见的心血管疾病，随着我国生活水平的不断提高，其发生率也逐年上升，严重威胁到人们的生命安全。而目前冠心病主要是进行经皮冠状动脉介入治疗（Percutaneous Coronary Intervention，PCI），但有研究发现，经皮冠状动脉介入治疗后能够导致患者出现心理应激反应，影响患者创伤后成长[1]，并且由于介入手术对患者存在一定的伤害，使患者认知功能以及控制能力较差，从而影响患者的生活质量与恢复情况。因此，为了能够促进患者康复，改善生活质量，如何提高患者创伤后成长以及自我效能水平是目前临床研究重点。自我效能理论最早由美国心理学家班杜拉提出，其主要机制是对患者的认知行为具有调控作用，目前该理论应用于慢性疾病的研究较多。[2-3]因此，本研究主要是探讨冠心病介入治疗患者创伤后成长特征及自我效能干预效果。

1 资料与方法

1.1 一般资料

选择2018年1月至2019年1月在青岛市西海岸新区中医医院进行冠心病介入治疗的80例患者作为研究对象。纳入标准：①符合《2005年中国冠心病防治指南》[4]中的冠心病诊断标准，并进行PCI术介入治疗者；②获得患者及家属的知情同意，并签署知情同意书；③无认知障碍，能够正常沟通者。排除标准：①伴其他器官疾病者；②严重肝肾功能不全者；③严重心律失常者；④有既往精神病史者，有认知功能障碍者。本研究已获得医学伦理委员会的批准。将研究对象随机分为观察组和对照组，各40例。观察组男22例，女18例，年龄范围52～76岁，平均年龄（64.69±5.41）岁，病程范围2～14年，平均病程（6.21±1.25）年；文化程度：初中及以下10例，高中16例，大专及以上14例。对照组男23例，女17例，年龄范围53～78岁，平均年龄（65.14±5.34）岁，病程范围2～15年，病程

（7.36±1.32）年；文化程度：初中及以下13例，高中17例，大专及以上10例。两组患者年龄、性别、病程、文化程度等一般资料比较，差异无统计学意义（$P > 0.05$），具有可比性。

1.2　方法

1.2.1　调查工具与方法

创伤后成长评定量表（Posttraumatic Growth Inventory，PTGI）[5]主要是用来测量患者创伤后心理正性改变的程度，包括20个条目、5个维度，主要是欣赏生活、个人力量、与他人关系、新的可能性以及精神变化5个方面。而每个条目均采用0~5分计分法，从"从来没有"到"非常多"，总分为0~100分，其中总分≥57分表示PTGI阳性，分数越高，表示患者创伤后成长水平越高。问卷总量表内部一致性系数为0.90，各维度内部一致性系数为0.67~0.85。本次调查主要是由研究者本人发放量表，并告知患者填表要求，本次调查共发放80份，回收80份，回收率100%。

1.2.2　干预方法

对对照组患者实施冠心病介入治疗后的常规干预，告知患者术后相关知识、注意事项以及关于冠心病症状，并使患者掌握简单的急求方法，同时指导患者进行合理饮食，养成良好的生活习惯，进行适当锻炼，遵医嘱正确用药。对观察组患者在对照组基础上实施自我效能干预[6-7]，并根据患者目前存在的问题制定相应的护理干预方案，具体步骤如下：①直接性经验——根据本研究的目的以及患者的基本情况制定行为目标，其目标主要分日、周、月，并且定时检查患者目标的完成情况，对于及时完成的患者给予相应的鼓励，对于未完成的患者，可与患者一起分析，找出未完成的原因，并告知解决方法，鼓励患者克服困难，并逐渐向大目标靠近；②语言说服——经常与患者沟通交流，沟通时注意使用通俗易懂的语言，对于患者疑问要及时解决，并且使用肯定性语言鼓励患者，使其树立康复

信心；③代替性经验——鼓励患者多与病友交流，最好让已康复或者是恢复较好的患者介绍经验，从而提高患者对于康复的信心，有效提高患者自我效能；④社会与心理支持——设立咨询服务热线，从而能够及时为患者提供帮助，同时指导患者家属多与患者沟通，给予患者精神以及生活上的支持，使患者得到家庭与社会的关心，帮助患者树立康复信心；⑤随访——在患者住院后，本院定期进行电话随访，从而了解患者恢复情况。干预时间一般为入院至术后3个月。

1.3　观察指标

1.3.1　自我效能评分

在患者干预前后采用一般自我效感能量表（General Self-Efficacy Scale，GSES）[8]测量患者自我效能感，该量表共10个项目，每个项目均采用1~4评分，从"完全不正确"到"完全正确"。并根据患者得分情况将自我效能分为高、中、低3个水平，分数增加表示自我效能增强，反之则降低。

1.3.2　生活质量评分

患者干预前后采用生活质量量表（Generic Quality of Life Inventory-74，GQOL-74）[9]评定患者的生活质量，主要包括躯体功能、生活状态、社会功能、心理功能4个维度，每个维度评分为0~100分，分数越高表示患者的生活质量越好。

1.4　统计分析

采用SPSS 23.0软件进行数据统计学分析，创伤后成长、自我效能、生活质量评分等计量资料以（$\pm s$）表示，采用t检验，以$P < 0.05$为差异具有统计学意义。

2　结果

2.1　冠心病介入治疗患者创伤后成长评分

本研究共发放80份问卷调查表，回收80份，回收率100%；冠心病介入治疗患者创伤后

成长的最高分为94分，最低分为20分，平均分为（59.22±10.61）分，其中小于57分的有36例，大于57分的有44例，阳性检出率55.00%，见表1。

表1 冠心病介入治疗患者创伤后成长评分
（$n=80$，$\bar{x} \pm s$）

项目	得分范围	平均分	条目得分
总分	20~94	59.22±10.61	3.59±0.88
欣赏生活	4~29	14.18±2.52	3.30±0.77
个人力量	4~16	12.84±2.56	3.21±0.62
与他人关系	1~15	12.92±2.23	3.23±0.55
新的可能性	1~21	9.62±1.80	2.03±0.98
精神变化	1~19	9.66±1.50	2.04±1.01

2.2 两组干预前后创伤后成长特征评分比较

干预后两组患者的欣赏生活、个人力量、与他人关系、新的可能性以及精神变化等创伤后成长特征评分均明显升高，且观察组升高优于对照组（P<0.05），见表2。

2.3 两组干预前后自我效能得分比较

干预后，两组自我效能得分均明显升高，且观察组升高明显高于对照组（P<0.05），见表3。

3 讨论

冠心病主要是由于冠状动脉粥样硬化使动脉腔狭窄，影响机体循环血流，导致患者心脏缺血、缺氧，产生心绞痛，该疾病已成为目前我国重大的公共卫生问题，具有较高的发生率、病死率以及复发率。[10-11]但随着我国医疗技术的不断发展，冠心病病死率已逐渐降低，而目前治疗冠心病最有效的治疗方式是进行PCI术，但术后患者由于各种原因能够导致患者出现各种心理负面情绪以及术后患者功能均受到限制，从而可影响患者创伤后成长、自我效能以及生活质量[12]。因此，为了了解冠心病介入治疗患者创伤后成长状况，本研究共发放80份

表2 两组干预前后创伤后成长特征的评分比较（$n=40$，$\bar{x} \pm s$）

组别	时间	欣赏生活	个人力量	与他人关系	新的可能性	精神变化
观察组	干预前	14.24±2.42	12.96±2.86	12.01±3.25	9.64±1.88	9.40±1.42
	干预后	19.65±3.01a	16.99±2.41a	12.52±1.47a	12.52±1.47a	13.54±1.38a
对照组	干预前	14.10±2.34	13.01±2.74	12.89±3.22	9.60±1.67	9.84±1.56
	干预后	16.68±3.41ab	14.91±2.24ab	13.92±0.92ab	10.65±1.74ab	11.49±1.08ab

注：与干预前比较，P<0.05；与观察组比较，bP<0.05。

表3 两组干预前后自我效能得分比较（$\bar{x} \pm s$）

组别	例数	干预前	干预后	t	P
观察组	40	23.36±6.44	34.66±6.01	8.113	<0.001
对照组	40	24.45±6.24	27.54±6.28	2.208	0.030
t		0.769	5.181		
P		0.444	<0.001		

表4 两组干预前后生活质量评分比较（$n=40$，$\bar{x} \pm s$）

组别	时间	躯体功能	生活状态	社会功能	心理功能
观察组	干预前	68.41±8.47	67.84±8.12	69.65±8.65	68.47±8.85
	干预后	85.62±9.41a	86.14±9.63a	85.47±9.54a	86.45±9.05a
对照组	干预前	67.85±8.25	66.47±8.25	69.74±8.62	68.44±8.67
	干预后	75.69±8.44a	72.62±8.34ab	72.31±8.43ab	76.44±8.14ab

注：与干预前比较，aP<0.05；与观察组比较，bP<0.05。

创伤后成长量表，回收80份，回收率100％。结果显示，冠心病介入治疗患者创伤后成长平均分为（59.22±10.61）分，其中小于57分的有36例，大于57分的有44例，阳性检出率55.00％，表示冠心病介入治疗患者创伤后成长处于中等水平。

创伤后成长主要是指个体在经历具有创伤性质、高挑战事物后产生的心理积极变化过程，能够有效改善患者人生观以及价值观。[13]同时有研究发现，创伤后成长水平能够影响患者健康状况。[14]因此，为了能够提高患者创伤后成长水平，促进患者恢复，医护人员应给予冠心病介入治疗患者自我效能干预。自我效能理论主要是从提高患者认知功能与自身能力方面进行，可通过直接性经验、语言说服、代替性经验、社会与心理支持以及随访等方式进行干预，从而提高患者自身能力，增加患者自信心，并养成良好的生活习惯，有助于患者康复。[15]研究结果显示，观察组患者经过干预后欣赏生活、个人力量、与他人关系、新的可能性以及精神变化等创伤后成长评分升高更加明显（$P<0.05$），表示自我效能干预能够有效提高患者创伤后成长，促进患者恢复。这可能是由于自我效能干预能够鼓励患者完成日、周、月目标，增加其自信心，并且使患者及家属正确了解疾病与PCI术知识，使患者树立康复信心，消除负面情绪，从而提高患者创伤后成长。由于冠心病介入治疗对患者存在一定的伤害，且大部分患者并不了解PCI术以及冠心病相关知识，导致患者产生心理压力，从而影响患者的生活质量。同时有研究发现，冠心病患者生活质量与自我效能呈正相关。[16]因此，本研究结果显示，观察组患者自我效能得分以及躯体功能、生活状态、社会功能、心理功能等生活质量评分提升更加显著（$P<0.05$），表示自我效能干预能够促进患者养成良好的生活习惯，增加了患者抵抗疾病的自信心，从而有效改善患者生活质量，提高患者自我效能。

综上所述，冠心病介入治疗患者的创伤后成长处于中等水平，随后对冠心病介入治疗患者实施自我效能干预，能够明显提高患者创伤后成长、自我效能水平，有效改善患者生活质量，从而有利于促进患者康复，值得临床推广。但更多的结果需进一步进行研究。

参考文献

[1]陈丽娜，张伟峰，苏严琳，等.网络平台延续护理在冠心病冠状动脉介入治疗患者中的效果分析[J].国际医药卫生导报，2018，24（19）：2915.

[2]涂雪梅.延续性护理干预对冠心病介入治疗患者预后质量的影响及临床分析[J].实用临床医药杂志，2015（6）：4-6.

[3]朱静芬，戴李华，沈恬.以自我效能理论为基础的糖尿病高危人群干预效果分析[J].上海交通大学学报（医学版），2014，34（1）：83-87.

[4]SMITH，ALLEN，BLAIR，等.冠心病和其他动脉粥样硬化性血管疾病二级预防指南：2006年版（摘要）[J].岭南心血管病杂志，2008，14（2）：126.

[5]王雪，张国惠，唐永利.骨折患者创伤后成长现状及影响因素调查[J].护理学杂志，2016，31（10）：50-52.

[6]孙惠杰，赵英凯，刘丹丹.自我效能干预对老年冠心病患者用药依从性的影响[J].吉林医学，2017，15（9）：1786-1787. DOI: CNKI: SUN: JLYX.0.2017-09-089.

[7]赵娜，王晶.Styles and negative emotion of the pregnancy-induced hypertension puerpera% 自我效能干预对妊娠期高血压产妇应对方式及负性情绪的影响[J].西部医学，2016，28（3）：418-420.

[8]陆晶晶，茆正洪.认知行为治疗对慢性精神分裂症患者生活质量和自我效能感的影响[J].精神医学杂志，2014（5）：37-39.

[9]汪国华，江丽，罗运春，等.护理延伸服务对经皮冠状动脉内支架植入术患者依从性及生活质量的影响[J].海南医学，2017.

［10］Bots SH, Sae P, Woodward M. Sex differences in coronary heart diseaseand stroke mortality: a global assessment of the effect of ageing between 1980 and 2010［J］. BMJ Glob Health, 2017, 2（2）: e000298. DOI: 10.1136 / bmjgh-2017-000298. eCollection 2017.

［11］唐胜惠，杨朝品.冠状动脉介入治疗冠心病的研究进展［J］.中国医学工程，2017，10（6）：35-38. DOI: 10.19338/j.issn.1672-2019.2017.06.010.

［12］陈思思.冠心病介入治疗患者创伤后成长与情绪调节方式、社会支持的关系［J］.中国老年学杂志，2018，38（24）：6116-6118.

［13］潘晶，陈思思.冠心病介入治疗患者创伤后成长及影响因素的研究［J］.护士进修杂志，2017，24（32）：2276.DOI:10.16821/j.cnki.hsjx.2017.24.022.

［14］黄旭芳，李芳，毛剑婷，等.积极心理干预对肝癌患者介入治疗创伤后成长及乐观倾向的影响［J］.介入放射学杂志，2016，25（5）：449-452. DOI:10.3969/j.issn.1008-794X.2016.05.021.

［15］闵雪芬.自我效能干预对冠心病 PCI 术后患者生活质量的影响［J］.中华现代护理杂志，2016，22（1）：116-119.DOI:10.3760/cma.j.issn.1674-2907.2016.01.030.

［16］徐蕾，陈佳，蒲雨笙.整体护理对改善老年冠心病患者自我效能及生活质量的分析［J］.解放军医院管理杂志，2016，23（2）：185-187.DOI: 10.16770/J.cnki.1008-9985.2016.02.031

作者简介：薛灵敏，青岛市西海岸新区中医医院心血管科，心血管科护士长，副主任护师

联系方式：x18561865773@163.com

发表刊物：《国际医药卫生导报》，2019，25（23）：3922-3926.

COX 健康行为互动模式对消化溃疡患者心理状态及预后的影响

赵　丽　孙晓云

摘要：为探讨 COX 健康行为互动模式对消化溃疡患者心理状态及预后的影响，本研究选取 2017 年 9 月至 2018 年 9 月入住青岛西海岸新区中心医院进行消化溃疡治疗的患者 110 例，对照组使用常规健康管理模式，研究组应用 COX 健康行为互动管理模式。实验表明，干预后研究组 SDS、SAS 等心理状态评分显著低于对照组，可比性差异显著（$P < 0.05$）；研究组患者的临床治疗有效率显著高于对照组，干预效果更优（$P < 0.05$）；研究组治疗依从性与对照组相比更优（$P < 0.05$）；干预模式实施前两组患者满意度评分无可比性差异（$P > 0.05$）。研究结果显示，对消化溃疡患者进行 COX 健康行为互动模式干预，能加速消化性溃疡愈合，提高患者护理满意度及治疗的依从性，利于患者预后，在临床护理中值得应用。

关键词：COX 健康行为互动模式；消化溃疡；心理状态；预后；影响

COX 健康行为互动模式（Interaction Model of Client Health Behavior，IMCHB），最早由护理学家 Cheryl Cox 提出，该项管理模式已被多数国外护理学者所认同，并在护理领域进行了广泛应用。[1]该模式能够指导医护人员开展护理工作，使服务对象能够在行为决策中发挥主观能动性，便于进行相应的护理，并对服务对象产生的健康结局的影响进行预测和评价。[2]我国较晚引进该模式，且研究范围也存在一定的局限性。[3]本文旨在探讨 COX 健康行为互动模式对消化溃疡患者疗效及心理的影响，详情如下。

1　资料与方法

1.1　一般资料

选取 2017 年 9 月至 2018 年 9 月入住青岛西海岸新区中心医院进行消化溃疡治疗的患者 110 例作为研究对象，应用随机数字表法分为对照组与研究组。对照组 55 例患者，男 34 例，女 21 例，年龄 26 ~ 66 岁，平均年龄（46.2 ± 1.3）岁，病程 3 ~ 10 年，平均病程（4.8 ± 1.5）年；溃疡类型包括 25 例胃溃疡、11 例十二指肠溃疡、19 例复合型溃疡。研究组有患者 55 例，男 36 例，女 19 例，年龄 25 ~ 68 岁，平均年龄（47.1 ± 1.1）岁，病程 2 ~ 11 年，平均病程（4.9 ± 1.4）年；溃疡类型包括 23 例胃溃疡、14 例十二指肠溃疡、18 例复合型溃疡。两组患者一般资料无可比性区别（$P > 0.05$）。针对本研究所涉及干预方式，患者及其家属均表示知情同意，且自愿参与本研究，并签署了知情同意书。

纳入标准：①胃镜检查显示有溃疡病灶表现；②文化程度在初中及以上；③上腹部疼痛存在周期性或者节律性；④可以正常语言沟通交流；⑤所用治疗药物一致[5]。

排除标准：①精神功能异常，无法交流沟通的患者；②心、肝、肺、肾等重要脏器功能障碍；③存在免疫性及内分泌疾病；④妊娠及哺乳期妇女，近期服用过抑郁、焦虑等抑制类药物[6]。

1.2　方法

对对照组患者应用常规健康管理模式。运用的方法包括常规用药、医疗知识宣教、电话随访，健康饮食等。[7]

对研究组患者应用COX健康行为互动模式。实践方案和要求包括：①主治医师首次参与互动，将治疗药物的不良反应，用药方法及具体效果对患者进行讲述，患者考虑进行治疗方案选择[8]；②依据入排标准，为研究者备份资料，用于收集信息、提纲、教育资料等；③组员对患者的独特性进行共同评估，并制定下一次互动提纲；④组员分别与患者互动，获取患者详细的独特性信息；⑤小组人员依据资料夹了解患者最新动态，修正本次提纲内容；⑥患者的健康结果由主治医师负责评价，依从性与满意度由护士人员进行评价[9]。互动频率为每周3~4次，与主治医师互动次数不少于1次。[10]每例患者的互动要在对患者独特性充分了解的前提下进行，出院前的互动尤为重要。健康技能包括用药方法、复诊要求及饮食管理原则等。[11]

1.3　观察指标

1.3.1　对比两组患者心理状态

对患者心理焦虑、抑郁状况进行评分。干预前依据抑郁自评量表（Self-rating Depression Scale，SDS）及焦虑自评量表（Self-Rating Anxiety Scale，SAS）对患者的心理状态进行评估。SAS标准：<50分为无焦虑，50~59分为轻度焦虑，60~69分为中度焦虑，≥70分为重度焦虑。SDS标准：<53分为无抑郁，53~62分为轻度抑郁，63~72分为中度抑郁，≥73分为重度抑郁。分数越高表明焦虑抑郁程度越严重，两项满分均为100分。

1.3.2　对比两组患者临床治疗效果

临床治疗效果分为显效、有效、无效。判断标准为：显效，即消化溃疡病症临床症状消失，经胃镜复查显示溃疡面愈合；有效，即消化溃疡病症临床症状减轻或者消失，胃镜显示溃疡缩小面积≥50%；

无效，即临床症状无明显好转，消化溃疡病症临床症状未见好转甚至加重，或者溃疡缩小面积少于50%临床治疗效果须在停药7d后进行胃镜检测结果为准。有效率=（显效＋有效）/总例数×100%。

1.3.3　对比两组患者治疗依从性

应用自制问卷调查，分为完全依从、良好依从和不依从。完全依从，即能够对自身状况及相关医疗知识掌握程度达80%以上，能够按照医嘱进行规范化治疗；良好依从，即对自身状况及相关医疗知识掌握程度达70%~79%，出现被动治疗的状况；不依从，即对自身状况及相关医疗知识掌握程度达到69%以下，不能配合治疗，甚至治疗出现中断。

1.3.4　医护人员满意度调查

以医护人员的服务态度、专业水平、自身素质、配套服务为满意度调查问卷的主要维度，设16个条目进行，每条目5级评分，1~5分分别为"很不满意、不满意、一般、满意、非常满意"，分数越高，满意度越高。

1.4　统计学方法

数据应用SPSS18.0进行分析，其中计数进行χ^2（%）检验，计量进行t检测（$\bar{x} \pm s$）检验，$P<0.05$提示有显著差异。

2　结果

2.1　两组患者心理状态评分对比

干预后研究组SDS、SAS等心理状态评分显著低于对照组，可比性差异显著（$P<0.05$），见表1。

表1　两组患者COX健康行为互动模式前后SDS、SAS心理状态评分对比（分，$\bar{x} \pm s$）

组别	例数	SDS评分		SAS评分	
		干预前	干预后	干预前	干预后
对照组	55	57.3±4.2	42.5±3.3	61.2±3.5	45.3±3.6
研究组	55	56.9±3.8	32.2±4.1	60.8±3.4	30.5±2.8
t	—	1.301	17.321	1.014	19.335
P	—	>0.05	<0.05	>0.05	<0.05

2.2　临床治疗效果对比

研究组与对照组相比，临床治疗效果更优（$P<0.05$），见表2。

表2　两组临床治疗效果对比（例数，%）

组别	例数	显效	有效	无效	有效率
对照组	55	30（54.5）	17（30.9）	8（14.5）	85.5%
研究组	55	41（74.5）	12（21.8）	2（3.6）	96.4%
X^2	/	6.021	5.258	7.034	7.215
P	/	<0.05	<0.05	<0.05	<0.05

2.3　依从性比较

研究组与对照组相比，治疗依从性更优（$P<0.05$），见表3。

表3　两组依从性对比（n，%）

组别	例数	完全依从	一般依从	不依从	总依从率
对照组	55	28（50.9）	15（27.3）	12（1.8）	78.2%
研究组	55	45（81.8）	12（21.8）	3（5.5）	94.5%
χ^2	—	6.324	4.031	5.228	7.365
P	—	<0.05	<0.05	<0.05	<0.05

2.4　干预前后两组患者满意度对比

干预模式实施前两组患者满意度评分无可比性差异（$P>0.05$），研究组患者对我院配套服务、服务态度、人员素质、专业水平评分均高于对照组（$P<0.05$），见表4。

表4　两组患者满意度对比（分，$\bar{x}\pm s$）

组别	例数	配套服务		服务态度		人员素质		专业水平	
		实施前	实施后	实施前	实施后	实施前	实施后	实施前	实施后
对照组	55	286±15	301±11	174±14	196±7	170±14	204±5	302±14	330±18
研究组	55	288±13	316±17	173±12	228±8	169±12	228±11	300±10	368±15
t	—	1.114	21.032	1.214	17.365	1.332	19.625	1.114	18.336
P	—	>0.05	<0.05	>0.05	<0.05	>0.05	<0.05	>0.05	<0.05

3　讨论

IMCHB的提出基于护理理论，我国对该模式应用较少，仅在近几年应用于护理研究方面。实行COX健康行为互动模式，需要从以下方面进行：①建立COX健康行为互动模式小组，患者疾病诊断需要由消化科主治医师依据患者详细临床资料进行确切，制定相应的治疗方案；护士负责收集患者详细资料、便于评估患者的独特性，并与患者互动[13]；主治医师对患者健康结果进行评价、与患者互动。②背景因素与动态因素是COX健康行为互动模式独特性的两大特点。患者的社会影响、就医经历等属于背景因素[14]；干预措施的制定需要建立在患者独特性的基础性上。③互动内容，包括健康知识讲解、护理技能的培训与效果评估、评价患者情感反应与认知。[15]

本研究中，干预后研究组SDS、SAS等心理状态评分显著低于对照组，可比性差异显著（$P<0.05$）；研究组患者的临床治疗有效率显著高于对照组，干预效果更优（$P<0.05$）；研究组治疗依从性与对照组相比更优（$P<0.05$）；干预模式实施前两组患者满意度评分无可比性差异（$P>0.05$），研究组患者对我院配套服务、服务态度、人员素质、专业水平评分均高于对照组（$P<0.05$）。以上结果表明：该互动模式具有极高的可行性。

综上所述，对消化溃疡患者进行COX健康行为互动模式干预，能加速消化性溃疡愈合，缓解抑郁、焦虑心理，提高临床治疗有效率及护理效果，提高患者护理满意度及治疗的依从性，利于患者预后，促进其早日康复，在临床护理中值得应用。

参考文献：

［1］刘海莹，刘海湘，郝倩，etal.COX健康行为互动模式对溃疡性结肠炎飞行人员心身健康的影响［J］.空军医学杂志，2017，33（2）：80-83.

［2］Yang S C，Hsu C N，Liang C M，et al. Risk of Rebleeding and Mortality in Cirrhotic Patients with Peptic Ulcer Bleeding: A 12-Year Nationwide Cohort Study［J］. Plos One，2017，12（1）：168-169.

［3］Hu S J，Long C H，Chen G L，et al. Effect of PDCA model on nutritional status in patients after laparoscopic repair of perforated peptic ulcer［J］. Journal of Hainan Medical University，2016，22（22）：264-266.

［4］王锐，张克玲，苏珊，etal.患者健康行为互动模式在奥曲肽治疗先天性高胰岛素血症患者护理中的应用［J］.山西医药杂志，2018，45（2）：228-231.

［5］杨靖波.糖尿病足感染患者感染程度与全身状态、预后及溃疡程度的关系研究［J］.现代中西医结合杂志，2018，15（2）：201-204.

［6］陈晓红，黄霞，吴密.紧张和应对互动健康教育对减轻耳鼻喉患者术后疼痛的影响［J］.海南医学，2017，28（4）：681-683.

作者简介：赵丽，青岛西海岸新区中心医院，血液肾内科护士长，主管护师

联系方式：13864866488@163.com

小学"语文主题学习"课堂拓展的研究

孙　宏

摘要：《语文课程标准》提出："指导学生正确理解和运用祖国语文，丰富语言的积累，培养语感，发展思维。"在课堂上进行语言运用拓展训练有利于丰富学生语言积累、提高学生运用语言的能力。语文主题拓展的要求、时机、内容途径等都要围绕文本来展开，把拓展融入文本教学的环节中来，成为文本教学的有机组成部分，既要立足课文，又要跳出课文，拓展既要"放"得出去，也要能"收"得回来，让学生在拓展时获取更大的创造能力培养学生的语文素养。

关键词：主题拓展；立足文本；抓住目标；策略；行动研究

2015年，笔者来到香江路第二小学，成了一位语文教师，并参与到了学校开展的语文主题学习中，通过五年的努力和实践，对语文老师在日常"语文主题学习"课堂教学中经常研讨的话题有了一定的认识。本文仅从课堂教学拓展的角度，谈一谈语文主题学习在实践中拓展的角度及落脚点。

1　教学中的困惑

作为一名新教师，对于语文主题学习的认识还不够深刻，经常会感到课堂拓展目标不明确，漫无目的，过于随意，游离主题。什么是真正的主题学习拓展？怎样才能增强主题学习拓展的有效性？怎样才能使文本学习与主题拓展有机融合？这些问题是我感到困惑的地方。

语文主题学习的必要性和意义主要体现在以下几个方面。

（1）社会发展的要求、国际形势的要求。在经济全球化、知识大爆炸、国际竞争加剧的今天，素质教育已成为改革和发展之潮流，随着"应试教育"向素质教育的转变，它对学校教育也提出了更高的要求，就是学校教育如何在减轻学生课业负担的前提下，与课外教育有机地结合起来，使之形成全方位的教育体系。语文课程标准，首次对课外阅读提出量的要求，养成良好的阅读习惯，六年课外阅读总量应在145万字以上。

（2）当前教育改革的要求和趋势。《语文课程标准》在课程目标中提出了要扩大阅读面的要求，"养成读书看报的习惯，收藏并与同学交流图书资料"，"利用图书馆、网络等信息渠道尝试进行探究性阅读，扩展自己的阅读面"，"广泛阅读各种类型的读物"，规定了具体的课外阅读量，第一学段阅读量不少于5万字，第二学段不少于40万字，第三学段不少于100万字。

（3）提高学生语文素养的需要。《新课程标准》中明确指出，基础教育阶段各科学习的主要任务是：激发和培养学生的学习兴趣，帮助学生树立学习自信心，并养成良好的阅读习惯。学习习惯包括专注力集中倾听的习惯、思考的习惯、观察的习惯、读写的习惯等。《新课程标准》中也提出了要培养学生搜集和处理信息的能力，提高学生阅读能力和水平是语文教学的重要的方面。

综上所述，进行语文主题学习，对于教育教学具有很强的现实意义和实践意义。

2　研究的问题

2.1　研究目标和思路

2.1.1　概念界定

主题学习是指学生围绕一个或多个经过结构化的主题进行学习的一种学习方式。在这种学习方式中，"主题"成为学习的核心，而围绕该主题的结构化内容成了学习的主要对象。

"语文主题学习"实验提倡加大课内外阅读量，借助"语文主题学习"丛书扩大课内阅读容量。

主题式教学模式在语文教学中的应用要求教师在教学的过程中营造一个良好的教学情境，并在此基础注重学生在课堂上的主体地位，最重要的是教师要营造一个良好学习氛围。

拓展语文教学范围、进行比较学习为教学重点的主题学习，成为我们语文教学的一种新的课堂形式。

2.1.2　研究的主要内容

（1）语文主题教学在低年级学科教学中应用的教学模式。

（2）语文主题教学课堂评价体系的研究。

（3）语文主题拓展在实践活动中的培养模式的研究。

2.2　研究目标

（1）提高学生的阅读兴趣。"兴趣是最好的老师"，"没有任何兴趣，被迫进行的学习会扼杀学生掌握知识的意愿"，学生有了兴趣，才能从内心深处对课外阅读产生主动需要。因此，教师要努力激发学生课外阅读的兴趣。

（2）拓展学生的阅读时空。

（3）建构课外阅读能力的品质。

因为阅读环境改变了，人们生活中无时无处没有读物相伴，无时无处不发生阅读活动，所以，我们的学生已完全无法回避这样的课外阅读环境而安守一块"净土"了。怎样才能让他们在这种环境中吸取精华、扬弃糟粕，既能恣意遨游又不迷失自己呢？我们觉得，应该着力于培养学生自制力、自主性、自动化这三种阅读品质。

2.3　研究思路

"相似论"认为，学生头脑中贮存的相似性信息单元（即相似块）越多，就越有利于选择、匹配、激活阅读材料中的相似信息，学生对阅读材料的感悟也才越深刻。《学记》中的"时过然后学，则勤苦而难成"说的是教育得抓住时机，适时施教，错过时机以后再去学习，就会事倍功半；得法于课内，及时进行同步拓展，就会事半功倍。

"大语文"理念下的课堂教学不是一个圆形的完整结构，学完了课文并不意味着知识学习的结束，而应该是学生学习新知识的又一个开端。

国外詹姆士的"形式训练说"、桑代克的"相同要素说"、贾德的"经验类化理论"、苛勒"关系理论"给我们提供了一些可供借鉴的经验。

3　问题解决的过程

3.1　调查研究，了解现状

笔者在总课题组专家的指导下，对所在班级的学生进行了主题丛书阅读数据做了抽样调查。随后根据情况确定了研究方案。

3.2　参与培训，提高认识

笔者积极参与学校组织的各种语文主题学习的培训。通过视频观看了语文主题教育专家于永正的报告，听取了学校语文主题学习教研主任王增艳的报告。

3.3　规范研究，落实研究细节

坚持参与每周一次语文主题的学习，结合主题丛书上好每一节课，并及时分析总结课题研究过程中出现的问题；认真制订每学期的实施计划，按计划上好研究课，抓好备课、上课、说课、评课各环节，提高研究能力。

3.4 立足课堂，深入研究

我们着重对构建高效课堂教学模式进行了探索。结合学校语文学科教学中的语文主题学习在语文学科中的整合，在本阶段笔者共进行了五场大型课堂教学研究，从中学到了很多，也感悟了很多。

4 解决问题的课例描述

4.1 立足文本，用好课文"例子"

拓展是针对教材和课堂教学而言的。文本的课堂教学是语文主题学习课堂教学之根本，是一切语文教学活动的聚焦点。怎样遵循语文教学的这一基本规律，用好这个"例子"，进行课内拓展阅读，让学生真正在课内最大限度地提高阅读量，达到课标的阅读要求，主题拓展的目标、重点更应该是围绕文本的目标、重点展开。离开了文本过度发挥，语文课就会打水漂。学生也只有在对课文进行了深刻理解、感悟和体验之后，在已建构起自己对文本的认知后的拓展中才能更好地接受并运用相关知识。既然叶圣陶先生曾把教材定论为"例子"，教师就必须用好。如有的老师教《安塞腰鼓》不到十分钟就引导学生：这篇课文的句式优美吗？那么就请画出文中最喜欢的句子，放飞想象的翅膀进行仿写。试想，学生对课文还没有充分地朗读、体验、理解，即使仿写的句子再多，只不过是句子，对学生学习课文本身又有多大作用呢？

4.2 确定教材目标，明确拓展重点

无目标的拓展不是拓展，只是课堂游戏。语文主题学习需要拓展，但是拓展必须要有明确的目标：围绕所学内容，达到扩展教学内容、加深对所学内容的掌握；扩张学生的思维，增加学生思维的深度，扩大学生思维的广度，锻造学生思维的强度。决不能为了拓展而拓展，让拓展流于形式。拓

展训练也不是语文课堂教学的一种时尚点缀，而是借此来深化对文本的理解，提高学生运用语言的能力，拓展训练落脚点必须服务于课文学习目标、重点。如果无视教学目标，没有目标、没有重点地为拓展而拓展，既加重了学习负担，又使课堂教学杂而烦乱。

4.3 抓住时机拓展，关注学生学习的过程

课堂拓展教学也要适时，不能随心所欲，不能因拓展而打乱了学生对文本的学习，同时拓展还要关注学生学习的过程。《语文课程标准》一个重要的教学理念，就是要关注学生学习的过程。在学习过程中掌握方法，永远比得到结果更重要。如果教师包办代替，拓展无非是给学生提供点材料，增加教学过程而已，而达不到拓展的目的和效果。

4.4 拓展训练要讲究实效

拓展训练作为课堂教学的一个深化部分，拓展得好往往能掀起课堂教学的高潮，如果拓展不当，也容易使学生产生学习的疲惫。教师要注意拓展形式的实用、新颖，以期获得最佳效果。拓展的实用要表现在符合课文内容、学生学情，切实扩大学生视野、拓展思维，不可华而不实。我们常常看到课堂教学中让学生为唐诗配画，把语文课上成美术课之类的训练。

4.5 "语文主题学习"要抓住主题拓展的时机

有些文章内容比较简单，故事性、可读性都比较强，适合在主题学习前集中先拓展同一主题的文章。如三年级上册第六单元三篇课文都是关于"人与动物"的故事，其中《你必须把这条鱼放掉》一课，讲的是汤姆钓到了一条从未见到的大鲈鱼，由于离"允许钓鲈鱼的时间还有两个小时"，在爸爸的要求下，他很不情愿地把鲈鱼放掉了，从此他再也没有钓到过这样的大鲈鱼。但爸爸坚定的话语牢牢地刻在汤姆的心里。通过课文，让学生也会懂得不管在什么情况下，都要自觉遵守社会的规定；"润物细无声"的有效拓展应该融入语文教学的各

个环节中，课程标准提倡自主合作探究的学习方式，但对于知识和经验相对少的学生来说，学习中会遇到很多陌生或不等的知识，这样就可以在学习中及时进行拓展学习。如我在一年级教学《识字6》有关夏夜星空的一组词语时，特别是在教学生比较陌生的织女星、天牛星这些词语时，我就实时拓展了有关《牛郎织女》这一神话故事，学生通过对神话故事的了解，加深对陌生词语的印象。而对于写人一类的文章，作者一般会通过生活细节、生活场面，运用外貌、行动、语言、心理等描写手法对人物进行描写，最终展现的是一个人物的整体形象，如果教学时把课文的一个个部分拆下来细细分析理解，就很难整体把握人物整体形象，这时就需要学习后再拓展。如笔者听五年级刘老师的课，在学完《林冲棒打洪教头》课文后，刘老师除拓展《三打白骨精》外，还引导学生读名著中的有关人物介绍，通过与原著章节进行对比阅读学习，提升文章感悟，还拓展了有关抓住外貌、动作、语言、心理活动、神态等人物描写的写作方法。

4.6 主题拓展的途径

拓展的途径有很多，从学习行为上来说，途径包括由知识点到知识点的拓展、由一课到另一课的拓展、由学科到学科的拓展、由学习到生活的拓展；从文本角度来说，有体裁、作者、背景、内容、主题、写作手法、语言表达等的拓展；从思维形式上来说，有相似、相关、相反、内化的拓展等。

我们应该站在文本角度，立足文本拓展目标，选择最恰当的拓展途径，努力使拓展的有效性达到最大化。

4.6.1 倾向于内容、思想情感的拓展

我们的语文教材基本是按选文内容相通或相似为单元编排的，如写景课文、叙事课文、革命传统教育课文、古诗文，每一类课文的内容或思想情感都是有相通或相似点的，对于同一类内容或情感的

文章很适合按内容或情感拓展。如二年级下册第七单元的《鸟岛》《台湾的蝴蝶谷》《欢乐的泼水节》都是写景类的文章，在教这类写景的文章时，需要从整体上阅读理解整单元这些写景文章所要表现的内容及情感，品味整体画面所表现的意蕴，在学生建立起课文描写景物所体现的内容及情感后拓展相似写景的《美丽的校园》《秋天的果园》等文章，学生就会很容易写出高水平的文章。

4.6.2 倾向于读写结合的拓展

阅读教学中读写结合的实践性是语文教学的重要环节，读写结合既是语文教学的任务，又是语文教学的目标，语文主题拓展可以很好完成这一教学任务，达到这一教学目标。

如二年级下册《识字6》是一篇词串，属于看图读韵文识字，把表示动物名称的词语集中放在一起让学生认读，把学生引进一个神奇的动物世界。文中精美的插图形象地描绘了一些动物的形体和颜色，与文中表示动物名称的词语是一一对应的，插图还渗透了一种让动物回归自然、保护野生动物的思想。在教学完这些有关动物的词串后，老师充分利用教材中的插图，拓展了让学生说一说"看到这些自己最喜欢的动物你最想说点什么"的话题，学生不仅记住了这些有关动物的词串，还明白了自己应该保护这些动物，同时还通过学词串，锻炼了围绕话题的口语交际能力，这样的拓展真可谓一举多得。

4.6.3 倾向于作家角度的拓展

大家知道，小学生对作者的认识大都始于具体的课文。语文教材中有许多古今中外的名家名作，不妨借此机会，向学生推荐该作家的其他作品，以帮助学生全面了解其风格。如三年级课文《哪吒闹海》只是《封神演义》中的一个节选部分，将哪吒临危不惧、神通广大的形象鲜明地展示在学生面前，教师可趁机结合名著导读介绍《封神演义》，让学生去关心其他人物的形象，激起学生探知的兴趣，渐

渐地就形成以课文作者为中心的主题拓展阅读。

4.6.4 倾向于语言积累运用的拓展

《语文课程标准》提出："指导学生正确理解和运用祖国语文，丰富语言的积累，培养语感，发展思维。"在课堂上进行语言运用拓展训练有利于丰富学生语言积累、提高学生运用语言的能力。

如欣赏类、哲理类拓展阅读，拓展中可以模仿课文中的佳句进行积累与运用等方面的训练，如苏教版四年级语文教材中《九寨沟》主要介绍了九寨沟蔚为壮观的自然景色。学习课文后，教师可以组织学生开展自然景物词汇、句子大比拼的积累与运用，来表达对生活的认识、理解和感悟，把语言积累运用随时从课内拓展到生活中。

4.7 建立以促进学生发展为目标的评价体系

每教学一个单元或一篇课文，就补充与单元或课文相关的文章或背景资料、补注等，让学生充分阅读，通过这种补充和拓展阅读，促进学生对本单元本篇课文的理解学习，使学生开阔视野，活跃思维，丰富思想情感和语言积累。教学一篇课文至少要另外补充三篇左右的相关的文章让学生课内阅读。每教学一单元或一篇课文，即补充与之相关的名言谚语、古典诗文等至少两篇，让学生熟读成诵，以此体现语文教学的古今结合、雅俗结合、读背结合，丰富语言积累，提高语文素养。另外，单元课文中的优美段落、句子背诵，可采取多种形式背诵，如：上课前背一首小诗，讲解诗意……除规定的课外诗词，可另外根据文章内容补充诗词。通过主题丛书的作业对学生进行考评，利用阅读整本书取得通关证书来激励学生提高阅读能力，再结合学校的阅读达级，让学生多读书、读好书。

加强学生朗读及写作能力的培养，为学生终身发展奠基。主题写作的实质是加强作文、阅读和现实生活的联系。每教完一篇课文或一个单元并诵读了相关的文章，学生有所体验感悟之后，进行相关的写作练习。

开展主题实践活动。每教学一个单元或一篇课文，即围绕主题开展综合性的学习实践活动。如我校举行的"每周一冠"活动和阅读大赛。

4.8 实践研究课例成效及分析

4.8.1 学生的阅读兴趣大大提高

一摞摞的通关证书是他们阅读的见证，课间里默默看书的学生越来越多（图1）。

图1 通关证书

4.8.2 拓展了学生的阅读时空

"语文主题学习"教育模式以学生为本，特别注重学生的自我探求、自我内化，变"要我学"为"我要学"，变"学会"为"会学"，因而具有较强的学习能力。学生阅读理解能力上都明显提高；写作水平也有很大提高。

表1 105班（总53人）阅读理解及写作能力前后测对比

等级	人数	
	前测	后测
差	16	6
一般	22	11
好	10	20
很好	5	16

5　得到的启示

启示一：教材是最好的阅读范本，也是最好的课程资源。我们在引导学生进行拓展时，应当从教材文本的特点着手，琢磨编者的编写意图，研究作者的写作意图，而不能忘了教材这个"本"，否则，拓展将会南辕北辙。

启示二：进行课内拓展阅读让学生真正在课内最大限度地提高阅读量，达到课标的阅读要求，主题拓展的目标、重点更应该是围绕文本的目标、重点展开。离开了文本过度发挥，语文课就会打水漂。学生也只有在对课文进行了深刻理解、感悟和体验之后，在已建构起自己对文本的认知后的拓展才能更好地接受并运用相关知识。

启示三：无目标的拓展不是拓展，只是课堂游戏。语文主题学习需要拓展，但是拓展必须要有明确的目标：围绕所学内容，达到扩展教学内容、加深对所学内容的掌握；扩张学生的思维，增加学生思维的深度、扩大学生思维的广度、锻造学生思维的强度。决不能为了拓展而拓展，让拓展流于形式。拓展训练也不是语文课堂教学的一种时尚点缀，而是借此深化对文本的理解，提高学生运用语言的能力，拓展训练落脚点必须服务于课文学习目标、重点。如果无视教学目标，没有目标、没有重点地为拓展而拓展，既加重了学习负担，又使课堂教学杂而烦乱。

启示四：拓展训练作为课堂教学的一个深化部分，拓展得好往往能掀起课堂教学的高潮，如果拓展不当，也容易带来副作用。教师要注意拓展形式的实用、新颖，以期获得最佳效果。拓展的实用要表现在符合课文内容、学生学情，切实扩大学生视野、拓展思维，不可华而不实。

总之，语文主题学习拓展，一定要重视拓展的有效性。必须认识到，课堂拓展只是教学的一种形式与手段，它必须服务于教学内容与教学目标。为拓展而拓展，会导致课堂失去方向。语文主题拓展的要求、时机、内容途径等都要围绕文本来展开，把拓展融入文本教学的环节中来，成为文本教学的有机组成部分，既要立足课文，又要跳出课文，拓展既要"放"得出去，也要能"收"得回来，让学生在拓展时摘取新知识应用之果，去获取更大的创造能力，这样才能让语文主题拓展走稳走实，真正做到能培养学生的语文素养。

参考文献：

[1]武永明.关于个性化阅读相关问题的思考[J].语文建设，2007（8）：10-12.

[2]屈伟忠.强化阅读教学的原文意识[J].语文教学通讯（高中刊），2007（5）：20.

[3]李志清.阅读教学中的课堂活动设计策略[J].语文建设，2007（7）.

[4]孔爱玲.读书会：一种行之有效的阅读教学模式[J].语文建设，2007（1）：42-43.

[5]秦昌利，周永红.运用线索 牵动全文——例谈阅读教学设计的几种手法[J].新语文学习（中学教师版），2007，71（1）：70-71.

[6]李英杰.阅读教学实效性不高的原因及对策[J].语文建设，2007（9）：35-37.

作者简介：孙宏，西海岸新区香江路第二小学，二级教师

联系方式：1321827789@qq.com

第三章

协调、绿色发展，
建设开放、共享的生态文明城市

借鉴先进经验，推进青岛公共数据开放共享立法

刘振磊

摘要：公共数据已经成为信息社会的一种重要生产要素，更是增强数字社会治理能力、发展大数据产业的重要依托。在公共数据开放共享方面，青岛应当遵循数字技术发展普遍规律，积极借鉴国内外成熟经验，大力推进公共数据开放共享立法，以立法规范、促进地方公共数据的共享和利用。

关键词：公共数据；开放共享；地方立法

公共数据开放共享是信息社会的一种重要的资源利用制度。如何有效地推动公共数据开放共享，在开放共享的发展中维持信息安全、促进社会优化治理，既是经济运行效率的重要体现，更是关系各级政府效能、促进政府开放透明的重要问题。

1　公共数据开放共享立法的重要意义

从各国实践经验来看，公共数据开放共享的作用主要体现在三个方面：一是丰富信息资源，促进企业创新和经济增长；二是改善政府效能，提升民众参与水平；三是提高社会透明度，增进理解并凝聚共识。因此，公共数据开放共享对企业、政府和社会各方均具有重要价值。

1.1　公共数据开放共享立法是互联网时代的必然选择

据中国互联网信息中心统计，到2020年3月，我国已经有网民9.04亿，互联网普及率达到64.5%[1]，我国已经是名副其实的互联网大国，民众普遍具备了网络获取信息的能力，公共数据的开放共享具备了足够广大的市场和大众接受度。经过多年来的信息化建设，我国各级政府部门电子政务建设取得了长足进步，各种公共信息电子化工作基本完成，互联互通建设大大提速，具备了开放共享的硬件基础与技术能力。各级政府部门协同共享意识大大增长，信息互联互通的主动性、积极性迅速提高，相关制度架构正在迅速构筑与完善，各地政府普遍成立了大数据局，作为政府统一的公共数据归集、存储和发布机构，我国公共数据开放共享正在进入新时代，走进快车道。

1.2　各地正在抓紧推进公共数据开放共享立法进程

2018年1月，中共中央网络安全和信息化委员会办公室等三部门联合印发了《公共信息资源开放试点工作方案》，在北京、上海等地开展公共信息资源开放试点工作。这一方案明确提出要加强制度创新，各试点地区应当探索建立配套规章制度，并对试点授权保持开放性，其他各省（区、市）均可自行组织开展试点。[2]可见，我国在公共信息资源开放实践上，走了一条中央授权、地方探索的路子，因此，地方在这一领域的探索具有更多的自主选择权。

应当指出，互联网经济是法治化经济，我国形成了以《保守国家秘密法》《网络安全法》等基本法为统领的保密法律、法规体系，但在信息开放共享领域，缺乏基本的"信息公开法"和"个人信息

保护法"，目前只有《政府信息公开条例》《政务信息资源共享管理暂行办法》等国务院法规领衔作为信息公开、共享的法律依据。因此，从总体上来看，这一立法短板构成了对大数据事业发展的强力制约，缺乏法律保障的公共数据自然倾向于走向封闭运行，难以得到最大化的优化利用，成为沉睡在数据库中的休眠"金矿"。

经过近20年的发展，各地都在大力推进电子政务建设，特别是在经济转型的新时代，各地高度重视公共数据的开放利用，大数据产业在贵州、上海等地蓬勃兴起。大数据产业急需法律、法规保驾护航，在中央政策精神指引下，一些地方已经开始探索进行地方立法，从先行先试的角度为国家公共信息开放共享提供立法经验。在这方面，贵州省和上海市走在了全国前列。

2　先进地区公共数据开放共享的立法经验

公共数据的开放共享已经成为信息时代各国普遍推动的重要工作，在发达国家和地区已经有大量的实践经验。最近10年来，随着大数据产业的蓬勃兴起，我国一些省市也开始积极部署公共数据开放立法，这些都为后来者提供了充分的经验。

2.1　美国公共数据开放共享立法实践

从全球范围来看，公共数据开放运动肇始于美国。2009年1月，美国总统奥巴马签署了《开放透明政府备忘录》，以此为发端，各国纷纷开始探索公共数据开放共享，形成了一股公共数据开放共享热潮。

在立法方面，美国公共数据开放共享立法实际上继承了《信息自由法》（1966）、《隐私法》（1974）、《阳光下的政府法》（1976）、《电子通讯隐私法》（1986）和《电子信息自由法》（1996）等立法所确立的行政信息公开与个人隐私保护原则，并结合数字技术的发展进行更新立法。2018年12月，

美国国会两院通过了《开放、公开、电子化及必要的政府数据法》（又称《开放政府数据法》），2019年1月，这一法案经美国总统特朗普正式签署生效，要求联邦机构在可能的情况下默认公开数据（和元数据），数据格式为机器可读并可自由重复使用。

2013年6月，在北爱尔兰召开的八国集团峰会上，与会各国签署了《开放数据宪章》，以此为指导原则，各国纷纷制定了自己的公共数据开放计划，将公众的需求放在重要位置，在与公众意见的积极互动中抓紧推进本国的数据开放工作，公共数据开放已经成为当今世界各国的共同趋势。

2.2　我国地方公共数据开放共享立法探索

2.2.1　贵州省的公共数据立法实践

在地方立法方面，贵州省的公共数据开放共享立法走在全国前列。2016年1月发布的《贵州省大数据发展应用促进条例》明确将公共数据定义为"公共机构、公共服务企业为履行职责收集、制作、使用的数据"，在公共数据开放范围上，条例实行负面清单制度，除法律法规另有规定外，公共数据应当向社会开放。

2017年4月发布的《贵阳市政府数据共享开放条例》是我国第一部公共数据开放共享地方性法规。这一条例具体规范了公共数据的采集、共享和开放流程，明确了各方权利、责任和义务。2018年1月发布的《贵阳市政府数据共享开放实施办法》是我国第一部公共数据开放共享地方政府规章，构建了较为系统的地方城市政府数据共享开放制度体系。贵阳市立法的局限在于将数据来源局限于政府数据，而未涵盖公共事业、企业单位的公共数据。

2.2.2　上海市公共数据开放共享立法实践

自2012年起，上海在全国率先探索公共数据开放工作，我国地方首个政府数据开放平台上海数据服务网在同年6月上线运行。此后，上海制订了明确具体的政府数据开放年度计划，每年都有重点领域清单，政务数据开放工作扎实、细致，稳步深

化。2017～2019年，上海连续三年在第三方测评的中国地方政府数据开放排名中位列第一。[3]

2019年8月发布的《上海市公共数据开放暂行办法》，将公共数据定义为"本市各级行政机关以及履行公共管理和服务职能的事业单位在依法履职过程中，采集和产生的各类数据资源"，与贵阳市立法相比，公共数据范围有了进一步扩大，但仍未将承担公共服务职能的企业单位公共数据纳入规范范围。

3　总结各方经验，推进青岛地方立法

就公共信息资源的整合来说，青岛的确走在了前头；但青岛缺乏阿里、腾讯这样的数据标杆企业，在对社会的开放共享特别是在企业对公共信息资源的利用方面还难言乐观。青岛应当充分把握三部委的政策精神，积极推进地方公共数据开放共享工作，加快推进相关地方立法工作，做到重大改革事项于法有据，以科学立法引领地方发展，依法推进公共数据开放共享工作，为青岛大数据事业发展提供强有力的法律保障。

3.1　充分总结青岛公共数据统合经验

青岛电子政务发展一直走在全国前列，青岛政务网是全国第一个严格意义的政府网站，在近18次的全国政府网站绩效评估中，11次荣获全国第一。[4]青岛公共数据开放网集成在"山东省公共数据开放网"平台之内，到2020年6月初，青岛已经开放48个职能部门、10个区市、2979个数据集、7528个API服务、2000余万条政府数据。

青岛在电子政务方面具有先行先试的宝贵经验，在公共信息统合方面为全国树立了青岛模式。20余年来的电子政务经验，将为公共数据开放共享立法提供强有力的实践基础。我们应当充分总结青岛电子政务发展的优秀经验，在地方立法中充分发扬既有优势，形成青岛市公共信息开放共享的立法

的自身特色。

3.2　充分借鉴域外立法经验，统一立法思路

3.2.1　以开放共享为立法原则

建议青岛立法采用负面清单形式，对公共数据不予开放内容进行列举式排除。从各国立法经验来看，一般是以"负面清单"形式列举不开放项目，其余项目均可开放。一般禁止开放项目为涉及国家秘密、商业秘密和个人隐私信息，这是公共数据开放的安全底线。比如，美国法律规定，国防或外交秘密、第三方商业机密、单位或组织内部文件、个人数据、金融管理信息、油田地质信息和地球物理信息等九类数据资源不予开放，其余应无保留面向社会开放。[5]

3.2.2　遵循循序渐进路径

建议青岛立法采用优先开放高价值数据的办法，循序渐进回应社会数据需求，逐步开放其他数据。国际上通常将与生产生活密切相关的数据作为高价值数据，要求优先开放。八国集团《开放数据宪章》要求各国遵循"开放数据成为规则""注重质量和数量"原则，积极推进地球观测、教育、能源与环境、健康、统计等14个领域的高价值数据开放。为了落实这一宪章，八国均推出了相应的行动计划，细化了对《开放数据宪章》的落实，在这一过程中各国均高度重视，提供全面的元数据以方便数据查询并鼓励社区参与合作。

3.3.3　畅通沟通渠道，加强互动交流

建议青岛立法机关完善公众互动渠道，保持紧密的社会沟通，不断回应社会数据更新需求。各国公共数据立法过程中高度重视与民众的互动交流，设置了专门的互动渠道，从而有效接收民众需求、积极改进数据开放工作。以德国为例，在《开放数据宪章——德国行动计划》的指导下，德国联邦政府力求建立一个经常性的、有规律的对话机制，特别重视与民间社会团体、经济界、媒体领域和科学界进行对话，并积极参与国际对话，全面推进内部合作[6]。

3.2.4 强化数据安全与隐私保护

青岛市地方立法应当在强化数据安全与隐私保护的基础上，积极推进公共数据开放共享。一方面，应积极运用最新数字与网络技术，借鉴先进地区数据安全保护经验，通过数据来源主体责任、共享平台技术把关等多种形式，大力推进数据安全防控体系建设。另一方面，应当高度关注我国个人信息保护法、数据安全法的立法进程，强化对域外隐私保护经验的借鉴和吸收，不断强化对个人隐私的保护力度。

参考文献：

[1]中国互联网信息中心.第45次《中国互联网络发展状况统计报告》[R].2020-04-28.

[2]中央网信办、发展改革委、工业和信息化部联合开展公共信息资源开放试点工作[EB/OL].http://www. cac.gov.cn/2018-01/05/c_1122215495.htm，2018-01-05.

[3]上海市人民政府.关于《上海市公共数据开放暂行办法》的解读[EB/OL].http://www.shanghai.gov.cn/ nw2/nw2314/nw2319/nw41893/nw42230/u21aw1401306. html，2019-09-10.

[4]全国政府网站绩效评估结果发布，"青岛政务网"再获第一[EB/OL].http://sd.people.com.cn/ n2/2019/1212/c386910-33627522.html，2019-12-12.

[5]姜涵."互联网＋"时代如何确定公共数据开放范围？[N].人民邮电，2015-07-13（007）.

[6]周民.电子政务发展前沿：2018[M].北京：中国市场出版社，2018.

作者简介：刘振磊，青岛市社会科学院，副研究员

联系方式：skylzl@126.com

突发事件传播中微信公众号的舆情监测研究
——以青岛12345热线微信公众号为例

公　静

摘要：危机传播中，微信是了解和掌握舆情的重要媒体。本文以青岛12345微信公众号为研究对象，研究其在新冠疫情期间的舆情信息收集情况和问题。主要存在问题有存在感弱、反应缓慢、页面设计缺少人性关怀和受众互动少等。针对以上问题，提出相应的传播策略、改进路径和建议，包括提高重视、功能升级、内容改革和吸粉四个策略，以期为该微信公众号日后的发展提供借鉴与参考。

关键词：公众号；现状及问题；传播策略

新冠肺炎疫情期间，社会环境不确定、信息混乱以及谣言增多，人们趋向寻求官方权威信息。个别地方政府在疫情信息反馈上指向不够明确，对民众如何反馈以及通过什么渠道反馈缺乏有效指导。本文以青岛12345热线的微信公众号为研究对象，研究政府在突发公共卫生事件的危机传播中利用微信公众号进行舆情监测与收集的情况，并提出应对策略。

微信具有庞大的用户基数，据统计，2019年首季微信及WeChat的合并活跃账户数达11.12亿，同比增长6.9%[1]。社会在发展，更多的年轻人以微信作为社交平台，打电话的次数明显减少，12345热线微信公众号不应仅仅作为热线的补充形式，而应是舆情反馈的重要新媒介。

1　研究概述

以青岛12345热线微信公众号为研究对象，样本选定时间区间为2020年1月1日～2020年2月29日。结合危机传播的特点，主要从信息推送、传播内容、公众号版面设计三个方面进行研究。

2　研究内容

2.1　信息推送

2.1.1　推送频次和数量

两个月内，青岛12345公众号共计推送8次，每周推送1次，每次3～4条信息（图1）。疫情期间，推送频率、数量基本不变。纵观同时期的全国其他城市的12345公众号，平时推送的频次跟青岛基本一致，但是新冠疫情爆发之后北京12345公众号每次推送条数增加到7～8条，增加一倍。

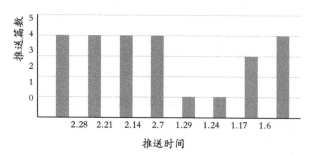

图1　青岛12345微信公众号的
推送时间和推送数量

2.1.2　推送形式

微信公众号的信息基本上以图文结合的形式推送，也有少量视频内容，比较新颖的就是宣传新冠肺炎的时候增加了漫画。形式较单一，以文字描述为主。

2.1.3　信息发布时间和时机

推送的时间多在下午4~5点，只有极少数在上午10点左右。通常来说，这个时间段受众都在忙着上班或准备下班，而下班回到家之后这些推送信息又可能被新近推送淹没。青岛12345公众号在1月29日第一次提出关于疫情的文章是转发的青岛市政的《疫情当前，12345热线发挥出独特作用》，与青岛政务网、新闻网等媒体公众号相比，未能在第一时间发布消息，缺乏时效性。

2.1.4　阅读人数

截止到2020年2月，青岛12345公众号推送的25条信息的阅读人数如图3所示。消息的篇均阅读人数在2000左右，峰值出现在1月6日。当日两篇文章的阅读人数均在9000左右，1月29日推送信息的阅读人数在7500左右，而此后时间推送的内容阅读量一路走低。可见，公众号的粉丝基数大，但活跃度较低，疫情期间不活跃、存在感弱。

2.2　传播内容

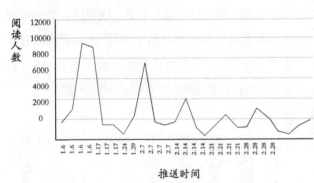

图2　青岛12345微信公众号推送信息的阅读人数

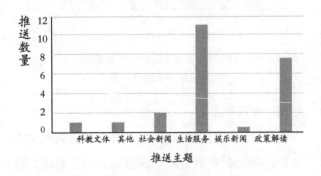

图3　青岛12345微信公众号的推送议题

2.2.1　议题设置

青岛12345公众号推送内容议题不多，主要分为生活服务、政策解读、社会新闻、科教文体和其他等（如图3），这种传播内容设置符合12345公众号的政务服务定位。

2.2.2　头条设置

1月29日，12345微信公众号的头条是《热线回音——您关心的有关疫情防控问题，12345帮您解答》，契合社会舆论热点，也体现了12345热线的融媒体功能，但是缺乏吸引力。

2.2.3　篇幅

现代社会是信息爆炸的时代，碎片化阅读，信息要简短精练。国务院关于政务微信的规定：限定发布字数为680字（含标题及标点符号），就是充分考虑到这一点。青岛12345公众号推送的文章字符较多，七八千字的推送着实让人很难看完。

2.2.4　语言风格

因为政府官媒的原因，12345公众号语言风格比较严肃，而微信用户以年轻人为主，而年轻人大多钟情于轻松、幽默和具有鲜明特色的语言风格。

2.3　公众号版面设计

青岛12345公众号版面有三个导航栏：微诉、营商环境和微服务。整体设计比较刻板，不够人性化，譬如导航栏微诉求和经商环境的异同，让人倍感迷惑。

疫情发生之后，导航栏也没有进行变更。而全国很多其他城市的12345公众号，如深圳、北京都新增了疫情栏目，包括疫情专区和疫情线索上报等。特别是深圳在民生服务栏目新增了很多服务百姓的程序内容，如车辆往返登记、返深隔离、防控专家咨询。青岛12345公众号没有针对疫情进行迅速反应变更，而且导航栏的设计缺乏人性化考虑，跟受众的互动较差。

2.4　小结

疫情期间青岛12345公众号存在感弱、反应缓慢、页面设计缺少人性化以及与受众互动少，导致它的政府沟通和政务服务优势没有充分发挥出来。2月28日疫情期间的政府公开信已经意识到这个媒介在信息反馈方面的重要性。

3 应对策略

3.1 思想上重视

思想上提高重视，明确公众号舆情收集与政务服务的定位，尤其是政策解读与服务反馈的功能。微信受众群庞大，随着时代的发展，越来越多的青岛人通过公众号进行投诉维权。

3.2 功能上升级

首先，优化导航栏，增加便民服务窗，并根据社会变化随时调整；其次，设置舆情监督员，针对城市事件和社会热点快速反应，增加推送次数、改变推送时间和时机，使之更符合市场规律和阅读习惯；最后，微信公众号互动性差的一个重要原因是缺少人性关怀，人与机器的互动注定是没有温度的，设立人工客服将是重要的突破点，针对重要问题及时反馈。

3.3 内容上改革

高质量的内容输出是关键，信息不仅"有用"更要"有趣"。首先，以议题设置、政策解读和生活服务为主，在受众头脑中抢占有利定位；其次，形成青岛特色鲜明的语言风格，方言和自我调侃都可以，有趣有用的信息受众会主动转发，年轻受众反感"权威"，应避免严肃刻板"面相"。

3.4 行动上吸粉

虽然作为政务服务窗口的青岛12345公众号"背靠大树好乘凉"，但是吸纳更多粉丝才能形成强大的传播力和服务能力。一是广告引导，"酒香也怕巷子深"，利用多种途径进行自身宣传；二是粉丝转化，放下政府官媒的架子，制造话题、跟热点都是不错的策略；三是利用好用户评论区，加强与粉丝的互动。

参考文献:

［1］中商产业研究院.2019年~2023年中国即时通信行业市场前景及投资机会研究报告［EB/OL］http://www.askci.com/news/chanye/20190719/1740111150063.shtml, 2019-07-19.

［2］席正，周冯洁.都市报微信公众号的运营策略——以《南方都市报》《大河报》为例［J］.新闻世界，2020（2）：73-76.

［3］曹树金，王雅琪.图书馆微信公众号图书阅读推广文章采纳行为影响因素［J/OL］.图书馆论坛：2020，1-13.［2020-03-04］.

［4］赵乃瑄，刘佳静，金洁琴，吕远.基于信息传播行为的高校新媒体影响力评价研究——以微信为例的实证分析［J/OL］.情报理论与实践，2020:1-11.［2020-03-04］.

［5］张晶晶.传统媒体公众号如何转换思路重构新闻［J］.青年记者，2019（35）：50-55.

作者简介：公静，青岛滨海学院，讲师
联系方式：56907794@qq.com

从编辑和读者视角探讨期刊论文学术不端行为

罗　璇　陈　洋　刘　娇

摘要：近年来，论文学术不端行为在我国学术界频繁出现，导致国际知名出版商公开撤稿事件时有发生，对我国科学研究道德建设带来了巨大冲击，造成了负面影响，同时也使公众舆论对学术界的可信度产生了质疑。本文通过综述行业标准资料和已有研究报道，梳理并阐述了学术不端行为在论文生成不同阶段的表现形式，并结合笔者实际工作经验和体会，从编辑和读者的双重视角深入分析并探讨了期刊论文学术不端的产生机理及其危害，以期引起科研管理人员的高度重视，唤起学术论文作者的自觉认知，争取从源头减少学术不端现象的发生。

关键词：期刊论文；学术不端；表现形式；成因；危害

学术不端现象一直是象牙塔殿堂里的阴暗地带。早在20世纪80年代初，科学史上重大学术不端行为案例就被William Broad和Nicholas Wade当作学术界的丑闻以著作 *Betrayers of the Truth: Fraud and Deceit in the Halls of Science* 的形式暴露于大众视野，引起了广泛关注。[1]我国在经济迅速崛起和科研事业蓬勃发展的道路上似乎也难逃学术不端事件的侵染，特别是2015~2017年英国现代生物出版集团（BioMed Central, BMC）、Springer、Elsevier等先后宣布撤销旗下期刊已发表的220多篇论文（其中97%来自中国大陆作者），此事件更是把我国的科研诚信推到了舆论的风口浪尖，在国际舞台上被打上了"学风浮躁、学术失范"的标签，严重影响了有关领域与世界的合作。[2]

带着学术期刊编辑和读者的双重身份，笔者对期刊论文学术不端的表现形式进行了梳理，并结合实际工作中的经验和体会探讨了其成因和危害，希望唤起科研工作者和科研管理人员等学术命运共同体的自觉认知和高度重视。

1　学术不端的定义和期刊论文学术不端的表现形式

科研诚信（Research integrity）被定义为"科研人员遵守规则或法律、条例、指导方针和各研究领域公开的专业守则和规范"，而所有侵犯这些标准的行为就被称为科研学术不端（Research misconduct或Scientific misconduct）。[3]学术不端行为可能会发生在科研项目实施和人员活动的各个环节，包括项目申报、审批、执行和结题，科研工作者的职称晋升、奖励申报、学位申请和论文发表等。其中学术论文作为科研成果被公之于众的载体，因受到读者监督而更容易暴露出学术不端行为。笔者根据中国知网2012年编制的《学术期刊论文不端行为的界定标准》[4]和国家新闻出版总署2019年颁布的《学术出版规范—期刊学术不端行为界定》[5]，并结合自身工作经验和体会，将学术不端行为在期刊论文形成各阶段的不同表现形式进行了梳理和阐述（表1），使之更加直观明了。

如表1所示，学术不端行为在论文撰写、投稿、

表1 学术不端行为在期刊论文形成各阶段的具体表现形式

阶段	行为名称	具体表现	行为产生者
撰写	剽窃和抄袭	①将他人或已发表文献中观点、数据、图片、音视频、公式、实验方法、引文、文字表述等直接或加工（修改、删减、拆分、重组、添加内容、改变形式或排序、增强或弱化）后使用，却不加引注或说明； ②大量（过度）引用或整体使用他人已发表文献； ③未经许可使用他人已公开但未发表的观点、方法、数据和图片，或获得许可但不加以说明； ④使用自己已发表的文献或已答辩的学位论文却不加引注或说明	作者
	伪造	①编造不以实际调查或实验取得的数据、图像； ②伪造无法通过重复实验而再次取得的样品； ③编造不符合实际或无法重复验证的实验方法和结论； ④编造能为论文结论提供支撑的参考文献和资料（虚假引用）； ⑤编造作者信息和论文研究的支撑课题； ⑥人造或软件生成假论文	作者或第三方机构
	篡改	①故意改变、挑选和删减数据、原始调查记录，使其本意发生改变； ②拼接或用软件改变图像获得不符合实际的图像； ③改变所引文献的本意，使其支持自己的观点	作者
	代写	委托第三方机构或者与论文内容无关的他人代写。	作者或第三方机构
	不当署名	①将对论文所涉及的研究有实质性贡献的人排除在作者名单外； ②未对论文所涉及的研究有实质性贡献的人列入作者名单； ③未经他人许可不当使用他人署名； ④提供虚假的作者相关信息（职称、单位、学历、研究经历等）； ⑤作者排名不能正确反映实际贡献； ⑥署名转让	作者
	违背研究伦理	涉及的研究未按规定获得伦理审批，或不能提供相应审批证明	作者
	其他	①加入实际未参考过的文献； ②将转引自其他文献的引文标注为直引； ③未以恰当方式对他人提供的研究经费、实验设备、材料、数据、思路、未公开的资料给予说明； ④未经许可，使用需要获得许可的版权文献； ⑤使用多人共有版权文献时，未经所有版权者同意；经许可使用他人版权文献，不加引注或引用文献信息不完整，或超过允许使用的范围或目的； ⑥违反行业或单位保密规定	作者
投稿	一稿多投	①将同一篇论文或只有微小差别（如论文题目、关键词、摘要、作者排序、作者单位不同，或论文正文有少量内容不同）的多篇论文同时投给多个期刊，或在投稿后的约定或法定期限内原封不动或稍做修改后转投其他期刊； ②在不做任何说明的情况下，将自己已经发表的论文，原封不动或做些微修改后，再次投稿	作者
	代投	委托第三方机构或与论文内容无关的他人代投	作者或第三方机构
	违反保密规定	作者在投稿后发表前不按约定向他人或社会泄露论文关键信息，侵犯投稿期刊的首发权	作者

（续表）

	伪造评审意见	伪造推荐的评审专家信息（姓名、单位和邮箱地址），自己或请他人冒充评审专家填写评审意见	作者或第三方机构
同行评议和编辑加工	干扰评审程序	①作者在非匿名评审程序中干扰期刊编辑、审稿专家，或向编辑推荐与自己有利益关系的审稿专家。②审稿专家无法完成评审却不及时拒绝评审或与期刊协商；不合理地拖延评审过程；在非匿名评审程序中不经期刊允许，直接联系作者；干涉编辑的发表决定；擅自请他人代自己评审。③编辑私下影响审稿专家的评审决策，或无理由无视、否定、故意歪曲审稿专家的审稿意见，影响稿件修改和发表决定	作者、编辑或审稿专家
	提供违背学术道德的评审意见	①对稿件中的实际缺陷、学术不端行为、伦理问题视而不见；②对作者的非学术因素提出评审意见	编辑或审稿专家
	违反利益冲突规定	①隐瞒与所评审论文作者的利益关系；②编辑故意选择与投稿作者有利益关系的审稿专家，或审稿专家故意向编辑推荐与稿件存在利益关系的其他专家；③不公平地评审存在利益冲突的作者的论文	编辑或审稿专家
	违反保密规定	①审稿专家或编辑在评审程序之外擅自与他人分享或公开所审或所编辑但尚未发表的稿件内容和研究成果；②编辑在匿名评审中故意透露论文作者、审稿专家的相关信息；③违背有关安全存放或销毁稿件和电子版稿件文档及相关内容的规定，致使信息外泄	编辑或审稿专家
	盗用评审稿件内容	①审稿人未经论文作者、编辑的许可，使用自己所审的未发表稿件中的内容，或者经同意许可后使用了却不加引注或说明；②编辑未经论文作者许可，擅自使用自己负责编辑但尚未发表稿件中的内容，或经作者许可使用后却不加引注或说明	编辑或审稿专家
	谋取不正当利益	①利用评审中的保密信息、评审的权利左右发表决定来获得个人、职业上的利益或不正当利益；②扩大征稿用稿范围或压缩篇幅单期刊载大量论文，谋取不当利益；③直接或与第三方机构合作买卖期刊版面	审稿人或编辑、第三方机构
发表	拆分发表	将基于同一项主题、数据、资料、调查、实验或研究的可一次性发表的结果拆分成若干可发表单元发表，破坏了研究的完整性（阶段性研究成果除外）	作者
	重复发表	①未做任何说明，在论文中大量重复使用自己已经发表论著中的文字内容、调查或实验结果、图像；②将实质上基于同一实验或研究的论文，每次补充少量实验数据或资料后，多次发表方法、结论雷同的论文；③合作研究中，合作者就同一调查、实验结果，发表方法、结论明显相似或雷同的论文	作者

同行评议、编辑加工和发表阶段中都能以不同的形式发生，而且不同阶段其行为的主要产生者不同。由此可见，对于论文学术不端现象，仅仅靠作者"文责自负"是不够的，编辑、审稿专家和第三方产业链应该与作者"文责共负"。例如在前文中所提到的2015～2017年知名出版商连续撤稿事件中，不仅作者和伪造同行评议意见的第三方机构产业链受到舆论的指责，期刊编辑的把关不严也同样被诟病。

2 学术不端行为产生的原因

产生学术不端行为的原因非常复杂，引发了各领域的关注，对此开展研究的人员涉及伦理学、心理学、社会学、教育学、管理学等多个专业。笔者基于前人的研究成果，结合自身工作体会，将论文学术不端行为产生的原因归纳为以下几个方面。

2.1 学术评价体系制度的不合理助长了作者的急功近利

学术研究领域所采取的现行评价体系大多仍是以注重发表论文数为主，发表数量足够多的论文对于科研工作者（包括研究生）来说往往意味着会获得更多的个人利益。但是，这些评价体系制度的要求在各行业领域往往难以切合实际，特别对于医学研究领域，其中的不合理性表现得更加明显。我国医护人员和病人比例相较于部分发达国家原本就失调，医护人员需要将几乎所有的工作时间花在门诊、病房和手术室，根本无暇顾及做实验和写文章，但医护人员的职称晋升和绩效考核也和文章挂钩，而他们在本职工作上的付出却很难得到量化和重视。除了不同研究领域，笔者认为在同一领域的不同专业采用同样的学术评价标准也有欠合理。因为不同研究专业的论文产出周期可能存在差异，有些专业的研究从实验设计到获得足够的数据仅仅需要几个月的时间，而有些专业则需要开展一年甚至更长时间的调查和研究才能够写出满足发表要求的

论文，所以后者就可能为了竞争而采用不端手段。

王福军等[6]认为利益驱使是导致科研工作者学术不端的原因之一，笔者则认为利益很多时候也可以成为正能量驱使人们更加努力地去奋斗和付出，只是不合理的评价体系导致个别在竞争中处于劣势的科研工作者变得急功近利。

2.2 作者学术规范意识淡薄和缺乏自律性

科研工作者和研究生是学术期刊论文的主要作者，他们在学业和职业生涯中却很少获得系统性的学术规范教育，大多缺乏对学术不端相关知识的全面了解，甚至即使产生了学术不端行为也不自知，更意识不到其后果的严重性。赵令锐等[7]报道，被调查的科研工作者中，只有11.2%表示对科研道德和学术规范了解较多，46.5%表示只了解一些，而其余都处于"了解很少"或"基本不了解"的状态。肖仁桥等[8]采用情景调查问卷发现，面对严重学术不端行为时，在校研究生在同情程度和受惩罚程度两方面都处于摇摆不定的状态，说明研究生学术道德意识较为薄弱，缺乏明辨是非的能力。

但是，有些作者缺乏自律性，他们虽然能意识到自己的学术不端行为却仍然选择铤而走险、违反学术道德，这种有意为之的做法比起前者其行为更加恶劣。郭鹏等[9]认为科研人员因缺乏创新精神、研究能力不足或思想懒惰而产生学术不端行为，笔者则认为学术道德的失范和作者的科研素质、能力高低关系不大，而和其学术道德品格有关，所以无论是科研能力出色的院士、教授还是行政能力受到肯定的校长、院长都有可能会牵扯到学术不端事件中。[10]

2.3 期刊编辑和审稿专家玩忽职守

期刊编辑和审稿专家是科研成果的"守门人"和学术诚信的"吹哨人"。[11]存在学术不端行为的论文本应被期刊编辑、审稿专家通过专业技术和知识甄别出来并拒之门外。但是，有些期刊编辑和审稿专家可能由于自身职业素养不够、技术能力欠缺，无法识别学术不端行为而导致这些"漏网之

鱼"得以发表；或者他们带着作者"文责自负"的心态在稿件把关上有所疏忽；更有甚者，可能会出于利益驱使和环境的压力违背自己的职业道德，做出学术不端行为。正如国外舆论报道标题所说的"科学'守门人'言行不一"[11]，期刊编辑和审稿专家的玩忽职守，更加助长了某些作者学术不端行为的猖獗。

2.4 缺乏有效的监管惩罚制度和措施

道德对人类的行为仅起到非强制性约束的作用，而法律则是强制性的。在一些发达国家，执行了很多年的法律条款约束才能培养出人们的基本道德和习惯，他们针对学术不端现象已经形成了比较成熟的法律监管和惩罚制度，所以一旦学术不端行为被曝光，当事人基本就告别了自己的职业生涯，甚至因无法承受社会道德和舆论的指责而自杀。[12]

在我国，虽然2015～2018年，中国科协和教育部、中共中央办公厅、国务院办公厅等多部门先后颁布了《发表学术论文的"五不准"》《关于优化学术环境的指导意见》和《关于进一步加强科研诚信建设的若干意见》，2019年惩戒学术不端更被首次写入十三届全国人大二次会议的政府工作报告中[13]。但是它们并不像法律条款那样具有强制性措施，很难被有效落实和执行；同时，我国也缺乏专门的第三方学术不端监管、调查和惩治机构。在这种情况下，发现论文学术不端行为的读者和编辑因没有能力开展调查取证，并担心陷入损害被举报人的法律纠纷中而不愿举报，或仅退稿处理。有些科研院校内部发现有学术不端现象，也因不愿影响本单位的社会形象和声誉而小而化之；更有甚者是那些无法律监管和约束的第三方机构，利用作者的利欲熏心和道德失范形成了论文买卖、代写代投的巨大产业链。据武汉大学副教授沈阳披露，2007年我国买卖论文产业规模约为1.8亿元，到2009年其销售额近10亿元，规模膨胀了5.5倍。[14]前文中所提到的撤稿事件就是第三方机构所为，但至今他们仍然逍遥法外。

3 期刊论文学术不端行为的危害

所有科学研究活动都应建立在诚信的基础上，期刊论文作为科学研究的成果被读者学习和使用，建立在错误数据基础上的知识和技术不仅会误导大众的认知，甚至可能造成严重的后果。

3.1 破坏科研学者的大众形象

科研工作者在大众的心目中往往代表着知识理论的权威，正如钟南山院士在新型冠状病毒疫情期间如定海神针般稳定民心一样，大众对所有领域的科学家们充满了信任和敬意。但是，极少数人的学术不端行为随着舆论曝光，极大破坏了所有科研学者在大众心目中的形象，使大众对新的科学发现和技术成果产生怀疑。

3.2 使科研活动中的评价体系有失公平

鉴于目前很多科研活动的评价体系都是以论文数量为指标，论文学术不端行为的发生势必会使这些评价活动丧失公平性、客观性。[6]埋头苦干、踏实勤恳的科研人员可能需要很长一段时间的积累才能产出一定数量的论文成果，而那些投机取巧、以不端手段发表出许多学术论文的人却在学业和职业道路中更快地得到相对更多的利益。

3.3 阻碍科研创新

极少数人的学术不端行为若得不到有效监管和惩治，可能会导致越来越多的科研工作者为了能在同样的评价标准下相互角逐而效仿，从而形成学术界的腐败之风。如果科研工作者把大部分时间和精力花在了弄虚作假甚至制造论文上，势必难以静心开展科研的思考和积累，无法闪耀出思维的火花，更难以熬过实验过程中频繁的挫折。科研创新的速度会随着时间流逝越来越慢。

3.4 造成国家科研经费和人力资源损失

国家统计局公布的数据显示，我国在科研上的经费投入逐年增加，2018年投入研究与试验发展中的经费高达19677.9亿元[8]，并且自2013年投入经费超过日本以后，一直稳居世界第二，仅次于美国。[9]但是中国科研论文的发表数量和质量是远远低于美国和日本的。学术期刊论文的不端行为会使国家科研经费的投入和产出不成正比，或者产出无效而不能被得到有效应用。现在国内外大部分期刊论文的刊登都需要收取较高的版面费，而版面费一般也都来源于科研项目的经费资助。按照国外处理论文学术不端的流程看，开展学术不端事件调查也需要投入大量经济成本，这样势必会造成国家经济损失。

另一方面，笔者认为，科学研究的探索和进步都是站在巨人的肩膀上实现的，都是在已发表理论或方法的基础上不断进行创新。如果已发表的理论、方法和技术因为学术不端行为而建立在不符合实际的数据基础上，后人就无法顺利重现前人的实验结果，可能会浪费很多时间来重复错误的实验流程，极大浪费了科研人才的劳动力。

3.5　浪费期刊出版资源

就一般情况而言，一篇文章从投稿到出版至少需要90天以上，包括三审三校、编辑加工、排版、印刷以及账号注册、数字化出版、数据库收录、宣传推广等，均需要投入大量的人力、物力、财力，编辑、审稿人和出版人需要耗费大量的时间。[6]一篇失实的学术论文，甚至被撤稿的论文，都会使这些巨大投入付诸东流。

4　结语

针对期刊论文学术不端的防范对策，很多学者都开展了思索，其观点涉及法律法规、专业技术和专业队伍建设等多个方面。[10-12]而且，我们也能看到，国家对此也做出了巨大努力，如2017年中共中央办公厅、国务院办公厅印发了《关于深化职称制度改革的意见》，不同行业领域和各省市也根据这个文件颁布了具体实施指导意见，淡化了对论文数量的要求，以期形成科学的学术评价体系，从外部原因角度减少并杜绝学术不端行为的发生。此外，监督和防范论文学术不端的新技术，包括居于世界科技前沿的人工智能（AI）也在国家的大力扶持下不断被发掘和完善。在学术不端行为惩治方面，在2019年十三届全国人大二次会议上，惩戒学术不端被第一次写入了政府工作报告[13]，表达了中央的高度重视。但是对论文学术不端行为实现完全的"零容忍"和"零发生"，无论从法律和政策方面，还是从技术和社会环境方面都存在不少的困难，消除学术科研界"雾霾"任重道远。

总而言之，正如全国政协委员、西北工业大学党委书记张炜在采访中所说："学术不端行为的发生是每一个对学术对科研怀有纯粹之心、敬畏之心的教育工作者不愿意看到的；学术不端行为虽是少数，但造成的恶劣影响远远超出教育界，对整个社会的公平公正都会形成冲击，也不利于为教育事业改革发展创造良好的舆论环境。"[13]笔者认为，建立和完善法律、舆论和大众的防范、监督和惩罚机制往往还需要很长的时间，而唤醒科研工作者的良知、营造诚信的学术氛围可能在减少和杜绝论文学术不端行为方面的作用更能细水长流。身为科技期刊编辑，我们不仅需要在实际工作中恪守职业道德，还有义务将学术不端行为的相关知识普及给作者和审稿专家；作为论文读者，我们更需要主动监督已发表成果的学术规范，及时发现失范端倪。相信在编辑、审稿专家、读者以及相关政府部门、企业技术机构和舆论大众的共同努力下，"雾霾"终会消散，洁净的学术空气终将到来。

参考文献:

[1] Broad W, Wade N. Betrayers of the Truth: Fraud and Deceit in the Halls of Science [M]. New York: Simon and Shuster, 1983.

[2] 周宁. 学术文艺剽窃事件频发, 让2010很纠结 [EB/OL]. 新华每日电讯, 2010-12-25.

[3] Steneck, N. H. Assessing the integrity of publicly funded research. In N. H. Steneck& M. D. Scheetz (Eds.), Investigating research integrity: proceedings of the first ORI research conference on research integrity [M]. Washington: Office of Research Integrity, 2002: 1-16.

[4] 中国知网. 学术期刊论文不端行为界定标准（公开征求意见稿）[EB/OL]. http://check.cnki.net/article/rule/2012/12/542.html.

[5] 国家新闻出版总署. CY/T 174-2019. 学术出版规范期刊学术不端行为界定. 2019-05-29.

[6] 王福军, 谭秀荣, 冷怀明. 科技期刊中常见学术不端现象分析与思考 [J]. 编辑学报, 2014, 26 (5): 452-455.

[7] 赵令锐, 陈锐. 科技工作者对学术不端行为的认知状况分析——基于第三、四次全国科技工作者状况调查数据 [J]. 今日科苑, 2019 (2): 84-89.

[8] 肖仁桥, 徐梅, 陈忠卫. 研究生对学术不端行为的态度倾向性 [J]. 蚌埠学院学报, 2017, 6 (1): 124-129.

[9] 郭鹏, 向朝霞. 论学术不端行为与学术期刊的责任 [J]. 理论与现代化, 2015 (5): 120-124.

[10] 刘普. 我国学术不端问题的现状与治理路径——基于媒体报道64起学术不端典型案例的分析. 中国科学基金, 2018, 6: 637-644.

[11] Marusic A, Katavic V, Marusic M. Role of editors and journals in detecting and preventing scientific misconduct: strengths, weaknesses, opportunities, and threats [J]. Medicine and Law, 2007 (26): 554-566.

[12] 王辉. 日本涉嫌学术丑闻科学家自杀身亡 [EB/OL]. 中国日报网. 2014-08-05. http://www.chinadaily.com.cn/interface/toutiao/1139301/cd_18251665.html.

[13] 高毅哲, 方梦宇. 2019. 惩戒学术不端第一次写入政府工作报告 [EB/OL]. 中国教育新闻网. 2019-03-06. http://www.jyb.cn/rmtzcg/xwy/wzxw/201903/t20190306_215864.html.

[14] 田栋栋. 论文买卖市场异样繁荣警示学术评价体制荒诞 [N]. 中国青年报, 2010-02-04. http://zqb.cyol.com/content/2010-02/04/content_3075386.html.

作者简介: 罗璇, 中国科学院海洋研究所文献信息中心, 编辑

联系方式: luoxuan@qdio.ac.cn

青岛市崂山区古树名木保护的现状特征及对策

张绪良　王立华　刘　铮　郑　涛　曹颖慧　刘修军

摘要: 本文采用实地调查、统计数据和文献数据定量分析等方法研究了青岛市崂山区古树名木的种类、数量、形成、分布、树龄结构等现状以及古树名木保护面临的主要问题，并提出了主要保护对策。研究结果表明：崂山区有26科34属42种290株古树名木，包括由宗教文化形成、由野生树木自然留存形成、由农耕文化和祭祀文化形成、由外地引种树木形成的古树名木四类，具有起源于本地的乡土树种多、树龄长的古树较多、崂山风景区分布多、温带分布属多等特点。目前，崂山区古树名木保护还面临生境恶化、受自然灾害和病虫害影响严重、生理机能下降、管理工作不足等问题。本文提出了对古树名木进行定期巡查、改善古树名木生长的立地条件、加强古树名木病虫害防治、加强保护技术研究、加强管理、加大经费投入、改革古树名木所有权制度等保护对策。

关键词: 古树名木；形成；树龄；分布；生长状况；保护

古树名木是人类历史进程中留存下来的树龄在100年以上的古老树木或具有重要科学文化价值或纪念意义的树木，其中古树是指树龄在100年以上的古老树木，名木是外国元首栽植或赠送的友谊树、国家主要领导人为纪念某特殊事件栽植的树木、风景区衬托点缀重要景点的树木或与历史传说和名人典故相关的树木以及属于国家明确规定的珍稀濒危树种等。[1-2]古树名木是历史的见证者、名胜古迹的景观构成要素、珍稀濒危植物种质资源保护的对象，也是研究区域气候和生态环境变化的重要生物证据，具有重要的生态、科学、历史、文化和美学价值。[3-4]近年来中国政府组织开展了大量古树名木调查、保护和研究的工作，1963年国务院制定了《城市绿化条例》，2000年建设部制定了《城市古树名木保护管理办法》，2001年全国绿化委员会和国家林业局组织开展了全国古树名木调查。20世纪90年代以来，中外学者开展了很多关于古树名木特征、价值，种类、数量和分布，古树名木调查与建档方法，古树名木保护现状及面临的问题，古树名木保护、复壮的具体技术措施等方面的研究。[5-12]

青岛市崂山区在城市化过程中留存了大量古树名木，但当前崂山区保护古树名木工作也面临很多问题，如古树名木普遍受持续干旱等区域气候变化影响，部分古树名木受城市化和旅游资源开发建设影响而导致根系周围土壤密度过高、地面和土壤透水性和透气性下降，并受到台风、雷击、暴雨、干旱和冻害和森林病虫害等自然灾害严重影响，如部分国槐（Sophora japonica）、圆柏（Sabina chinensis）等古树受到蚜虫（Aphididae）等森林害虫危害，导致古树名木的生境恶化，一些树龄长的古树名木生命力减弱、生理机能下降；在管理方面存在保护责任不明确、执法不严、日常养护不足和保护技术落后等问题。[13-14]研究青岛市崂山区古树名木的价值、保护现状以及存在的问题并提出有效的保护措施对于传承崂山区古树名木承载的历史文化、保护城市生态环境和区域生物多样性、解决城市绿化产

生的城市人工植被均质化问题、促进崂山区旅游业
发展、生态园林城市建设等有重要意义。[15]

1 研究区域与研究方法

1.1 研究区域

崂山区（120°22′~120°43′E，
35°23′~36°03′N）位于青岛市东部，东南濒临黄
海，西与青岛市南区、市北区相邻，北与李沧区、城
阳区、即墨区接壤。崂山区东西宽27.3 km，南北长
31.3 km，陆域总面积395.8 km²，海域面积3700 km²，海
岸线长103.7 km。崂山区地势东高西低，区内最高点为
海拔1132.7 m的崂山主峰巨峰，地貌类型以低山、丘
陵和平原为主，其中丘陵占总面积的54.77%，低
山占19.65%，平原占25.58%。崂山区的气候为深
受海洋影响的暖温带大陆性季风气候，具有冬暖夏
凉、降水充沛、昼夜温差小、无霜期长、空气湿度
大等特征；土壤主要有棕壤、潮土两个土类，其中
棕壤主要分布于低山丘陵区，成土母岩以花岗岩为
主，土层厚度和土质差异较大，潮土主要分布于山
前平原区，土层较深厚、通透性好、肥力较高。由
于气候温和湿润、土壤肥力较高，崂山区适宜多种
南北方植物生长及引种驯化，形成了森林、灌丛、
草丛、沙生植物群落、盐生植物群落及农业栽培植
物等多种植被类型。[16]

1.2 研究方法

采用实地调查、访问、文献分析、地理信息技
术和数量统计等方法，分析研究了崂山区古树名木
的形成，科属构成和数量构成特征，树龄结构、分
布特征及影响因素，古树名木的植物区系构成特
征，古树名木生长的立地条件、生长状态和影响因
素，当前古树名木保护面临枝干枯死和腐烂、树洞
形成、病虫害种类和发生状况等问题，并提出了保
护崂山区古树名木的主要对策。

2 结果

2.1 崂山区古树名木的形成

崂山区古树名木是由优越的自然环境，历史悠
久的宗教文化、农耕文化和祭祀文化，当地原住民
的树木崇拜、树木自然扩散和人为引种等多种自然
及人为因素长期综合作用形成的，具有树龄长的一
级古树多、与历史传说或典故有关的古树名木多、
属于外来树种的古树名木多、分布相对集中等特点。
根据成因，崂山区的古树名木包括由宗教文化形成
的古树名木、由野生树木自然扩散留存形成的古树
名木、由祭祀文化和农耕文化形成的古树名木和由
外地引种形成的古树名木4类，其中前3类较多，由
外地引种形成的古树名木较少。[13,14,17]

2.1.1 由宗教文化形成的古树名木

由宗教文化形成的古树名木是崂山区数量最多
的古树名木，主要分布在崂山风景区。崂山是中国
道教发祥地之一，道教奉行"不杀生"戒条并认为
寺庙中的树木枯荣象征庙宇兴衰，所以崂山太清宫、
上清宫等庙宇初建、修葺时多栽植银杏（Ginkgo bilo-
ba）、圆柏、侧柏（Platycladus orientalis）、朴树（Celtis
sinensis）、蜡梅（Chimonanthus praecox）等树龄长且不
易发生病虫害的树木美化庭院，目前崂山太清宫留
存有107株由宗教文化形成的古树名木。[14]

2.1.2 由自然野生树木留存形成的古树名木

由自然野生树木留存形成的古树名木约占崂山
区古树名木总株数的10%，一种是分布相对集中的
栓皮栎（Quercus acutissima），如华严寺及周围集中
分布的15株树龄120年以上的栓皮栎古树群；其他
是在崂山自然野生分布的单株或单独的小古树群，
如位于太清宫神水泉的1株树龄210年的乌桕（Sapi-
um sebiferum），位于王哥庄街道雕龙嘴村和华严寺
景区的3株小叶朴（Celtis bungeana），位于太清宫景
区的1株树龄170年的麻栎（Quercus acutissima）、2

株刺楸（Kalopanax septemlobus）等。[14,17]

2.1.3　由农耕文化和祭祀文化形成的古树名木

崂山区农村社区由农耕文化形成并保留下来的古树名木有先民为收获果实、赏花、利用绿荫、遮挡风雨、树木崇拜、祈求幸福栽植的银杏、杏树（Armeniaca vulgaris）、板栗（Castanea mollissima）、木瓜（Chaenomeles sinensis）、樱桃（Cerasus pseudocerasus）、石榴（Punica granatum）等，其中有16株银杏古树目前仍然每年硕果累累；由祭祀文化形成的古树名木大都是明朝初期从山西、河南、河北、云南等地迁徙到青岛的移民为纪念定居创业、追忆故乡或为宗族立祠栽植的，如为祭祀或祈福栽植的11株圆柏，崂山区北宅街道办事处东乌衣巷社

区的2株国槐、王哥庄晓望村的侧柏林等。[14]

2.1.4　由外地引种形成的古树名木

崂山区由外地引种形成的古树名木中古树较少、名木居多，且大多为稀有树种，包括道教寺庙园林建设引入的花卉树木、由近代殖民者大量引入的国外树木两类，如太清宫景区的山茶（Camellia japonica）、棕榈（Trachycarpus fortunei）、红楠（Machilus thunbergii）、荷花玉兰（Magnolia grandiflora）等。[14]

2.2　崂山区古树名木的数量特征

根据调查，崂山区共有古树名木26科34属42种290株（表1）[14]，古树名木的密度为0.73株/km^2，是青岛市古树名木密度（0.11株/km^2）的6.64倍，全国古树名木密度（0.003株/km^2）的243.33倍，

表1　青岛市崂山区古树名木的科、属、种列表及株数

科	属	种	株数	占总株数的比例（%）
1.银杏科 Ginkgoaceae	（1）银杏属 Ginkgo	1）银杏 Ginkgo biloba	74	25.52
2.松科 Pinaceae	（2）松属 Pinus	2）白皮松 Pinus bungeana	1	0.34
		3）赤松 Pinus densiflora	4	1.38
3.柏科 Cupressaceae	（3）圆柏属 Sabina	4）圆柏 Sabina chinensis	16	5.52
	（4）侧柏属 Platycladus	5）侧柏 Platycladus orientalis	11	3.79
4.木兰科 Magnoliaceae	（5）木兰属 Magnolia	6）玉兰 Magnolia denudata	7	2.41
		7）紫玉兰 Magnolia liliflora	3	1.03
		8）荷花玉兰 Magnolia grandiflora	1	0.34
		9）天女木兰 Magnolia sieboldii	1	0.34
5.芍药科 Paeoniaceae	（6）芍药属 Paeonia	10）牡丹 Paeonia suffruticosa	1	0.34
6.樟科 Lauraceae	（7）润楠属 Machilus	11）红楠 Machilus thunbergii	2	0.69
7.千屈菜科 Lythraceae	（8）紫薇属 Lagerstroemia	12）紫薇 Lagerstroemia indica	8	2.76
8.石榴科 Punicaceae	（9）石榴属 Punica	13）石榴 Punica granatum	6	2.07
9.山茶科 Theaceae	（10）山茶属 Camellia	14）山茶 Camellia japonica	13	4.48
10.大戟科 Euphorbiaceae	（11）乌桕属 Sapium	15）乌桕 Sapium sebiferum	1	0.34
11.蔷薇科 Rosaceae	（12）木瓜属 Chaenomeles	16）木瓜 Chaenomeles sinensis	9	3.10
		17）皱皮木瓜 Chaenomeles speciosa	1	0.34
	（13）杏属 Armeniaca	18）杏树 Armeniaca vulgaris	2	0.69
	（14）樱属 Cerasus	19）樱桃 Cerasus pseudocerasus	1	0.34
12.腊梅科 Calycanthaceae	（15）腊梅属 Chimonanthus	20）蜡梅 Chimonanthus praecox	1	0.34
13.豆科 Leguminosae	（16）槐属 Sophora	21）国槐 Sophora japonica	10	3.45
14.芸香科 Rutaceae	（17）吴茱萸属 Evodia	22）臭檀吴萸 Evodia daniellii	1	0.34
15.黄杨科 Buxaceae	（18）黄杨属 Buxus	23）黄杨 Buxus sinica	15	5.17
16.壳斗科 Fagaceae	（19）栎属 Quercus	24）麻栎 Quercus acutissima	1	0.34
		25）栓皮栎 Quercus variabilis	15	5.17

续表

科	属	种	株数	占总株数的比例（%）
17.榆科Ulmaceae	（20）栗属Castanea	26）板栗Castanea mollissima	1	0.34
	（21）糙叶树属Aphananthe	27）糙叶树Aphananthe aspera	2	0.69
	（22）朴属Celtis	28）小叶朴Celtis bungeana	3	1.03
		29）朴树Celtis sinensis	10	3.45
18.鼠李科Rhamnaceae	（23）山拐枣属Hovenia	30）拐枣Hovenia dulcis	1	0.34
19.槭树科Aceraceae	（24）槭树属Acer	31）槭树Acer truncatum	1	0.34
		32）三角槭Acer buergerianum	1	0.34
20.漆树科Anacardiaceae	（25）黄连木属Pistacia	33）黄连木Pistacia chinensis	14	4.83
21.胡桃科Juglandaceae	（26）枫杨属Pterocarya	34）枫杨Pterocarya stenoptera	8	2.76
22.五加科Araliaceae	（27）刺楸属Kalopanax	35）刺楸Kalopanax septemlobus	2	0.69
23.柿树科Ebenaceae	（28）柿属Diospyros	36）君迁子Diospyros lotus	1	0.34
24.木犀科Oleaceae	（29）木犀属Osmanthus	37）桂花Osmanthus fragrans	5	1.72
	（30）流苏属Chionanthus	38）流苏Chionanthus retusus	9	3.10
	（31）丁香属Syringa	39）紫丁香Syringa oblata	1	0.34
25.紫葳科Bignoniaceae	（32）梓属Catalpa	40）楸Catalpa bungei	24	8.28
	（33）凌霄属Campsis	41）凌霄Campsis grandiflora	1	0.34
26.棕榈科Palmae	（34）棕榈属Trachycarpus	42）棕榈Trachycarpus fortunei	1	0.34
合计	290	100.00		

古树名木资源丰富。崂山区古树名木的科、属、种数分别占青岛市古树名木科、属、种数的66.67%、50%、45.65%，分别占青岛市木本植物科、属、种数的39.39%、25%和12.65%。可见崂山区古树名木的科、属、种数占青岛市古树名木科、属、种数的比例高，但占青岛市木本植物科、属、种数的比例较低。与青岛市古树名木和自然植被中的木本植物种类组成相比，崂山区古树名木的种类总体上比较丰富。

崂山区现存数量较多的古树名木是银杏、侧柏、圆柏、栓皮栎、楸（Catalpa bungei）、黄杨（Buxus sinica）、国槐、山茶等当地树种，各有74、11、16、15、24、15、10和13株，共178株，这8种古树名木的种数、株数分别占崂山区全部古树名木种数和株数的19.05%和61.38%。而白皮松（Pinus bungeana）、荷花玉兰、天女木兰（Magnolia sieboldii）、牡丹（Paeonia suffruticosa）、麻栎、板栗、蜡梅、紫丁香（Syringa oblata）、皱皮木瓜（Chaenomeles sinensis Nakai）、拐枣（Hovenia dulcis）、樱桃、槭树（Acer truncatum）、三角槭（A. buergerianum）、君迁子（Di-ospyros lotus）、凌霄（Campsis grandiflora）、臭檀吴萸（Evodia daniellii）、棕榈等17种古树名木各1株[17]，其种数、株数分别占崂山区古树名木总种数和总株数的40.48%和5.86%。这表明崂山区的古树名木以当地乡土树种为主，起源于我国南方长江流域及以南地区的树种和从国外引种的古树名木较少。

2.3 崂山区古树名木的树龄结构

古树名木中国家级古树根据树龄分为国家一级古树（树龄500年以上）、国家二级古树（树龄300～499年）和国家三级古树（树龄100～299年）3级，国家级名木不受树龄限制不分级。[2]青岛市崂山区拥有国家一级古树、国家二级古树、国家三级古树和国家级名木的株数分别为68、40、173和9株，各占崂山区古树名木总数的23.45%、13.79%、59.66%和3.10%，国家三级古树最多（图1a）；青岛市拥有国家一级古树、国家二级古树、国家三级古树和国家级名木的株数分别为247、175、651和171株，各占青岛市古树名木总数的19.86%、14.07%、52.33%和13.75%（图1b）。与青岛市全市古树名木的树龄

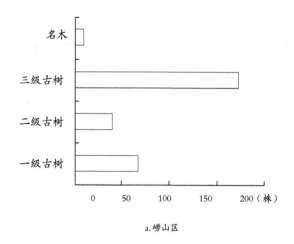

a. 崂山区

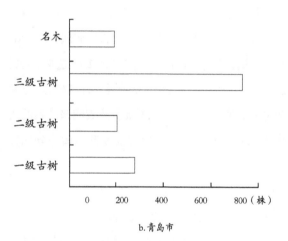

b. 青岛市

图1 崂山区和青岛市古树名木的树龄结构

结构相比，崂山区古树名木中树龄长的国家一级古树数量相对较多。

崂山区国家一级古树中银杏数量最多（50株），占一级古树总株数的73.53%；国家二级古树中仍是银杏最多（10株），占二级古树总株数的25%，这是因为银杏树自然寿命较长、病虫害较少，且主要栽植在庙宇庭院，得到较好的保护与管理；国家三级古树中楸最多（24株），占崂山区三级古树总株数的13.87%。

崂山区树龄1000年以上的国家一级古树有20株，包括15株银杏、3株圆柏、1株糙叶树和1株国槐，树龄千年以上的古树占全部古树名木总株数的6.90%，这高于青岛市全市树龄千年以上的古树占全部古树名木总株数的2.65%；崂山区树龄最长的古树是太清宫内树龄2150余年的圆柏，这也是青岛市树龄最长的古树。[14,17]

2.4 崂山区古树名木的区域分布及生长状况

2.4.1 崂山区古树名木的分布

崂山区的古树名木大部分分布在崂山风景名胜区内，小部分分布在农村社区内。崂山风景名胜区有23科31属36种225株古树名木，占崂山区古树名木总数的77.59%，其中包括国家级一级古树54株、国家二级古树26株和国家三级古树136株，分别占崂山区国家一级古树、国家二级古树和国家三级古树总株数的79.41%、65%和78.61%。此外，还有棕榈、牡丹、玉兰、荷花玉兰、蜡梅、红楠、紫薇、桂花等9株隶属于7科7属8种的名木。崂山风景名胜区内古树树种以银杏、楸、栓皮栎、黄杨和黄连木为主。其中最多的银杏有58株，占崂山风景名胜区古树名木总数的25.78%；楸23株，占10.22%；栓皮栎15株，占6.67%；黄杨15株，占6.67%；黄连木14株，占6.22%。崂山区农村社区有14科16属17种65株古树，占崂山区古树名木总株数的22.41%，其中王哥庄街道分布的古树名木最多，有8科9属9种29株，占崂山区古树名木总株数的10.00%，沙子口街道有5科5属5种19株古树，占6.55%，北宅街道有7科7属7种17株古树，占5.86%。

2.4.2 古树名木的生长状况

崂山区的古树名木生长状态总体良好，其中生长旺盛的古树名木有213株，占总数的73.45%；生长状态一般的37株，占12.76%；生长状态差的31株，占10.69%；濒临死亡的9株，占3.1%。崂山区的古树名木树高10～20 m的古树相对较多，共134株，占总株数的46.21%，最高的古树为太清宫三官殿前的2株银杏，高达30 m；按照胸径划分，崂山区古树名木中胸径30～60 cm的最多，共104株，占总株数的35.86%，其中位于王哥庄街道屯山幼儿园树龄1000年的银杏胸径为273.9 cm，是胸径最大的古树。按照树冠的冠幅分级，树冠大于20 m的仅有23株，冠幅20 m以下的古树名木有267株，

表2 崂山区古树名木生长状况

树高分级/m	株数	胸径/cm	株数	冠幅分级/cm	株数	生长势等级	株数
[30, +∞)	2	[90, +∞)	60	[30, +∞)	1	旺盛	213
[20, 30)	53	[60, 90)	87	[20, 30)	22	一般	37
[10, 20)	134	[30, 60)	104	[10, 20)	135	较差	31
(0, 10)	101	(0, 30)	39	(0, 10)	132	濒死	9

占总株数的92.07%（表2）。[17]虽然崂山区的古树名木长势总体良好，但树龄长的国家一级古树和国家二级古树相对较多，由于生境条件不良和树龄较长，加之人为破坏、自然灾害，部分古树名木长势较差或濒死，出现断梢、枯顶、中空现象，需悉心保护。

2.5 崂山区古树名木的植物区系构成特征

2.5.1 崂山区古树名木的科、属、种构成

植物区系是某一地区某一类群或某类植被所有植物的总称，其种属构成和地理分布成分构成等能直观地反映植被特征。崂山区古树名木植物区系中蔷薇科（Rosaceae）、木犀科（Oleaceae）、壳斗科（Fagaceae）、榆科（Ulmaceae）、柏科（Cupressaceae）、紫葳科（Bignoniaceae）、木兰科、松科和槭树科所含属、种较多，其中蔷薇科有3属4种、木犀科有3属3种、榆科和壳斗科各有2属3种、柏科和紫葳科各有2属2种、木兰科有1属4种、松科和槭树科各有1属2种（表1）。上述9个含2种及2种以上的大科和较大科共有17属25种，大科的科数及所含属数和种数分别占崂山区古树名木总科数、总属数和总种数的34.62%、50%和59.52%。区系中含4种的大属仅有木兰属（Magnolia）1属，含2种的较大属有松属（Pinus）、木瓜属（Chaenomeles）、栎属（Quercus）、槭树属（Acer）和棕榈属（Trachycarpus）5属，其余28属为单种属（表1）。这6个大属的属数及所含种数占崂山区古树名木植物区系总属数和总种数的17.65%和33.33%。这表明该区系的树种构成比较多样，科的分化程度较低，属的分化程度较高。

2.5.2 古树名木属的地理分布区类型构成

中国有15个种子植物属的地理分布区类型。[18]青岛市崂山区古树名木植物区系中的34属有12个地理分布区类型（表3），区系中有北温带分布、东亚和北美间断分布和旧世界温带分布的3个温带分布属14属，占区系总属数的41.18%，其中北温带

表3 崂山区及青岛市古树名木植物区系属的地理分布区类型

地理分布区类型	崂山区属数	青岛市占总属数的比例/%	属数	占总属数的比例/%
世界分布	1	2.94	1	1.47
泛热带分布	5	14.71	8	11.76
旧世界热带分布	1	2.94	1	1.47
热带亚洲至热带非洲分布	1	2.94	1	1.47
热带亚洲至热带大洋洲分布	1	2.94	3	4.41
热带亚洲分布	2	5.88	2	2.94
北温带分布	7	20.59	18	26.47
东亚和北美间断分布	6	17.65	13	19.12
旧世界温带分布	1	2.94	4	5.88
地中海、西亚至中亚分布	2	5.88	2	2.94
东亚分布	5	14.71	10	14.71
中国特有分布	2	5.88	5	7.35
合计	34	100.00	68	100.00

分布属有7属，占区系总属数的20.59％，这表明青岛市崂山区古树名木植物区系中温带分布属较多，表现出一定的地带性特征；区系中有泛热带分布、旧世界热带分布、热带亚洲至热带非洲分布、热带亚洲至热带大洋洲分布、热带亚洲分布5个热带分布属10属，占区系总属数的29.41％，与青岛市全市古树名木植物区系属的地理分布区类型构成相比，崂山区古树名木植物区系中温带分布属较少、热带分布属较多，说明青岛市崂山区地形作用形成的具有雨量充沛、冬季很少有极端低温等海洋性特征的区域小气候对起源于热带的古树名木树种生存限制较小，崂山区自我国南方引种的古树名木较多；此外区系中还有东亚分布属5属，地中海、西亚至中亚分布属2属，中国特有分布属2属和世界分布属1属，分别占该区系总属数的14.71％、5.88％、5.88％和2.94％。

青岛市崂山风景名胜区是山东省植物多样性分布中心之一，崂山植物区系由129科517属1045种维管束植物构成，其中温带分布属、热带分布属、世界分布属、东亚分布属和属于其他地理分布区类型的属数各占区系总属数的45.65％、24.56％、13.15％、7.93％和2.90％。[19]青岛市崂山区古树名木植物区系与崂山风景名胜区维管束植物区系属的地理分布区类型构成特征相似，均以温带分布属为主；但崂山区古树名木植物区系中温带分布属占总属数的比例稍低于崂山植物区系温带分布属占总属数的比例、热带分布属占总属数的比例稍高于崂山植物区系热带分布属占总属数的比例，这说明青岛市崂山区古树名木属的地理分布区类型构成具有较明显的热带特征。

3　讨论和结论

3.1　讨论

古树名木是难以再生的珍稀自然资源，崂山区的古树名木对传承崂山历史文化、城市绿地建设、生态旅游和生物多样性保护等具有重要作用。目前，崂山区的古树名木保护主要受树龄老化和生长势减弱、立地生境条件恶化、干旱和雷击等自然灾害与病虫害等因素影响，面临对古树名木保护的宣传不够、管理制度和机构不健全、保护经费不足等问题。

为保护崂山区古树名木，根据《青岛市古树名木保护管理办法》，近年来已多次采取修建树池与设置网栏、浇水施肥、注射营养液、利用药物防治病虫害、修剪与整枝、利用支架和缆绳加固、填充树洞、加固主干、设置避雷针等技术措施对崂山区的古树名木进行复壮保护。2013年崂山林场与崂山区林业局对全区的古树名木进行了详查，对每一株古树名木都GPS定位、统一制作挂标牌、登记造册、建立了古树名木管理信息系统，对古树名木的生长状况、管理维护情况等进行跟踪管理。

今后，还应通过改善古树名木生长的立地条件、加强古树名木病虫害防治和自然灾害防御、加强对古树名木的日常养护管理、加大执法力度和经费投入、加强古树名木保护技术研究、对古树名木进行定期巡查等措施有效地保护崂山区现存的古树名木。此外，还应当建立古树名木后续资源培育发展奖励机制和申报登记制度；开展古树名木所有权制度改革，将古树名木保护管理权落实到个人，责权明确。

3.2　结论

崂山区有26科34属42种290株古树名木，包括由宗教文化形成、由自然野生树木留存形成、由农耕文化和祭祀文化形成和由外地引种树木形成4类。崂山区的古树名木种类比较丰富，生长状态较好，起源于本地的乡土树种多、由外地引种的树种少，树龄长的古树相对较多，崂山名胜风景区分布多、农村社区分布少，温带分布属多、其他分布属少。崂山区已采取了一些保护古树名木的技术、管理措施，但仍存在树龄老化、树木生长势减弱、立地生境条件恶化、受自然灾害和病虫害严重影响以及保护措施不力等问题，今后应继续采取有效的技术及管理措施保护现存的古树名木。

参考文献：

［1］中华人民共和国建设部.城市古树名木保护管理办法［EB/OL］.（2000-09-01）［2015-10-15］.http://www.mohurd.gov.cn/wjfb/200611/t20061101_157014.html

［2］全国绿化委员会，国家林业局.全国古树名木普查建档技术规定，2001［EB/OL］.http://wenku.baidu.com/cuXEb51303Pp76rblLjpM6Ms5xPzbNoFuiZ KtArLhrz6w-GhRz8U7HY11c5a619uM691Wz rSaz8oG###［accessed October 15, 2015］.

［3］Gough L A, Sverdrup-Thygeson A, Milberg P, et al. Specialists in ancient trees are more affected by climate than generalists［J］. Ecology and Evolution, 2015, 23（5）：5632-5641.

［4］Mohamad R S, Bteich M R, Cardone G, et al. Economic analysis in organic olive farms: the case of the ancient olive trees in the rural parkland in Apulia［J］. New Medit, 2013, 12（4）：55-61.

［5］Mathaux C, Mandin J P, Oberlin C, et al. Ancient juniper trees growing on cliffs: toward a long Mediterranean tree-ring chronology［J］. Dendrochronologia, 2016, 37:79-88.

［6］Marris E. Blazes threaten iconic trees［J］. Nature, 2016, 530（7589）：137-138.

［7］Zhu P, Wang Z F, Ye W H, et al. Maintenance of genetic diversity in a small, isolated population of ancient tree Erythrophleum fordii［J］. Journal of Systematics and Evolution, 2013, 51（6）：722-730.

［8］刘东明，王发国，陈红锋，等.香港古树名木的调查及保护问题［J］.生态环境，2008，17（4）：1560-1565.

［9］Zhang Z M, Yang X H, Liu J L. Distribution and rejuvenation technology of ancient and famous tree in Beijing［J］. Vegetos, 2013, 26（1）：188-195.

［10］Nugteren A. The scared tree: Ancient and Medieval Manifestations［J］. Journal for the Study of Religion Nature and Culture, 2016, 10（4）：500-502.

［11］Akter S, Ngo H T T, Du J, et al. Chryseobacterium formosus sp nov., a bacterium isolated from an ancient tree trunk［J］. Archives of Microbiology, 2015, 197（8）：1011-1017.

［12］Martin J. Ancient Trees in the Landscape: Norfolk's Arboreal Heritage［J］. Agriculture History, 2013, 87（3）：419-420.

［13］Zhang X L, Cui G M, Liu X J, et al. The characteristics of ancient and famous trees in Qingdao City, Shandong Province, China and possible conservation measures［J］. Fresenius Environmental Bulltion, 2017, 26（3）：2014-2022.

［14］李腾.崂山古树名木［M］.北京:中国林业出版社，2015.

［15］McKinney M L. Urbanization as a major cause of biotic homogenization. Biological Conversation, 2006, 127:247-260.

［16］青岛市史志办公室.青岛市志·崂山志［M］.北京：新华出版社，1999.

［17］青岛市史志办公室.青岛古树名木志［M］.青岛:中国海洋大学出版社，2007.

［18］吴征镒.中国种子植物属的分布区类型［J］.云南植物研究，1991（siv）：1-139.

［19］王士泉，贾泽峰，李法曾.山东崂山植物区系研究［J］.武汉植物学研究，2001（6）：467-474.

作者简介：张绪良，青岛大学旅游与地理科学学院，副教授

联系方式：Geo_zhang@163.com

发表刊物：Ciencia Rural, 2019, 49（10）：e20190051.

重点排污单位筛选实践与思考

张君臣

摘要：纳入重点排污单位名录的排污单位将承担更多的生态环境保护责任与义务，成为生态环境执法监管的重点对象，对自身产生一定影响。为使重点排污单位筛选工作更加切合生态环境保护工作实际，本文对近几年重点排污单位筛选工作进行了分析，对部分概念进行了研究，提出了相关建议。

关键词：排污单位；筛选；研究；思考

自《重点排污单位名录管理规定（试行）》于2017年11月27日发布执行以来，全国各地对重点排污单位进行了筛选并向社会公布，对督促重点排污单位切实履行好社会责任、加强污染防治等起到了积极作用。但由于重点排污单位名录筛选公布仅有几年时间，部分企业对纳入重点排污单位名录比较抵触，部分认识也不完全准确，影响了重点排污单位筛选的实际效果。

1 什么是重点排污单位

重点排污单位最早出现在"双达标"文件中，即1998年11月原国家环保总局印发的《全国2000年工业污染源达标排放和环保重点城市环境功能区达标工作方案》，该《工作方案》要求省级环保部门应根据排污申报登记的结果筛选重点排污单位，按主要污染物指标开列清单。

2014年4月24日修订通过的《中华人民共和国环境保护法》明确了重点排污单位的责任义务，重点排污单位步入法律时代。

2014年12月环境保护部下发了《企业事业单位环境信息公开办法》（环境保护部令第31号），第八条明确了重点排污单位名录范围，将"被设区的市级以上人民政府环境保护主管部门确定为重点监控企业的；具有试验、分析、检测等功能的化学、医药、生物类省级重点以上实验室、二级以上医院、污染物集中处置单位等污染物排放行为引起社会广泛关注的或者可能对环境敏感区造成较大影响的；三年内发生较大以上突发环境事件或者因环境污染问题造成重大社会影响的；其他有必要列入的情形"四类企业事业单位列入重点排污单位名录。

2016年12月公布的《最高人民法院最高人民检察院关于办理环境污染刑事案件适用法律若干问题的解释》（法释〔2016〕29号）第十七条明确了重点排污单位的定义：设区的市级以上人民政府环境保护主管部门依法确定的应当安装、使用污染物排放自动监测设备的重点监控企业及其他单位。

2017年11月，环境保护部办公厅下发了《关于印发〈重点排污单位名录管理规定（试行）〉的通知》（环办监测〔2017〕86号），规定了重点排污单位名录的筛选条件、原则及责任部门，规定：设区的市级地方人民政府环境保护主管部门应当依据本行政区域的环境承载力、环境质量改善要求和本规定的筛选条件，每年同有关部门商讨筛选污染物排放量较大、排放有毒有害污染物等具有较大环境风险的企业事业单位，确定下一年度本行政区域重点排污单位名录。

2 与重点监控企业有何区别?

重点监控企业来源于原国家环保总局于2005年9月下发的《关于加强和改进环境统计工作的意见》（环发〔2005〕100号）关于"筛选重点污染企业实行季报制度"的规定。2007年3月，原国家环境保护总局依据2005年全国环境统计数据确定了重点监控的废气企业、重点监控的废水企业和城镇污水处理厂，并下发了《国家重点监控企业名单说明》，明确了国家重点监控企业的范围，是指总局需要直接掌握其排污信息的重点工业污染源和集中式污染治理设施，包括主要污染物排放量或者有毒污染物排放量较大的工业企业、集中式污水处理厂（设计处理能力10000吨/日以上）、危险废物处置厂等。

自2007年开始，重点监控企业的管理制度逐步完善，监管措施更加严格，相继出台了《国家监控企业污染源自动监测数据有效性审核办法》《国家重点监控企业污染源自动监测设备监督考核规程》《国家重点监控企业自行监测及信息公开办法（试行）》和《国家重点监控企业污染源监督性监测及信息公开办法（试行）》等规章制度。每年对重点监控企业实施动态更新，并向社会公布。重点监控企业筛选因子逐步扩大，筛选量度底限为排放量占全国工业排放量65%、产生量占全国工业产生量50%。

根据实际情况，重点排污单位的范围涵盖了重点监控企业，涉及的企业数量要远多于重点监控企业。

3 重点排污单位的环保责任有哪些

根据相关法律法规，重点排污单位的环保责任主要有以下两项：

3.1 安装使用自动监测设备

《中华人民共和国环境保护法》第四十二条、

《中华人民共和国水污染防治法》第二十三条、《中华人民共和国大气污染防治法》第二十四条均对此提出了具体要求，重点排污单位应当安装污染物排放自动监测设备，与环境保护主管部门的监控设备联网，并保证监测设备正常运行。

2017年8月3日，环境保护部办公厅下发了《关于加快重点行业重点地区的重点排污单位自动监控工作的通知》（环办环监〔2017〕61号）。2018年8月30日，环境保护部办公厅下发了《关于加强重点排污单位自动监控建设工作的通知》（环办环监〔2018〕25号），对重点排污单位自动监控工作进行了全面部署，明确了完成时限。

3.2 公开环境信息

《中华人民共和国环境保护法》第五十五条规定：重点排污单位应当如实向社会公开其主要污染物的名称、排放方式、排放浓度和总量、超标排放情况，以及防治污染设施的建设和运行情况，接受社会监督。

《企业事业单位环境信息公开办法》第九条、第十条和第十一条规定了重点排污单位环境信息公开的内容、方式和时限。

4 筛选中存在什么问题

4.1 重点排污单位依据的部分筛选数据滞后

从重点监控企业和重点排污单位的名单看，环境统计年报数据是筛选的依据之一，但筛选出的企业名单是利用了前年的环境统计年报数据，如：2019年重点排污单位的部分筛选数据是2017年环境统计年报数据。《环境统计报表制度（2017年度）》规定，环境统计年报报表报送时间为次年的4月10日前。而《企业事业单位环境信息公开办法》第七条要求，设区的市级人民政府环境保护主管部门应当于每年3月底前确定本行政区域内重点排污单位名录。重点排污单位名录的公布时间要早于环境统计年报报表完成时间，致使重点排污单位只能使用前年的环境统计年报数据。

4.2　部分重点排污单位筛选条件过于严格

如《重点排污单位名录管理规定（试行）》规定：年产生危险废物100t以上的企业事业单位应纳入土壤环境污染重点监管单位名录。但由于目前对危险废物的监管相对严格，并可能涉及刑事责任，危险废物产生单位对此管理比较规范，对土壤环境污染的可能性非常小。按照危险废物年产生量纳入重点排污单位名录有不合理之处，特别是对上市企业，根据证监会的要求，如果上市公司属于环保部门公布的重点排污单位，应当披露过往一年环保执行情况。如果仅仅因为对土壤环境污染可能性较小的危险废物产生量而纳入了重点排污单位名录，对企业显失公平，企业抵触情绪较大。

4.3　部分重点排污单位筛选条件有冲突

例如，《排污许可管理办法（试行）》第五条规定：设区的市级以上地方环境保护主管部门，应当将实行排污许可重点管理的排污单位确定为重点排污单位。而《重点排污单位名录管理规定（试行）》第五条和第六条分别规定：实行排污许可重点管理的已发放排污许可证的产生废水（或排放废气）污染物的单位，应纳入水或大气环境重点排污单位名录。根据《排污许可管理办法（试行）》的规定，即使当年停产的排污许可重点管理的排污单位也应被确定为重点排污单位，而《重点排污单位名录管理规定（试行）》则要求须有污染物排放，即当年停产的排污许可重点管理的排污单位不需被确定为重点排污单位。

5　建议

5.1　建议修改环境统计年报报送时间或重点排污单位名录的确定时间

为使重点排污单位能够使用上一年度的环境统计数据，体现时效性，重点排污单位名录的确定时间应晚于环境统计年报报送时间。例如，可将重点排污单位名录的确定时间修改在5月底前，每年的6月5日的"世界环境日"向社会公布。一方面，重点排污单位可以使用上一年度的环境统计年报数据，同时，给环境统计年报留足时间，保证环境统计年报数据质量，对多年形成的环境统计工作惯例不造成影响；另一方面，在世界环境日"公布重点排污单位名录，可以督促重点排污单位更好地履行社会责任。

5.2　建议及时修改完善《重点排污单位名录管理规定（试行）》等法规、规范性文件

建议进一步整合充实重点排污单位名录管理的相关内容，将《企业事业单位环境信息公开办法》《国家重点监控企业自行监测及信息公开办法（试行）》等有关内容整合到重点排污单位名录管理规定中。建议尽快制定出台《排污许可管理条例》，将《排污许可管理办法（试行）》重点排污单位的管理规定予以完善。同时，结合近两年的实施情况对筛选条件进一步修改完善，建议将"当年有事实排污、排污量较大且需加强监管"作为筛选的基本原则，使重点排污单位"名副其实"。另外，根据全国多数地区的文件规定，冠以"暂行""试行"的规范性文件有效期不超过3年，因此，对已试行的《重点排污单位名录管理规定（试行）》进行修改以符合相关规定要求。

5.3　明确重点排污单位与重点监控企业的关系

鉴于国家自2017年开始，没有公布国家重点监控企业名单，一般认为重点排污单位将替代重点监控企业。建议在顶层设计方面，理顺重点排污单位与重点监控企业的关系。同时，将《国家重点监控企业自行监测及信息公开办法（试行）》《国家重点监控企业污染源监督性监测及信息公开办法（试行）》以及《环境统计报表制度（2017年度）》"季报制度的实施范围为国家重点监控工业企业和污水处理厂"等涉及

重点监控企业的文件进行同步修改完善。

参考文献：

［1］王军霞，刘通浩，张守斌，张迪，唐桂刚.推进排污单位自行监测发挥作用的建议［J］.环境保护，2018，46（12）：64-66.

［2］环保部印发重点排污单位名录管理规定实行分类管理，每年动态筛选［J］.中国环境监察，2017（12）：7.

［3］胡月，赵建成.重点排污单位信息公开现状及法律制度研究［J］.法制博览，2019（7）：67，70-71.

［4］余婷，段显明，葛察忠，田雪，李晓亮.基于重点排污单位的上市公司环境信息披露现状分析［J］.中国环境管理，2018，10（6）：107-112.

作者简介：张君臣，青岛市生态环境局西海岸新区分局，高级工程师

联系方式：jnhbfzk@163.com

发表刊物：《中国环境监察》，2019（5）：30-33

第四章

经略海洋、筑梦深蓝，
多元创新，打造时尚之都

海洋强国战略在青岛的发展研究

王致信

摘要：21世纪被称为海洋的世纪，海洋为我们人类的发展提供了不竭的动力，谁占领了海洋经济的制高点，谁就占据了国家经济发展的主阵地。而青岛是国家重要的现代海洋产业发展先行区，海洋政策优势叠加，海洋资源丰富，因此要制定更加合理的政策，鼓励相关产业的发展，促进海洋经济的腾飞，打造海洋强国战略。

关键词：海洋强国；青岛；产业

"建设海洋强国，我一直有这样一个信念。"这是习近平总书记在山东视察时提出的对加快海洋强国建设的期望。在党的十九大报告中，习近平总书记也明确强调要"坚持陆海统筹，加快建设海洋强国"，这为我们建设海洋强国再一次指明了目标。青岛要以党中央战略思想为指引，以世界眼光和国际标准率先承担起国家海洋强国战略的历史使命，大力开发海洋优势产业项目，努力推动海洋科技的持续性创新，力争使海洋产业百花齐放，实现海洋经济的飞越发展。

1　青岛市海洋经济的成就

青岛是山东省副省级城市和计划单列市，也是我国渤海湾经济圈最为重要的区域中心城市，拥有国际海港和区域空港，目前青岛共拥有6个国家级经济园区与4个海关特殊监管区，是东北亚国际航运枢纽。20世纪末，青岛港的战略西移使前湾港一举成为世界级码头，而今董家口港的逐步拓展，使其正成为青岛港南翼新的大型综合性港区与天燃气、煤炭、钢铁运输基地，青岛也正在成为"一带一路"的主要节点与战略支点合作城市，在全国经济大局中的地位更加凸显。

青岛作为国家重要的海洋现代产业发展先行区，拥有强大的人才支持。区域内有26所高等院校以及7个国家级海洋科教机构和一批国字号海洋基础科研平台，拥有国家级创业孵化载体达到129家。青岛常住总人口900多万，共引进各类人才近14万，其中海洋高级专业人才约占全国同类的1/3，"十五"以来在国家的重大经济与工程计划中承担的海洋科研项目占绝大多数。

2019年，青岛市实现生产总值11741.31亿元，海洋产值约占全市生产总值的1/4。2018年，全市实现海洋生产总值3327亿元，约占全市生产总值26.5%。2017年，青岛海洋生产总值2909亿元，约占GDP比重26.4%。自2017年以来，青岛市作为我国海洋科技创新发展的领军城市，不断推动新旧动能转换、完成海洋传统产业结构性改革，以新兴产业进一步优化海洋经济的产业结构，使海洋产业项目得到很大提升。青岛已成功地由全球第三梯队跃向第二梯队，中国跻身于世界海洋科技创新的应用强国和产出强国。此外，人工养殖、远洋渔业、休闲渔业等特色项目以及海洋装备与海洋生物、海洋智造的全面发力，为青岛打造海洋强国战略积蓄了强大力量。

2 青岛市海洋经济的不足

近年来，世界经济在动荡中变化，我们要找出自身不足，克服困难，寻找海洋经济发展的良机，因地制宜补足发展中存在的短板。

2.1 发展海洋经济的人才匮乏

虽然青岛有很多大中院校和相关海洋科研院所，人才层次水平也较高，青岛引进的人才也很多，但与国际水平相比，总体科研质量较低、科技成果转化率低下，海洋科技的创新意识不强，没有形成统一的海洋科技研发平台，致使海洋类相关产业的基础不强、不牢靠，影响了海洋产业的可持续、快速发展。同时，青岛的海洋旅游业受季节性影响很强，没有形成完整的产业链。

2.2 文化旅游品牌缺少知名度

青岛市有山海线的强大优势，自然资源与人文历史各具特色；历史古迹、传统民俗文化、自然风情等旅游产品资源丰富，但是叫得响、传得远的旅游品牌缺失。具体原因有以下几点：一是没有完整的旅游产业链条，没有打破传统的条块分割的管理方式，导致旅游资源孤立，阻碍了旅游的大开发和深发掘；二是旅游品牌的宣传上也缺少明确的目标，缺少高度概括，导致旅游资源同质化和普遍化，缺乏特点和深度；三是与旅游产业发展相关的基础建设、交通规划不系统，缺少整体性研究，资源信息的共享程度不高，没有形成一盘棋。

2.3 保护海洋环境的压力很大

虽然青岛的海洋环境绝大部分都处于清洁水平，偶有垃圾漫滩及浒苔等的影响，但随着海洋产业的发展，近海渔业资源退化、淡水资源严重不足等问题开始加重，同时海洋油气与钢铁等重大工业项目开发等所带来的污染会造成环境日益恶化。此外，公众对海洋生态环境保护意识还相对欠缺。如

何在发展海洋经济发展的同时加强海洋生态环境保护，需要进一步的研究。

3 促进青岛市海洋强国建设的对策

从长远看，随着我国港口开放力度的加大，我们要以习近平总书记提出的以"一带一路"建设为重点，将青岛在"一带一路"中的作用进一步加强，打造陆海联动、东西互济的布局。进一步促进青岛在北方航运枢纽的中心地位，使其作为区域性经济中心城市的影响力产生积极意义。

为推动青岛市的海洋强国建设，建议政府采取必要的措施来加快海洋经济的发展。

3.1 建立海洋产业服务体系

政府要树立创新服务意识，通过加强全球合作和引进资源，不断加快人才、科技、产业资本等各类海洋产业发展要素发展，形成互补合作、优势带动、整体联动的海洋经济发展的合作创新理念。要在整体摸底的基础上，对我市的海洋产业发展进行调研和协调，建立海洋产业合作与管理服务平台，协调企业解决发展中存在的难点问题，扶持海洋科技类产业项目，加强科技对海洋产业的领导作用，建设现代化海洋产业经济发展新模式。

从我市海洋产业的发展现状来看，我们要建立完善的海洋产业服务管理平台，根据国家行政管理体制改革要求，将涉及海洋经济的各单位各部门的职权进行统一、合理安排，打造一个事权清晰、责任分明的治理模式，使相关职能单位能无缝衔接，处理好涉及海洋经济发展的各项任务，实施无缝化、全覆盖的管理、服务模式，解决我市海洋经济发展中存在的散乱无序的制度难题。

3.2 完善海洋产业布局

根据我们国家自上而下制定的海洋经济发展规划，再结合青岛市的海洋产业现状，合理制定发展海洋产业的目标、任务等，为我市海洋产业的发展

铺好道路。

3.2.1　加强战略性新兴产业发展

从全球发达国家对海洋资源的重视来看，海洋新兴产业必将迎来新一轮的发展。我们不能坐等观望，要利用现有海洋产业的基础，打造海洋生物医药、海洋新能源等海洋新兴产业项目，同时，要加强引进国内外先进的海洋开发与科研平台。

3.2.2　继续加强海洋先进制造业的发展

《中国制造2025》规划的陆续实施，为我市海洋工程装备、海洋船舶、邮轮游艇等现代制造业的智能化发展指明了方向。现在我市的一些重点项目相继开展，正促使相关海工产业装备的现代化进程大大加速。

3.2.3　创新海洋现代服务业

服务业是我国正在大力发展的第三产业，而现代海洋服务业是整个海洋类产业链的高附加值产业，是我国海洋经济发展的新延伸。它在我们的滨海旅游、海洋运输等传统产业中依然具有较大的发展空间和提升空间，同时在海洋金融服务、海洋信息服务等新型海洋服务业方面有强大的生命力，有利于改善传统的产业结构和提升海洋产业的层次。

3.2.4　提升海洋现代渔业发展思路

传统的海洋渔业越来越受到船舶吨位和渔业数量和质量的影响，需要运用现技术进行改造，在发展远洋渔业的同时，要促使其产业结构的优化升级，发展现代海洋养殖等新型渔业方式。不断完善现代海洋产业新体系，使其从低端产业向创新发展，持续推动海洋经济集约化发展进程。

3.2.5　发展航运业的中心功能

构建青岛航运业的相关产业链条，加快完善"海、陆"对接现代综合运输通道，提高港口在国际航运体系中的资源配置能力，加大港口周边集疏运体系建设力度，扩大港口的知名度与地理优势，加大货物吞吐量及中转量，延伸临港工业的价值链条。

3.3　要建立金融与科技的助力机制

海洋经济的发展需要金融和科技的共同支持。要促进金融与科技在海洋项目上的融合，支持海洋经济的发展和海洋产业的壮大，打造现代海洋经济发展新机制。要发挥创投和财政资金的支持，采用多种方式支持海洋科技成果的转化，如使用"拨、投、贷、补、奖、买"等多种举措促进企业的创新及科研能力，同时对财政资金的投入方向要有具体目标，重点在公共研发平台、科技孵化器等的建设及成果转化上加大扶持，转变传统的以拨款和补贴为主的政策方式，合理构建政府与民间资本共同合作机制，发掘社会资本的灵活性与先进性，共同建设以杠杆撬动产业发展的产业基金，助力海洋产业的升级发展。

3.4　要加强人才的储备与激励政策

我们要继续加大人才工作力度，为人才的安家落户和成果孵化提供力所能及的帮助。

（1）积极通过各种政策拓宽海内外引智招才渠道。要使人才政策在覆盖范围上更广、扶持力度上更大，而且在引进人才、激发人才活力等方面也提出了更有竞争力的奖励机制。组建海洋科技项目等招引专班，有针对性地去搜寻、洽谈所在领域的"龙头"项目、高端人才。

（2）加快人才管理改革步伐，探索建立与国际接轨的科学化、社会化、专业化人才评价机制，鼓励科研机构和科技人员采取多种股权形式推动海洋科技进步，激励人才的创业创新。

（3）对引进的人才，要做好安家、孩子上学等后勤工作以及家属就业生活保障等方面的措施，切实提升人才服务水平，为各类人才的留青工作营造舒心环境，使他们心甘情愿地"留下来"。

（4）建立人才储备库，加强与科研机构的研发合作，大力培养本地学术带头人和技术拔尖人才，同进加大海洋高精尖人才培养力度，建立产学研一体化平台，发挥人才的凝聚和带动示范作用，加强人才队伍能力建设。

全球经济一体化的今天，海洋已成为我们的下一个经济发展重点，我们要认清现状，加大产业开发力度，不断推进海洋强国战略的全面快速实施。

参考文献：

[1]王东翔，吴加琪，尹正德.青岛市蓝色经济发展状况评价分析[J].中国国情国力.2010（6）.

[2]王晶.汇聚蓝色"基因"发力蓝色经济[N].中国海洋报.2018-06-27.

作者简介：王致信，中共青岛西海岸新区工委党校，讲师

联系方式：13583281661 @126.com

浅谈青岛建设时尚之都的制约因素与对策

周春华

摘要：建设时尚之都是青岛市委市政府做出的重大决策部署。目前，拥有丰富时尚资源和浓厚时尚基因的青岛，已具备了建设时尚之都的条件，但也面临时尚城规划相对滞后、时尚产业体系不健全、时尚之都龙头不多、时尚人才匮乏、时尚文化底蕴不足等制约因素。为此，应通过优化设计、时尚规划做起来，综合施策、时尚产业强起来，不拘一格、时尚人才用起来，兼收并蓄、时尚文化兴起来等措施加以解决。

关键词：时尚之都；制约因素；对策；青岛

近年来，青岛市坚持以习近平新时代中国特色社会主义思想为指导，认真落实全省经济工作会议和省人代会部署要求，明确进攻方向，发起一个又一个攻势，向着"把青岛建设成为开放、现代、活力、时尚的国际大都市"的目标阔步迈进。为此，青岛市出台了《青岛国际时尚城建设攻势作战方案（2019～2022年）（讨论稿）》，明确了青岛国际时尚城建设的总体要求和主要目标——到2022年，将青岛打造为创意活跃、消费时尚、文化多元、体育发达、展会高端、令人向往的国际时尚城。由此，青岛发起国际时尚城建设的强大攻势，不断提升青岛的城市品质和时尚气质。本文就青岛建设时尚之都的制约因素进行分析，并对青岛高质量建设时尚之都的对策进行探讨。

1 青岛建设时尚之都的制约因素

青岛拥有丰富的时尚资源和浓厚的时尚基因，历来就有锐意向前、引领潮流、开风气之先的传统。天生丽质的青岛，素有"东方瑞士"之称，是我国首批开放的沿海城市，国家历史文化名城、啤酒之城、品牌之都的称号享誉海内外。建置100多年来，无数"中国第一"在这里诞生：第一家中国人经营的电影院，中国第一个帆船俱乐部，亚洲首个海洋馆等。在城市崛起过程中，青岛的经济、文化、品牌等优势日益显现，时尚气质与日俱增。青岛内涵丰富的"大时尚"产业链不断拉伸，时尚故事几乎天天上演。可以说，青岛打造国际时尚之都的基础和时机已经成熟。

但客观地看，青岛建设国际时尚之都，也还有不少的制约因素，面临挑战。

1.1 时尚城规划相对滞后

严格来说，青岛在去年之前并没有真正意义上的时尚城建设设想，时尚城建设一直缺乏明晰的思路，自然也就没从顶层设计层面对城市的建设与发展进行宏观的"时尚设计"。时尚产业发展也缺乏系统性、全局性、长远性的产业规划及空间布局，与时尚城发展相配套的促进与引导政策、措施也不完备，缺乏对时尚产业的宏观指导与统筹协调。所以，青岛的时尚元素就像一颗颗散落的珍珠，显得有些零乱无序，给如今的时尚之都设计留下了许多硬伤。

1.2　时尚产业体系不健全

青岛市的时尚产业链条比较短，聚集度不够。随着全球经济状况的回暖和消费者消费理念的升级，时尚行业正处于快速发展时期，新一轮产业技术不断涌现，新的消费理念逐步升级，给我市乃至全国时尚产业发展带来新的发展机遇。虽然青岛市有良好的时尚产业基础，时尚产业起步也比较早，但青岛的时尚产业体系不够健全，产业链条较短，产业关联度较低，还没有形成具有竞争优势的时尚产业集群，未能形成特色时尚文化和时尚规模经济，在行业和市场中的影响力及综合竞争力有待提高。

1.3　时尚之都龙头不多

青岛的时尚产业虽已有一定的规模，青岛的纺织工业也曾享有"上青天"的美誉，然而，在全国的时尚行业中，青岛的时尚产品量级不大、品位不高、品牌较少，世界知名品牌少之又少，品牌的知名度、美誉度、忠诚度不高。同上海、深圳、成都、北京、苏州等国内发达的时尚城市相比，青岛时尚产业界龙头企业少、规模较小，辐射力、影响力、带动力还不强，难以发挥引领带动作用。

1.4　时尚人才匮乏

时尚之城的核心是人才。但总体上看，青岛的时尚人才存在三方面问题。第一，时尚人才总量太少，高端创意人才少之又少。第二，时尚创意管理人才缺乏，有头脑、善经营、会管理的专家型人才匮乏。时尚创意产品产业化、市场化运作的人才奇缺，时尚产品推广不到位。第三，时尚人才的原创力不足。时尚产品最大的价值在于"独创、原创"，但在时尚界，"原创不够，模仿来凑"的山寨作品并非只是个别现象，这也造成了"青岛智造"的"自嘲"窘境。想象力干枯、创造性稀缺造成审美意蕴的匮乏、文化价值的损耗，也带来时尚文化的断裂，致使时尚作品不时尚、创意产品无创意。

1.5　时尚文化底蕴不足

从本质上讲，时尚是文化的再次发掘和文化的演绎、凝练、升华。创造属于自己的文化标签，正是打造时尚之都的根基之所在。但由于缺乏自觉的建设时尚之都的规划设想，早年的青岛就没有自己的时尚文化定位，缺乏明晰的时尚文化辨识符号和独特的时尚文化韵味。

2　青岛建设时尚之都的对策和措施

时尚之都有几个显著的特点：一是时尚产业高端要素的聚集基地，二是时尚潮流的引领之地，三是时尚活动丰富的城市，四是时尚文化、时尚品位厚重和经典的城市，五是时尚产业发达的城市。从这些特点来看，青岛建设时尚之都，应从以下几方面重点发力。

2.1　优化设计，时尚规划搞起来

2.1.1　完善时尚城市总体规划

对青岛的城市总体规划进行时尚设计，进一步增强"时尚元素"，彰显青岛"古今交融、中西合璧"的海派文化特色。同时，要对青岛的时尚产业、各区市时尚产业发展格局、时尚要素聚集度高的区域等进行合理的空间布局，并高起点、高水平地规划设计青岛独具魅力的时尚街区、时尚地标和时尚集散地。

2.1.2　打造时尚城市发展环境

加强政策扶持几乎是世界上所有时尚之都共同的做法。首尔、东京等新兴时尚之都，都是在政府大力扶持之下形成的；法国、美国等时尚产业发达的国家，其发展也主要靠政府扶持，其中法国表现得尤为突出。要尽快出台支持时尚产业发展、鼓励传统企业时尚化转型、吸引时尚人才就业定居的相关政策，营造有利于产业发展的大环境。一是制定切实可行的时尚城市建设促进政策，区分不同行业、区域进行扶持，淘汰落后企业，推进产业集聚，协调产业布局，强化专业优势，完善产业链。二是成立领导小组，组建由市主要领导任组长，经济、科技、商务、人社、财政等单位参与的时尚城市建设发展领导小组，充分发挥各成员单位的优势，加强组织协调，提供制度保障，创造良好环境。

2.1.3　规划建设时尚综合体

从城市规划、产业布局等各个方面统筹考虑、策划，让时尚元素渗透到城市每个角落，让城市洋气起来。我们应借鉴上海新天地等城市时尚地标建设的成功经验，依托中山路、八大关等历史文化街区等历史文化资源，结合万国建筑博览区建设，规划建设国际时尚城核心区，建设青岛时尚地标——"青岛新天地"，打造青岛引领世界潮流的国际时尚展示中心、体验中心和文化交流中心，用"时尚"改造西部老城区。要学习借鉴深圳城市开发建设的成功经验，在规划建设公共文化、体育等设施时，超前统筹设计、总体布局，在旧城改造和新区开发时注意保留和注入时尚元素，协调发展好商业、旅游、体育、展赛等时尚要素，以实现城市规划建设与时尚元素的有机融合。

2.2　综合施策，时尚产业强起来

时尚产业最显著的特点是"两高两低"，即高附加值、高融合性和低消耗、低污染。时尚产业是城市经济社会发展的重要推动力和城市向高品质转型发展的新动能。时尚产业有着广阔的发展前景，促进时尚文化发展正当其时。

2.2.1　搞好时尚产业长远规划

政府要制定明确的长远规划，以持续积蓄时尚产业的发展动能。伦敦早在2003年就发布了《伦敦：文化资本——市长文化战略草案》，提出了20多项具体实施措施。2008年法国财经就业部在法国工业发展战略总司下设立纺织服装和皮件工业发展处，专门负责规划相关产业政策和制定相关战略，服务范围覆盖法国的大企业，还为小微企业提供同等服务。这些成功做法和经验很值得我们学习借鉴。

2.2.2　加大时尚产业政策扶持

积极实施时尚企业促进政策，将符合条件的企业认定为时尚企业，享受时尚产业政策，在税收返还、研发费用等方面给予奖励和扶持。要积极探索建立时尚产业发展专项基金，鼓励风险资本和优秀人才进入时尚产业，对全市具有相对优势的服装服饰、家居纺织、文创艺术等相关行业给予资金扶持，促使其发展壮大。

2.2.3　培育时尚品牌

一是创建知名品牌。大力实施本地化时尚品牌战略，形成特色鲜明、竞争力强的自主品牌创新体系。强化品牌管理，积极参与品牌认证，促进企业提档升级，力争早日培养出一批具有自主知识产权的时尚知名品牌。

二是培育大型企业。要突出重点，着力孵化、扶持和打造一批辐射带动力强的时尚龙头企业，促进优势资源向时尚龙头企业集中、向集群化方面发展。鼓励企业实施集团化、全球化发展战略并做大做强。

三是提升小微企业。扎实做好时尚企业"退低进高""退散进集"工作，集聚和规范低、小、散时尚企业，引导家族时尚企业向现代企业转型，支持时尚企业合作开展协同配套和产业链整合，提升时尚行业综合水平。

四是培育产业集群。用足、用活时尚城发展促进政策，培育具有青岛本土特色的时尚产业集群。

2.2.4　不拘一格，时尚人才用起来

一是广育时尚人才。鼓励支持驻青岛高校、职业院校增设时尚产业研究、时尚产品设计、时尚营销等方面专业。同时，积极与国内外时尚类优质高校、专业机构开展技术交流合作，坚持学历教育与职业教育并举，大力培养时尚创意设计与时尚经营

管理结合的实用型、复合型人才。要积极探索与在青高校、职业院校建立时尚产业人才培养孵化基地，借助相关高校、职业院校在教育、科研、人才等方面的优势和我市在综合资源、政策扶持、营商环境等方面的优势，共同促进青岛时尚类教育培训、科技研发、产业孵化等新型创新载体和基地的建设，同时也更有效地推进高校、职业院校在时尚教育、时尚人才培养、时尚科技研发等方面的实践和探索。

二是厚待时尚人才。建立时尚产业人才引进奖励机制，参照国家"双创"示范基地的奖励标准，对来青创业、投资的时尚设计师、时尚买手、时尚与奢侈品管理人才、时尚品牌运营人才等高端人才给予政策扶持和创业资金支持，同时在教育、医疗、子女就学、家属就业等方面给予倾斜支持。

三是优选时尚人才。加快建立时尚专业人才信息跟踪数据库，着力发现优选一批时尚产业领域跨界领军人才和拔尖创新人才。重点引进选拔软件设计、动漫游戏、咨询策划等创意产业人才，加快集聚一批时尚创意产业发展所需的创业、创新、创造人才。

2.2.5 兼收并蓄，时尚文化兴起来

一是深度挖掘传统文化。综观时尚业界，传统文化正成为我国时尚产业的新支点。因此，要把我国独有的文化元素和传统美植入青岛的时尚生活、时尚产品和时尚品牌中，让我国优秀传统文化通过时尚艺术形式，润物无声地影响世界，传播好中国故事。要对历史文化城区、街区、古建筑活化利用，纳入时尚之城范围，且紧密与时尚文化相结合。青岛老城区的文化遗产正在加速实现转型升级。始建于1901年的安娜别墅已成为"网红打卡地"——青岛书房。同时，要认真深入研究消费变革，尤其是新生代对时尚发展的新要求，同时要认识到科技发展对设计、方法、理念、模式带来的影响，包括产业链协同创新带来的价值，从中国经典文化中汲取新能量。

三是吸收外来优秀文化。融合中西因素的创新表达已成为时尚产业发展的新特征。实现优秀文化传承、包容中外多种美学，成为时尚创新的新趋势。从卖产品、卖服务到输出中华优秀文化，我国时尚产业正在开拓更多的以民族文化为元素的产业内涵，让文化创意与时尚产品紧密相连，打造世界知名的东方时尚文化。

三是融入彰显中国核心价值观的先进文化。社会主义核心价值观是新时代我国时尚文化发展向上向善的核心基因。走在复兴之路上的中国，迫切需要建构具有中国时代精神的时尚文化理念，这对于提升国家文化形象，提高国民文化素养，弘扬民族文化精神，扭转国际主流时尚思潮被欧美长期垄断的局面意义非凡。青岛的时尚之都建设，不仅要注重"高颜值"，更要传承中国精神，给青岛这座时尚之都植入一颗具有中华印记、彰显时代特征、展现青岛魅力的"中国心"。

作者简介：周春华，中共青岛西海岸新区工委党校，高级讲师

联系方式：jndxzch@126.com

文旅融合背景下青岛国际时尚城形象传播力提升研究

李丹丹　李修平

摘要： 青岛国际时尚城建设已经取得了一定的成绩，增强城市形象传播力是发动青岛"国际时尚城建设攻势"作战的关键。城市形象传播是一个系统性的工程，应该依托文化、旅游两大支柱产业，发挥政府引领作用，借"后峰会时期"的影响力，深耕青岛优质文化资源，讲好青岛故事，全面提升青岛城市形象传播力；采用多媒体联动，拓展对外传播媒介渠道，加强一流国际自媒体建设，构建网络传播空间命运共同体；依托文旅优势，全渠道整合营销传播城市形象，创新"青岛印记"品牌传播；注重受众群体特点，依托大数据实行分众化、差异化传播，增强对外传播的针对性和实效性。

关键词： 文旅融合；时尚城；城市形象；传播力

国际时尚城是指"在时尚领域具有国际影响力、引领区域时尚潮流的城市，是一座城市的时尚产业、时尚文化等高度集聚的空间形态。它不仅是时尚消费之城，而且是集多种功能于一体的国际化的时尚流行的策源地、时尚文化的交汇点、时尚扩散的枢纽区、时尚贸易的集聚区、时尚品牌的集散地，时尚活动的荟萃地"。中共青岛市委十二届五次全会把"时尚"作为青岛建设国际大都市的四个定位之一，并提出要发动"国际时尚城建设攻势"，这是青岛首次明确把"时尚"作为城市发展的主要目标。作为新亚欧大陆桥经济走廊的主要节点和海上合作战略支点城市的青岛，其国际时尚城形象建设虽然已经取得了一定的成绩，但其形象传播还存在很大的改进空间，我们需要追根溯源，理清传播过程中的短板，稳步推进，打造具有世界影响力的时尚之都。

1　青岛城市形象定位

城市形象建设与传播是适应城市可持续发展的

要求，应对城市间的激烈竞争的需要。青岛地处山东半岛东南部沿海，胶东半岛东部，濒临黄海，是国家历史文化名城、中国道教的发祥地，6000年以前就有了人类生存和繁衍。青岛是副省级城市，"红瓦绿树，碧海蓝天"的城市形象定位使其声名远扬，成为著名的海滨旅游度假疗养胜地。青岛地理位置极佳，是百年制造名城，也是新亚欧大陆桥经济走廊主要节点和海上合作战略支点城市。如今，随着在国内外影响力的提高和城市定位上的改变，青岛有了新的发展机遇和方向，青岛市政府明确要将青岛打造为创意活跃、消费时尚、文化多元、体育发达、会展高端、令人向往的国际时尚城。

2　青岛国际时尚城形象传播现状及问题

当前，各国城市化、信息化的进程加剧，导致了城市间的竞争日趋激烈，提升城市形象传播力与城市竞争力是城市良好生存与持续发展的必然选择。文旅融合背景下，青岛国际时尚城的建设是青岛在城市激烈竞争下的必然要求，也是青岛保持良好可持续发展的关键所在。随着网络信息技术和5G时代的到来，社会进入了融媒体时代，这给青岛的城市形象传播提供了机遇，也带来了挑战，青岛在城市形象传播方面取得了很多成绩，但是与国际、国内的大都市相比仍相形见绌，在传统文化的挖掘和时尚因素的引进上都具有很大的提升空间和发展潜力。文旅融合对于青岛城市转型发展是一个不可错失的机会，在竞争激烈和发展向好的环境下，青岛的国际时尚城形象对外传播还存在很大的改进空间。

2.1　国际化与本土化融合不到位，城市品牌传播力不强

近年来，青岛无论是在政策还是在经济文化发展方面，都具备了从本土化特色城市向国际时尚城转变的条件，但调查表明大多数人对于青岛的了解还是较为陈旧，如"啤酒之城""幸福宜居城市"，但对于青岛近年来着力打造的新形象如"会展之滨""音乐之岛""国际时尚名城"不完全了解，国际化与本土化融合不到位，大众对青岛要走向国际化的认知不强烈。

2.2　新媒体传播开发不足，传播形式缺乏创新

根据调查结果显示，各年龄段的受访者通过广播、电视等传统媒体对青岛进行了解的占比是最高的，而通过手机客户端、移动短视频等新媒体获取青岛信息的占比为30%~60%。这些数据显现我们在新媒体传播方面投入的力度不够，新媒体的传播形式更能够满足大众接收信息的碎片化和移动化的需求。青岛国际时尚城的打造需要的是全方位、多角度的形象宣传，青岛应充分对新媒体进行调度和开发，让青岛国际时尚城的形象在新媒体技术的支持下得到最高程度的展现。

2.3　产业融合不到位，缺乏整合营销的传播模式

青岛是一座集自然风光和人文风情于一体的综合性都市，不仅在文化产业的发展方面有很大的潜力，旅游产业的发展前景也非常广阔。近年来，随着经济水平的提高和生活层次的不断提升，人们对于精神生活的需要也迈向了新的层次。来到一座新的城市，大众需要的是"一条龙"式的服务和享受。从营销者角度看，应该关注产业之间的营销模式，让大众在有限的时间内对青岛相关产业进行全面的体验、消费。青岛现在的发展模式还没有达到整合营销的标准，仅仅是对于单个产业的深度开发或者是几个产业之间的生硬结合。这种营销模式不会给营销者带来持续性的利益，也不能有力地提升青岛城市吸引力。

2.4　大众参与意识不强，文化鸿沟阻碍时尚城传播

城市建设从来都是从宏观到微观的全方位建设，在国际时尚城的建设过程中，青岛不仅要"引进来"，还要"走出去"，这既需要政府政策的宏观调控，又需要基层群众的大力支持和参与。调查结果显示，大众对于国际化的文化活动有一种不排斥、不主动的态度，对于国际化的时尚元素了解不多。而从"走出去"方面分析，青岛是一座民俗气息浓郁的城市，民俗老街、特色美食、民间技艺的传承等形成了青岛这座海滨城市独有的文化魅力，但是这些传统艺术或者传承人大多分布于农村或者郊区。对于外国友人来说，不易体验到青岛的传统文化。再就是文化鸿沟带来的交流障碍，在外国友人和民间艺术传承人面前，语言障碍的阻力，使得中国的文化魅力不能够完整、清晰地传播出去。

3　文旅融合背景下提升青岛国际时尚城传播力的策略

提升青岛国际时尚城形象的传播效果，需要从战略层面加以重视和策划，以青岛优质的文旅资源为依托，以政府宏观战略为引领，以传播途径创新为渠道，以塑造城市品牌为目的，讲好青岛故事，扩大青岛时尚城的影响力，全面提升青岛城市形象传播力。

3.1 发挥政府引领作用，借"后峰会时期"的影响力，深耕青岛优质文化资源，讲好青岛故事，全面提升青岛城市形象传播力

城市形象的塑造与传播不是一蹴而就的，政府必须进行有效的引导和管理，应当从战略上就目前青岛城市形象传播力不强的现状制定传播方案，对内加强品牌塑造传播，对外加强影响力传播。

第一，政府各部门的官方网站和主要媒体网站应采取多种语言选择，进而强化时尚城的宣传效果，提升本土化与国际化的融合力度，推进城市形象的传播速度。

第二，依托"后峰会时期"的影响力，挖掘和整合青岛优质的文化资源，使之与青岛现代商业有效融合，通过讲好青岛故事、传播青岛声音，实现从"对外传播事业"向"对外传播产业"的转型发展。

第三，以文化市场为导向，以文化产品为载体，以文化产业化为模式推进青岛文化、青岛形象"走出去"，全面提升青岛城市形象传播力。

3.2 采用多媒体联动，拓展对外传播媒介渠道，加强国际一流自媒体建设，构建网络传播空间命运共同体

随着新媒体尤其是社交媒体的不断发展，世界传播格局已发生了全面而深刻的改变。青岛时尚城形象的传播必须充分重视利用新媒体渠道与平台，坚持移动优先战略，全面推进传播创新。

第一，借助"两微一端"等新媒体平台传播青岛政务，注重运营政务微博、微信公众号，设置吸引公众关注且易于参与的议题，加强线上线下紧密互动，实现舆论导向，努力提升自身权威性和凝聚力，进一步增强城市形象对内传播的有效性。

第二，抖音在城市形象传播中最大的贡献便是利用短视频展开"吸睛大战"。青岛时尚城的传播主体要从综合实力与城市特色出发，带动用户合力传输城市优势与个性，力争抢占C位，打造具有本土文化特色的"网红打卡地""网红美食""网红音乐"等，共同构建青岛城市的新形象。

第三，在对外传播上，要依托海外华文传媒组织（是华侨华人在海外创办的以华文、华语为文化载体的传媒的总称），当前海外华文传媒已经成为覆盖全球27个国家和地区的"华媒航母"。青岛的国际时尚城形象传播需要与其交流合作，全面启动海外社交媒体平台，实行全媒体全时段面向海外网络受众的信息推送，加大海外传播力度，构建网络传播空间命运共同体，提升国际话语权。

3.3 依托文旅优势，全渠道整合营销传播城市形象，创新"青岛印记"品牌传播

青岛是知名的旅游度假城市，拥有丰富的文旅资源，我们应将这些资源与时尚元素有机融合，形成独具特色的"青岛印记"品牌。

第一，发掘城市文化特色，通过"旅游＋文化＋电影"途径提升形象传播亮点。首先要加强对城市文化资源的整理、挖掘、研究，提炼城市文化元素，发掘具有城市特色的文化，为文艺作品的创作、创意设计提供灵感和资源。青岛是著名旅游城市，蓝色海洋文化底蕴厚重，同时又被誉为"电影名城"。青岛的文化特色是挖掘的亮点，通过"旅游＋文化＋电影"的传播模式可以更好地将文化产业、文化传播、文化旅游、文化遗产的保护融为一体，相辅相成、互惠互利，既可以获得较大的经济效益与社会效益，还可以提升青岛的城市传播力。

第二，整合文化老街与旅游景点，突出地标建筑，打造全季节旅拍基地。青岛本身是一个天然的摄影棚，拥有碧海蓝天、红瓦绿树，以及栈桥、五月的风、灯塔等标志性建筑物，从八大关到太平角，从啤酒街到海云庵民俗文化街，一直是婚纱摄影旅游拍摄的重要景点，通过旅拍基地的建设，可以打破青岛只有夏天才是旅游旺季的限制，打造"浪漫樱花春季拍、嗨啤酒节夏季拍、八大关金秋深度拍、糖球会民俗拍"的一年四季的旅拍模式。

第三，打造基于AR、VR的城市形象体验式传

播项目，如打造"徐福东渡VR实景体验""崂山故事VR实景体验""电影情节VR实景体验""名人故居AR互动"。

第四，挖掘青岛传统文化IP，提升"互联网＋文旅"全产业链传播模式。青岛传统文化的挖掘、产业化的IP传播，既可以带来社会效益，又可以提升经济效益。青岛的文化内容可谓是IP文化题材的宝库，可以通过"互联网＋文化产业"模式，打造青岛名人故居文化体验游，青岛民俗、民间故事地标游，青岛传统民间艺术衍生品开发，蓝色海洋、港口文化活化表达等内容，延伸媒体立体的产业链，扩大城市影响力。

3.4 注重受众群体特点，依托大数据实行分众化、差异化传播，增强对外传播的针对性和有效性

城市形象的对内传播需要全体市民的共同参与，应将城市民众置于中心地位并最大限度地激发民众的参与热情。

第一，青岛的城市形象塑造多由政府部门制定和实施，在此过程中应通过各种媒体进行民众调研，提升民众的参与度，还可以面向民众开展城市形象的各种标识征集、征文比赛、"讲好青岛故事"、有奖竞猜等活动。

第二，青岛国际时尚城形象的对外传播一定要注重文化差异，实行分众化传播，进而增强对外传播的针对性和有效性。建立海外受众数据库，依托大数据对目标市场受众进行传播效果的科学评估，形成反馈机制，进而把青岛故事、青岛文化、青岛历史等最原生态的内容传播出去。

青岛时尚城形象传播要依托文化和旅游这两大支柱产业，顺应时代发展，立足本地特色、打造城市符号，借助新媒体形态，鼓励民众广泛参与，不断挖掘独特的城市文化，全渠道整合营销传播，成功实现打造青岛国际时尚城的攻势目标。

参考文献：

[1]冷静.加快打造国际时尚城助推青岛国际大都市建设[EB/OL].（2019-05-07）http://www.qdxc.gov.cn/study/study/2019/0507/5621.html

[2]韩海燕.青岛，从历史中走来[J].走向世界，2018（24）：52-57.

[3]刘潇.城市形象的媒介传播策略[D].长沙：湖南大学，2009.

作者简介：李丹丹，青岛滨海学院，副教授
联系方式：43602297@qq.com

"后峰会时期"青岛城市形象的国际传播策略研究

公　静

摘要：本文以上合峰会后境外媒体对青岛城市形象的报道为研究对象，以媒介框架理论为基础，采用内容分析法和个案研究相结合，从主题内容、报道来源、报道倾向、刊发日期和文章篇幅等方面对样本进行研究。研究发现，境外媒体对青岛城市形象的认识存在印象刻板、缺少城市话语权等问题。最后，总结了从传播硬实力和软实力两个方面提升青岛城市形象国际传播力的策略。

关键词：城市形象；框架理论；国际传播

美国学者凯文·林奇提出，媒体是城市形象塑造和传播的重要渠道，除了个体经验，大众对城市形象的认知和接受离不开媒体提供的必要建构素材。[1]2018年6月10日，上海合作组织元首理事会第18次会议在中国青岛召开，众多境外媒体聚焦青岛。广泛的媒体报道提升了青岛城市形象的国际知名度，峰会的成功举办向世界展现了青岛城市的软实力。凯尔纳认为，媒体已成为当代社会文化现象发生、发展、运作的场所，媒体共同制造和展现特殊的媒体现象，我们所处的世界已经是"媒体奇观"的社会[2]，上合峰会无疑是世界级的奇观。习近平总书记指示青岛"办好一次会，搞活一座城"，放大办会效应。上合峰会之后，世界级的各种峰会接踵而来，青岛已经进入"后峰会时期"，如何展现城市的媒体奇观、如何有效构建青岛对外传播城市形象是值得思考的问题。

1　理论基础与研究问题

1.1　理论框架

城市形象传播是传播学研究的重要分支。在全球化传播的背景下，城市形象的国际传播研究已成为热门的领域。搜索知网关于城市形象国际传播的研究主要集中在三个领域：一是考察特定媒介环境下城市对外传播策略，如庹继光的《城市电视台提升对外传播效果的思考——以〈西望成都〉电视栏目为例》[3]、蒋欣等的《城市形象宣传片对外传播策略思考》[4]、孟建的《城市广播电视台如何做好对外传播——基于学习习近平对外传播思想的几点思考》[5]；二是以城市个案为例进行传播策略的研究，如杨凯的《城市形象对外传播的新思路——基于外国人对广州城市印象及媒介使用习惯调查》[6]、李萍《"文化成都"城市建设模式的国际传播——意识、契机、策略与方式》[7]、苏永华等的《杭州城市形象的国际传播》[8]；三是以体育赛事、会议等事件为切入点的城市形象国际传播策略研究，如杨琳等的《基于场域理论的国际马拉松赛与城市形象传播策略研究》[9]、魏然的《2020年东京奥运会城市形象国际传播策略及启示》[10]、涂志初的《基于武汉国际渡江节体育赛事品牌的城市形象研究》[11]。以上合峰会为节点对青岛城市形象的国际传播研究较少，本文对上合峰会后的青岛城市对象进行研究，以期总结有益经验，提升青岛城市形象的国际传播力。

本文以新闻框架理论为研究基础。1955年贝特森（Bateson）第一次提出"框架"是一种阐释规则，1974年戈夫曼（Goffman）认为"'框架'是组织事件的原则，人们根据个人主观性认识来建构外界意义"[12]。"从理论的应用方式来看，新闻框架研究通常划分为媒介的生产研究、内容研究和效果研究"[13]。也有学者总结框架分析法在传播学中的应用主要体现在三个方面：其一，是从新闻生产的角度来看媒体的内容框架如何被设置；其二，是从内容研究的角度来看大众媒体的内容框架是什么，即媒体框架；其三，是从效果研究的角度来看受众如何接收和处理媒介信息，即受众框架[14]。本文以框架理论范式研究新闻文本内容，侧重框架意义建构功能的研究。

1.2 本文主要对以下问题进行研究

一是英语媒体框架下的青岛城市形象；二是青岛城市形象的国际传播力；三是青岛城市形象国际传播的有效策略。

2 研究设计

2.1 样本选择

本研究选取的研究对象是境外英语媒体的报道，样本来自ProQuest全英文数据库，在NewspaperSource子数据库中搜索关键词Qingdao，选择语言为英语。为了考察上合峰会对青岛城市形象的影响，把时间区间选在峰会后的一年，即2018年7月1日至2019年7月31日，得到533则报道。泛读整理，去除中国报纸的英文版（如 *China Daily*，*People's Daily*，*South China Morning Post* 等），得到429则英文报道。再次精读发现文档类型如表1所示，429个报道样本中，395个样本是关于青岛企业获得美国各项专利的报道，且报道的模式一致，不在本研究范围内，因此，剩余34个样本成为研究重点。再次精读，剔除与青岛城市形象关系不大的报道，

剩余31个样本。

表1 本研究选取的文档类型

类型	新闻	时评	社论	一般信息	采访	其他
样本数	334	2	2	2	2	1

2.2 类目建构

笔者通过E-mail转发下载得到所选取报道的全英文原文，以每一篇报道作为一个分析样本单位，对有效样本进行深度分析。借鉴框架理论，对有效样本进行主题内容、报道来源、报道倾向、刊发日期和文章篇幅五大类目编制。

2.3 数据分析工具

本研究数据采用SPSS23和Excel软件进行量化统计，辅之以ROST Content Mining System进行文本内容分析挖掘。

3 文本分析结果

3.1 报道来源

对报道来源的总体数量进行分析，31份有效样本的地区分布如图1所示。泰国曼谷以10个样本占据首位，紧跟其后的是美国华盛顿和印度新德里。这种分布的原因，一是数据库只收纳全球有较大影响力的传媒集团的新闻报道；另一方面，数据库本身所属国为美国。这种报道也符合青岛与亚洲、欧洲以及北美洲经贸往来频繁的现实，在这些地区的城市形象曝光率自然高。媒体新闻数量一定程度上代表着传播力，总体来说，青岛城市形象在传统英

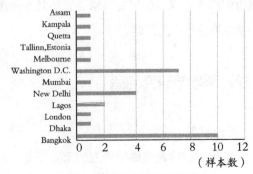

图1 报道来源的地区分布

文媒体的存在感不强，传播声音较弱。

3.2　报道倾向

根据报道内容体现出的不同态度，把报道划分为正面、中立、负面三个层次。如图2所示，从报道的倾向性看，约90％的报道呈现中立和正面态度，其中正面态度占55％。在选定时间段内国际英语媒体对青岛的军事、科技、自然风光等方面进行了正面肯定。负面报道的新闻约占10％。

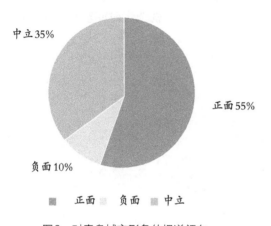

中立35%

正面55%

负面10%

■　正面　■　负面　■　中立

图2　对青岛城市形象的报道倾向

3.3　主题框架和内容分析

对31则新闻报道的标题并结合报道内容进行提炼、整理，合并为31个关键词，对这31个关键词进行词频统计。标题的词频统计发现，样本中出现次数较多的是军事、会议以及商业等内容。

通过精读发现，主题框架下青岛城市形象呈现形式较单一。报道样本内容中对青岛城市形象的认识具有刻板印象，主要有三种媒体框架：一是作为具有独特自然资源的海滨城市，尤其是优美的海滨风景；二是作为军事重地的海港码头；三是作为上合峰会举办城市。

根据李良荣在《新闻学概论》中对新闻的分类（政治新闻、经济新闻、文教卫生新闻、体育新闻和社会新闻），结合实际样本情况，把研究的31个样本呈现的青岛品牌城市形象按照政治形象、社会形象、文化形象和商业形象四大类进行统计分析。

3.3.1　商业形象

青岛城市的商业形象主要是指商业贸易、招商引资、产业规划和经济形势等报道所展现出的形象。在报道中，"商业与旅游之港""尤其电影业迅速崛起"，对青岛举办财富论坛、5G智能港口、空中客机等积极肯定。关于青岛啤酒的报道更是多有溢美之词，报道中称青岛受益于"一带一路"国家战略，在航空发展和商业繁荣方面多有正面报道。在《国贸商业机密案中K&L盖茨为青岛云路赢得诉讼》报道中，展现了青岛企业的负责任和据理力争的强劲的企业形象，为青岛城市的商业形象加分不少。

大体上青岛商业形象可归纳为：积极有序的东部沿海大市场；旅游、投资热情高，这也是青岛城市形象的最显著特征。

3.3.2　政治形象

政治形象包括政策制度、政府活动、重大会议、军事活动等。选取研究时段内的新闻报道，上合峰会、海军节中都提到了青岛独特的军事位置，特别是中俄联合军演和各国舰队登陆青岛的报道较多。国外传媒对青岛的报道《青岛港实现全自动化》和《青岛——中国电影业领先的城市》中，呈现的是积极、开明、有效率的政府；而且由于会议的成功举办，展现出青岛在会议举办方面的能力。所有样本中没有直接的关于青岛政治形象的负面报道。

总体而言，英文媒体报道的青岛政治形象是开明、开放与锐意改革的，以正面和中立报道为主，负面报道少。

3.3.3　社会形象

社会形象主要指城市的自然环境、公众人物、社会安全、生态环境等。英文媒体用优美海滨城市、德系建筑、摄影基地、等来描述青岛，对会议举办场所、社会氛围以及社会总体环境都有积极的评价。

3.3.4　文化形象

　　风土人情、科学教育、市民素质、文化创意产业（包含旅游业）、啤酒节文化以及体育艺术都属于城市文化形象。外籍球员的引进体现了青岛良好的文娱氛围。《青岛——中国电影业领先的城市》报道中提及了青岛文化发展，除此之外，英文媒体对青岛城市的文化形象关注较少。这反映了青岛城市形象的立体感不强，这与青岛城市形象建构目标——争做时尚国际化大都市的目标形象有差距。

3.4　刊发日期

　　如图3所示，从选定时间段的报道刊发数量而言，上合峰会后先是迎来了报道数量的增加。2019年中国海军节在青岛的举办又使报道数量在短时间内冲刺到小高峰，而所选时间段内其他月份的报道就相对比较少。报道数量的波动也符合大型节事、会议的举办都会为主办城市增加曝光率的预期。

3.5　报道篇幅

　　如图4所示，就选定时间段的报道篇幅而言，

报道数量（篇）

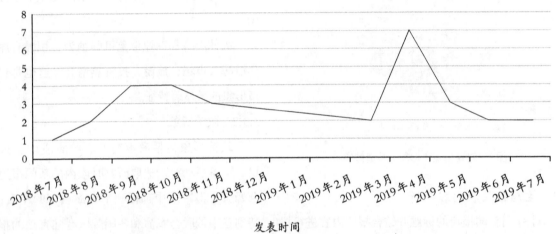

发表时间

图3　报道数量

报道篇幅（字）

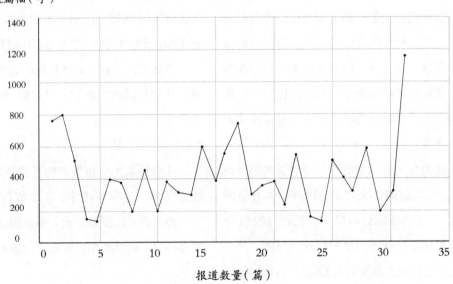

报道数量（篇）

图4　报道字数

以中短篇幅的报道为主，集中为300~500字，极少有长篇幅的报道。

4　小结及策略

4.1　小结

上合峰会使青岛城市品牌形象在短期内得到较高频次的国际曝光率，但是城市形象的塑造是一个长期的过程，如何维持热度、加速城市形象的国际传播是峰会后的研究热点。但是通过分析发现，青岛城市形象国际传播中仍然存在问题。

首先，对青岛城市形象有刻板印象，缺少人文、文化的立体构建。媒体报道对于青岛城市形象，在上合峰会后以会议举办地和风景优美的海滨城市为主。而青岛的文化底蕴、人文风情也是青岛的魅力所在。

其次，国际传播力较弱。选取时间段内的样本数量较少，城市形象的曝光度低，报道篇幅、字符数均少，报道规模小。

最后，城市的话语权少。境外媒体在报道中对信息源以及发言人的依赖度大，但是样本中援引样本也反映了青岛的话语权少，缺少对全球媒介的舆论引导力。

4.2　国际传播策略

从符号学角度，传播就是意义的互动，城市形象的传播就是在国家政治的叙事空间里城市个性的差异化呈现。除了政府作为城市形象传播的主要推动者，城市形象的利益相关者如游客、居民、商业等都会影响城市形象的建构与传播[15]。有学者总结城市形象内容为：经济表现、媒介和广宣、文化活动、政府政策以及城市规划五个维度[15]。增强城市国际传播力属于城市形象的"媒介和广宣"的内容，依赖于两个重要的因素，一是传播硬实力；二是传播软实力，这两者结合才能加速意义流动，形成较强的传播力。

4.2.1　传播硬实力

所谓"打铁还需自身硬"，强大的国际传播力建立在过硬的媒介宣传实力的基础上。第一，增强本地传媒机构的外文传播能力。国内媒体尤其是青岛本地媒体是英文媒体获取消息来源的主要途径，既节省成本也能保证消息的可靠性，而青岛本地的新闻媒体使用英语进行新闻报道的意识和能力都相对滞后。提升外文传播力才能提升国际事件报道中的话语权。第二，培养跨文化传播人才，形成独具一格的城市国际传播风格。由于中西文化差异较大，跨语言的文化传播难度加大，应培养跨文化传播人才，使本地传媒的外语传播常态化。第三，建立良好的对外传播机制。城市形象的国际传播，不仅要面临文化差异、价值观碰撞等人文因素，而且要面临复杂的国际局势，因此，建立长效的传播机制势在必行。如政府设立英语新闻发言人制度，主办地英语媒体主动进行传播报道，利用青岛众多的大学资源，鼓励相关人员研究评估指标，设立对外舆情监控办公室等。

4.2.2　传播软实力

所谓软实力，就是用灵活的传播策略丰富青岛城市形象传播的内容。城市形象国际传播具有特殊性，传播媒介以境外媒体为主，政府是城市形象传播的主要推动者，两者的关系显然不同于国内传播中政府与媒介的关系。一是要加强舆论引导力，相关主管部门进行议程设置、信源背书，这也是政府参与城市形象国际传播的重要途径。二是城市特色文化定位，挖掘城市鲜明文化特色，巧妙编码青岛特色符号。城市形象的对外传播归根到底还是一种城市文化的传播。"文化是一个民族的全部性格和偏好"，赵启正先生2013年在接受《对外传播》的专访时也曾用这个道理来解释对外传播的要领——"你讲你经济多好的时候，人家会嫉妒你。你讲你军事多发达的时候，人家会害怕你。只有你讲文化多可爱的时候，人家才会喜欢你。"[16]青岛文化内容丰富多彩，首先是啤酒节文化和海洋文化等具有国际知名度的符号，其次是道教文化、儒家传统文化等国际能见度相对较低的文化特色，合理组合编码让青岛文化走向世界，譬如青岛本地传统文化可以搭载啤酒节这一全世界瞩目的节事符号进行传播营销。

参考文献：

［1］周芬.美国媒体中浙江城市形象的话语建构研究［J］.浙江外国语学院学报，2016（5）：27-28.

［2］［美］道格拉斯·凯尔纳.媒体奇观——当代美国社会文化透视［M］.史安斌，译.北京：清华大学出版社，2003:2.

［3］庹继光.城市电视台提升对外传播效果的思考——以《西望成都》电视栏目为例［J］.新闻爱好者，2019（4）：75-77.

［4］蒋欣，叶阳.城市形象宣传片对外传播策略思考［J］.青年记者，2018（20）：27-28.

［5］孟建.城市广播电视台如何做好对外传播——基于学习习近平对外传播思想的几点思考［J］.中国广播电视学刊，2016（7）：23-25.

［6］杨凯.城市形象对外传播的新思路——基于外国人对广州城市印象及媒介使用习惯调查［J］.南京社会科学，2010（7）：117-122.

［7］李萍."文化成都"城市建设模式的国际传播——意识、契机、策略与方式［J］.中华文化论坛，2012，1（1）：143-147.

［8］苏永华，王美云.杭州城市形象的国际传播［J］.经济导刊，2011（3）：78-79.

［9］杨琳，许秦.基于场域理论的国际马拉松赛与城市形象传播策略研究［J］.湖南大学学报（社会科学版），2019（4）：147-152.

［10］魏然.2020年东京奥运会城市形象国际传播策略及启示［J］.体育文化导刊，2017（3）：30-34.

［11］涂志初.基于武汉国际渡江节体育赛事品牌的城市形象研究［J］.包装工程，2015，36（6）：29-31，36.

［12］Goffman E. Frame Analysis. Cambridge: Harvard University Press，1974：9-21.

［13］周萃，康健.美国主流媒体如何为"一带一路"构建媒介框架［J］.现代传播，2016，38（6）：163-165.

［14］Henrik Gert Larsen.A hypothesis of the dimensional organization of the city construct：A starting point for city brand positioning［J］. Journal of Destination Marketing and Management, 2015（1）：13-23.

［15］AhmadrezaShirvaniDastgerdi, Giuseppe De Luca. Strengthening the city's reputation in the age of cities: an insight in the city branding theory［J］. City, Territory and Architecture，2019（6）：2.

［16］王眉，李倩.赵启正：目前是中国对外传播空前的好时机［N］.对外传播，2013-05-23.

［17］赵永华，李璐.北京城市形象国际传播中受众的媒体选择与使用行为研究——基于英语受众的调查分析［J］.2015（1）：49-50.

［18］KellerKL.Strategic Brand Management: Building, Measuring & Managing Brand Equity［M］. New Jersey:-Prentice Hall, Inc.，1998.

［19］张平淡.品牌管理［M］.北京：中国人民大学出版社，2012：275.

［20］郭小安，滕金达.衍生与融合：框架理论研究的跨学科对话［J］.现代传播（中国传媒大学学报），2018，40（7）：46-53.

作者简介：公静，青岛滨海学院，讲师

联系方式：56907794@qq.com

5G 智慧博物馆发展趋势及对青岛的影响

吕绍勋

摘要：智慧博物馆是博物馆发展的新形态，5G 技术为智慧博物馆带来了更多的可能性。国家出台了一系列政策支持智慧博物馆的发展，全国各地也取得了不少成功的经验。尤其是新冠疫情期间，智慧博物馆更是展现了前期建设的卓越成就和发展的正确方向。青岛应该整合自身优势，借鉴成功经验，积极建构全市范围内的智慧博物馆生态系统。

关键词：5G；智慧博物馆；青岛

随着科技的日益发展，博物馆的发展也呈现出新的态势，智慧博物馆作为博物馆未来发展的主流形态，已是大势所趋。智慧博物馆包括三个方面：针对公众的"智慧服务"、针对展品的"智慧保护"和针对运营管理者的"智慧管理"。5G 时代的来临，为智慧博物馆建设提供了更加可靠的技术支撑，为其发展样态提供了更多的可能性，一系列影响深远的变革正在博物馆界发生，许多地区已经领先一步，取得了不错的成绩。青岛博物馆数量众多，处在全国领先地位，应该抓住机遇，全城统筹，积极推进 5G 智慧博物馆建设，引领时尚，开创风气。

1 智慧博物馆是大势所趋，5G 将带来更多新的可能

1.1 国家高度重视智慧博物馆建设，出台了一系列相关文件

我国高度重视智慧博物馆建设，相继出台了一系列指导智慧博物馆建设的文件，如《关于进一步加强文物工作的指导意见》《国家文物事业发展"十三五"规划》《"互联网＋中华文明"三年行动计划》《关于加强可移动文物预防性保护和数字化保护利用工作的通知》等，提出了要充分利用数字化手段实现文物和信息资源的科学管理、传播和利用，更好地促进文物"活"起来等，智慧博物馆是大势所趋。

1.2 智慧博物馆是博物馆发展的新形态和新趋势

智慧博物馆是科技创新时代博物馆发展的新形态。按照博物馆的发展历史，大概可以分为传统博物馆、数字博物馆和智慧博物馆三个阶段。传统博物馆以藏品为中心，数字博物馆以技术为主导，智慧博物馆以人为中心。这三个阶段，每一个都以前一个阶段为基础，如数字博物馆的技术处理，是以传统博物馆的藏品实物为基础的，而智慧博物馆则是在数字博物馆基础上衍生而来的，是数字博物馆的升级版。

智慧博物馆有广义和狭义两种定义。"广义地讲，智慧博物馆是基于一个或多个实体博物馆（博物馆群），甚至是在文物尺度、建筑尺度、遗址尺度、城市尺度和无限尺度等不同尺度范围内，搭建的一个完整的博物馆智能生态系统。"[1] 而狭义上的智慧博物馆，则是指基于博物馆核心业务需求的智能化系统。

智慧博物馆相对于传统博物馆和数字博物馆，

更加具有优势。"智慧博物馆针对数字博物馆技术主导的误区，坚持需求驱动、业务引领，通过重新梳理和构建博物馆各要素的关联关系而形成合力，加强了博物馆服务、保护和管理工作的协同。"[1]之前，实体博物馆之间具有明显的物理、空间界限，实体博物馆与数字博物馆之间具有明显的技术和形态界限。但是智慧博物馆的出现，大大淡化了这些界限。智慧博物馆围绕着博物馆的核心业务，实现了实物、人和数据三者之间的多元化、双流向的信息互动。但其信息传递模式的核心还是人，以人为中心，以人为本。智慧博物馆"形成了以博物馆业务需求为核心，以不断创新的技术手段为支撑，线上线下相结合的新型博物馆发展模式"[2]。

1.3　5G技术为智慧博物馆建设提供了新的可能

自从2018年5G技术登上历史舞台以来，给社会发展带来了新的变化和可能性，移动信息化与社会各行各业的深度融合正在逐步形成。5G的一个关键特点，就是不同范围内终端用户的各种通信需求，都可以通过移动网络获得支持，最终构建成为一个万物互联的智能世界。这个万物互联的智能世界能够给用户提供更加便捷的生活和更加人性化的服务。在智慧博物馆建设过程中，5G能够在智慧保护、智慧服务、智慧管理等领域带来变革性的进步。

"随着新技术、新理念不断融入博物馆行业，将带来从文物保护、藏品管理、资源共享，到博物馆展示、服务、传播等一系列深刻而持久的变化。备受期待的智慧博物馆不仅是人类历史文明精粹的珍藏地，更将成为集社会教育意义与时尚、好玩于一体的新型公共文化服务场所，那些古老的文物也将借助科技力量，真正'活'起来。"[3]

2　我国5G智慧博物馆建设已初步取得成效，积累了成功经验

2012年IBM宣布与巴黎卢浮宫博物馆合作，建设欧洲第一个智慧博物馆，开启了智慧博物馆建设的热潮。2018年5月，俄罗斯艾尔米塔什博物馆部署了5G试验区，是全球首个运用5G技术的博物馆。

我国智慧博物馆的试点工作开始于2014年，由国家文物局确定试点单位，首批包括秦始皇帝陵博物院、内蒙古博物院、广东省博物馆、甘肃省博物馆、金沙遗址博物馆、苏州博物馆6家单位。

2018年11月，湖北省博物馆与湖北移动开始合作打造全国首家5G智慧博物馆，开展5G技术和文物展示、馆区管理等方面的合作与研究。"目前，湖北省博物馆已实现5G网络全覆盖，多项5G应用也已落地。走进'用也智慧博物馆'，观众能'秒'获服务设施等基础信息，同时通过5GAR/VR等'黑科技'身临其境感受古老文明的魅力。"[4]2019年9月，该馆全国首个"5G智慧博物馆"正式上线，世界各地任何一个地方的观众，只要在手机上下载该APP，就能体验到极其真实的游览效果，亲密接触馆藏的国宝和文物，不但是把博物馆"带回"了家，而且是"随身携带"。"5G智慧博物馆"可以为观众提供三种观览方式、两款互动体验和三项特色功能。三种观览方式包括传统语音讲解、5G AR导览和5G全景导览；两款互动体验包括"乐"主题编钟VR体验和"兵"主题古战场VR体验；三项特色功能包括文物3D精品展、5G线上馆和5G全景直播。

目前，"5G智慧博物馆"已在我国更多地区试验成功。2019年3月，河南联通协助中央广播电视总台完成河南博物院的5G+4K直播测试，将河南博物院镇院之宝——象牙白菜的高清画面实时、流畅、稳定地传送到北京央视大楼。[5]"2019年3月，故宫博物院和华为签署战略合作协议，共同开展打造5G应用示范、建设故宫智慧院区、举办人工智能大赛等方面合作，进一步推动故宫博物院的数字化、信息化、智慧化建设。"[6]2019年7月，郑州博物馆与河南联通"5G智慧博物馆战略合作协议"签约，共同打造博物馆行业首个"5G联合创新实验室"。2019

年10月，宁波天一阁博物馆与宁波电信、华为签署战略合作协议，共建宁波首家5G智慧博物馆。

3　新冠疫情的出现，更加凸显了5G智慧博物馆建设的重要性

2019年底爆发的新冠肺炎疫情，已在全球形成蔓延之势，对全球化进程和世界经济秩序带来了前所未有的冲击和挑战。人们的日常生活方式也面临着巨大的改变。疫情期间，文化娱乐场所全面关闭，人们被迫待在家中，文化娱乐需求大幅度压缩，寻求文化娱乐的方式也大大改变，线上娱乐和线上消费大幅度提升。文化娱乐业线上线下两重天，倒逼许多企、事业步上"云"端。

新冠疫情对于博物馆行业也带来了一次深刻反思的契机。疫情期间，为配合防疫工作，博物馆、图书馆、美术馆等公共文化结构陆续宣布闭馆。从2020年2月1日开始，"国家文物局陆续汇总推送了六批共300个线上展览和数据平台。大众足不出户，仍可欣赏文物，云看展览。其中有中国国家博物馆、故宫博物院等综合大馆，也有革命历史博物馆、纪念馆等专题小馆。"[7]这些线上博物馆资源的开放，是疫情期间带给大众的难能可贵的文化慰藉，也是博物馆自身发展状况的一次展示，是实体博物馆在数字空间的延伸，带动了博物馆的人气和相关文创产品的销量。

如果没有之前智慧博物馆建设的成果，没有强大的技术、数据、运行机制等支持，是不可能一夜之间将博物馆的藏品、展览、活动、教育、娱乐等同步到线上的。疫情期间线上博物馆的良好收效，肯定了博物馆数字化、智能化建设的正确方向和成就，在向社会交出满意答卷的同时，也更加明确了行业的发展方向。

4　积极推进青岛5G智慧博物馆建设的建议

4.1　全域统筹，搭建全市范围内的智慧博物馆生态系统

截止到2019年5月，青岛市依法备案博物馆数量达到了100家，数量占全省博物馆总量的18%，占全国总量的1.8%，全国排名第七，博物馆整体工作达到全国先进水平。

但是数量上的领先，还不足以实现青岛打造"博物馆之城"的目标。从传统博物馆到数字博物馆，再到智慧博物馆，是必由之路。智慧博物馆从广义来讲，是一个完整的智能生态系统，其实物和空间基础是一个或多个实体博物馆或博物馆群，其数字化、智能化的搭建范围分为多个层次和尺度，包括文物尺度、建筑尺度、遗址尺度、城市尺度等。

要在全市范围内全面推进博物馆的保护、利用、管理、研究、服务等信息化整合共享工作，建设全市博物馆大数据库，而不是打造一个个孤立的博物馆信息孤岛。要全域统筹，将全市100家博物馆，包括博物馆之外的文保单位、建筑群落，甚至城市社区包括进来，搭建全市范围内的智慧博物馆生态系统。要尽可能实现智能终端和传感设备的共享、整合、开发和利用数据资源，真正把各种数据汇聚在一起，让博物馆的内部平台与外界平台，包括政府平台、企业平台，甚至一些私人平台等互通起来，让数据更加开放，使用更加便捷。

4.2　借鉴成功经验，找准定位与特色，规避不必要的风险

各地智慧博物馆的建设，既有成功的经验，也有失败的教训。在湖南省博物馆的智能化建设中，由于缺乏战略高度，缺乏整体规划和协同机制，过于注重技术应用，忽视了人的实际需求，使得数据与人们的需求相脱离而无法使用，造成了巨大的浪费。

在建设智慧博物馆的过程中，要充分调研，深入学习。首先，由于每个博物馆都有其自身的特

点，智能博物馆的建设不能采用单一的模式，而是要找出每个博物馆的特点，构建适合的模式。在建设过程中，虽然要发挥数字化、5G等技术手段，通过技术的关联和互补，构建完善的智能生态体系，但是技术只是改造手段，不能脱离展览、服务和藏品本身。技术最终的目的是为人服务，以人为本的原则不能改变。尤其要警惕因为过度强调以技术为导向，使得技术脱离博物馆的实物、展览和服务功能，而导致快餐化和碎片化的现象。

4.3 积极寻求合作，打通信息壁垒，争取最好成效

目前，掌握各项智慧博物馆技术的企业，对自己的技术很有信心，也清楚技术能实现的最终效果。但是文保单位对技术、成本等方面并不十分了解，双方存在信息不对称等问题。

为智慧博物馆提供技术支持的服务单位鱼龙混杂，给博物馆增加了甄别难度。一方面，丞须出台包括博物馆在内的室内室外文化遗产数字化、智慧化规范和标准，有了规范和标准后，博物馆就有了参照，就能把成果质量、服务水平以及费用预算等进行合理匹配。另一方面，要积极向外地已经取得成功经验的博物馆学习，积极和服务企业沟通，实现信息对称，以便取得最好的建设成效。

4.4 加大博物馆资金投入

智慧博物馆建设技术含量高，所需资金量巨大。我国大部分博物馆资金来源有限，主要依靠政府的财政拨款，门票收入很少，这是因为我国有免费开放政策的限制与约束。有限的政府拨款数额，使得智慧博物馆在建设过程中，常常因为资金投入不足而减缓速度，甚至停滞。因此，通过设立专项资金等方式，加大资金投入，为智慧博物馆建设提供足够的支持，是加快以5G为引领的智慧博物馆建设的必要措施。

参考文献：

［1］宋新潮.智慧博物馆的体系建设［J］.中国博物馆通讯，2015（1）：2-6.

［2］李韵.博物馆也得是智慧的［N］.光明日报，2014-10-18.

［3］刘修兵.未来，智慧博物馆啥样［N］.中国文化报，2019-09-03.

［4］张京.全国首个5G智慧博物馆APP正式上线［EB/OL］.光明网，2019-09-05/2020-04-15.

［5］陈辉.河南联通：抢占5G高地引领智慧中原［N］.河南日报，2019-05-17.

［6］故宫博物院.故宫博物院和华为签署战略合作协议共同打造"同打智慧故宫"［EB/OL］.故宫博物院，2019-03-15/2020-04-15.

［7］孔达.新冠疫情见证博物馆的使命［N］.社会科学报，2020-04-16.

作者简介：吕绍勋，青岛市社会科学院文化研究所，副研究员

联系方式：shaoxunlv@126.com

日本清水港可持续发展经验之借鉴

慎丽华

摘要：日本清水港是一个国际贸易港，1984年4月与青岛港缔结为友好港口。1998年，为纪念青岛港改革开放的成果，日本清水港向青岛港赠送了名为"乐园里畅游"的雕塑。作为日本国际贸易港口，清水港在环境、技术与安全措施方面有许多可持续发展经验值得借鉴。本文整理了相关资料，试图为研究青岛港口和码头的可持续开发建设起到抛砖引玉的作用。

关键词：清水港；环境；技术；安全措施

日本清水港是一个天然良港，呈单臂环抱状，起着国际贸易港的作用。清水港位于日本静冈县，具有120多年的发展历史（1999年迎来了建港100周年），东至东京116海里，西至名古屋156海里，至上海969海里。清水港在日本的港湾法上被指定为国际据点港湾与中核国际港湾，在港则法上被指定为特定港。由于清水市位于东京到大阪的国铁沿线上，所以清水港的特点就在于交通便利（东西由东名高速公路、国道1号线连接，长野·山梨方面由国道52号线与139号线连接），海上运输发达，作为公共港湾设施利用费用便宜。清水港有23条定期外贸航线，可以昼夜不停地出入港口。从清水港可远眺富士山，并且风景名胜地"三保松原"距离清水港颇近，因此清水港与神户港、长崎港并列为日本三大美丽港口。

1 清水港的功能

1.1 各码头所起的作用

清水港区位于骏河湾西岸的小峡湾中，南北伸展，自北至南建有兴津码头、袖师码头以及用途不同的8个码头。兴津码头有两座向南延伸的突堤，1号突堤外侧兼作防波堤，内侧与2号突堤沿岸分布有14个泊位，包括8个万吨级泊位，主要供装卸杂货用。其中第11、12号为集装箱专用泊位，可停靠3万吨级的货船；第13、14号为汽车专用泊位。袖师码头有两座突堤和18个泊位，包括6个万吨级泊位。其中第6~8号泊位用于集装箱装卸，第5、11、16号泊位用于原木或碎木装卸，17和18号为石油产品专用泊位。

其他码头为东亚燃料码头，有10个浅水泊位和1个25万吨级的海上原油泊位。江尻码头位于中部凹入陆岸的港池区，有18个浅水泊位用于渔业。丰年栈桥码头有万吨级的谷物、糖窖泊位。清水港池码头有5个浅水泊位，用于装卸钢铁、金属等。日出杂货码头有5个顺岸泊位，其中3个是万吨级泊位。铁路码头有1个5000吨级的水泥泊位。富士见码头有7个顺岸泊位，后有5个万吨级泊位，用于装卸木材、谷物、水泥、糖等货物。金属码头位于峡湾东岸，装卸铝矾土、铝等货物。全港共有80多个700吨级以上泊位，30多个万吨级以上泊位（包括5个集装箱泊位）。港湾内还有储木厂及2个造船、修理厂。

1.2 集装箱码头

清水港的集装箱码头设有3台高105 m的大型吊车，能够确保水深15 m的作业，也适合最新超大型集装船停留（不用调整水位）。为了实现码头、岸壁大型化，2003年（平成15年）计划在原基础上扩建整修兴津集装箱码头，进一步扩大集装箱仓储地，建造了15 m岸壁和12 m岸壁各2处，在兴津第一和第二码头之间安装了10台专用吊车，成为新兴津集装箱码头，从而发挥了清水港位于日本列岛中部的优势，成为日本物流的主要基地。

2004年清水港吞吐集装箱货物51.874 2万TEU［TEU—20ft（集装箱长约6 m）换算的集装箱装卸个数单位。］（速报值），比2003年增长10.9%，首次突破50万TEU大关，连续3年创新高。其中外贸箱41.192 4万TEU，增长10%，创历史最高纪录。

2006年清水港的集装箱装卸量为57.239 9万TEU，连续5年刷新纪录。这与新兴津集装箱码头的启用、北美航线和亚洲近海航线的开通、外贸定期集装箱航线步入轨道有很大关系。每天各种货物集装箱通过清水港运向世界各地。

2007年清水港开通了"中国航路"（○→清水→上海→千叶→东京→横滨→○），新投入货船2艘，主要出口货物为机械部品类等，进口货物为汽车零件、杂货等。同年7月18日通过"中国航路"的第1船（SITC FRIENDSHIP）首次入港。

2009年清水港举办建港110周年纪念活动，帆船"日本丸"与"海王丸"同时进港，乘船人数合计约10 000人。

1.3 豪华游轮等进港停泊

清水港不仅是一个国际贸易港口，也是一个豪华游轮出入港口。1990年2月23日大型外国豪华游轮——"伊丽莎白2"号（Q E Ⅱ，70 327G/T、全长293.5 m）首次进港。之后，各种豪华客船，包括周游世界的游轮都来此停泊。1999年3月14日进港停泊的外国游轮阿斯特号（Astor，20 606G/T、全长176 m）虽然只停泊了几小时，游客们（德国人等）都兴高采烈地下船参加了在码头附近商店街举行的小型节庆活动。2002年4月12日Crystal Symphony游轮第2船（总吨数51 044、全长238 m、全宽30.2 m、乘客定员940名）首次进港停泊。2004年2月Crystal姐妹第3船（总吨数68 870、全长250 m、全宽32.2 m、乘客定员655名）进港停泊。2006年12月13日豪华游轮"飞鸟Ⅱ"首次进港停泊。2015年9月19日"飞鸟Ⅱ"第20次进港停泊。2019年8月22日清水港史上最大豪华游轮Majestic Princess（总吨数144 216）首次进港停泊。2019年10月3日国外游轮Celebrity Millennium第20次进港停泊。

1.4 拥有重量级船只停泊功能

清水港不仅可以停泊装载帆船等重量级船只，还可以停泊装载列车的重量级船只。与通常货物船相比，重量级船只的甲板长出2倍，易装载长形货物，并带有装载重物时出现倾斜的调整机能（原理是让左右罐内的水进行移动）。码头上看到的样式新奇的长方形集装箱，就是用来装载帆船等特殊货物的，以前去美国参加比赛的日本帆船队用船都是从清水港出发的。这些重量级运输船具有装载各种大型货物不可缺少的技术功能。

此外，清水港还有连接日之出地区与三保地区的定期轮渡，每日6时50分~19时30分往返运行，每小时2~3班，为每天出行的上班族及旅游者提供便利，并设有供帆船爱好者扬帆游览以及供海洋调查船停靠的场所。

2 注重环境美化

清水港十分注重美化环境，2006年11月清水港新兴津地区通过了"人工海浜、绿化海岸"的计划，特别在色彩和谐统一上下了大功夫。站在日之出码头上眺望清水港的全景，可以感到无论是高大的烟囱、庞大的油罐，还是矗立在兴津、袖师第一码头上的集装箱起重机等的色彩都很柔和，与整个港湾的色彩和谐统一，这正是实施了"清水港色彩计划"的结果。

在1990年召开的"女性海洋论坛"提仪下，1991年有关色彩景观方面的专家及地方企业的代表们发起了"清水港港口色彩规划决策委员会"，开展了自主建造美丽清水港湾的运动。其目的在于提高清水港的舒适性，增加清水港的活力，打造清水港的个性，同时展现港湾机能与景观特色。在会议委员兼顾问东海大学短期大学部东副教授的指导下，审议了市民调查问卷及企业调查问卷，以此为基础，确定了港口整体的形象颜色为海蓝色和白色，并且基于地域性特征将港湾分成8个区域，根据各区域的特征来配置相应的颜色。

为了配合这项计划，相关企业重新刷油漆。首先从临海部分开始着手，对铝土矿色的船坞采用与其和谐的深蓝色。但是按航空法规定60m以上和150m以下的烟囱必须采用红白两种颜色。烟囱要改成深蓝色不得不征得东京航空局的同意（得到许可证是在1997年）。关于烟囱重新刷油漆的颜色，需要征得方圆5km以内90%居民的同意。经过努力得到了6500户市民的签名，同时得到了海上保安局的许可。着手重新刷油漆以来，共花费了5年时间。1998年8月所有烟囱的颜色全部变为蓝、白双色。由于相关组织和单位的合作支持，港口色彩规划的实施效果获得了很高的评价，于2006年（平成18年）获得了人工建造乡土奖（地域活动部门）等多项奖项。

另外，为了满足工业旅游的需求，清水港开展了清水港内巡游、清水港祭奠（体验日式舞蹈）等旅游活动。清水港已从一个产业基地的港口延伸发展成了一个美丽而具有亲和力的旅游港口，随着旅游业的发展，想必清水港的功能与作用会发生巨大变化，也将会更加富有魅力。

3　开发应用先进技术

3.1　海底基础桩技术

海底基础桩技术是护岸工程、防波堤不可缺少的技术之一。其技术原理是从船上将大量的石头投入海中，在海底靠潜水员将石头一块一块均匀堆列而成。这不是一朝一夕所能完成的工程。近年来，深海底的大规模工程在不断增加，潜水员的作业危险程度也在不断加大，日本正在开发研究安全性高的海底作业技术。

3.2　高端技术开发应用

开发海洋需要分析海洋相关的各种数据。清水港安置着许多支持海洋研究活动的高端技术设备以及测量各种数据的仪器。有海底音响探查装置、计量科学探鱼器、磁力探查装置等精密观测装置。其中探鱼器可以探测出鱼群的数量、鱼群中大鱼的多少、鱼的种类等。利用这种仪器，可以避免潜入水中探察，省时省力，方便准确。这些高端技术设备可以通过高速计算机，随时进行信息的探查、采集、分析、处理，从而既能保证远洋船的高速航行，又能保证海洋研究调查船的超慢速且长时间的海上航行。

高端技术设备大部分来自英国、挪威等海洋开发先进的国家。最近日本国内也开发出了许多高性能的仪器。例如，有能从水深5000 m的地方采取海水的仪器；也有能解析海洋表层水温、盐度、含氧量的仪器；还有水中彩电（随时将水深300 m的状态经数据处理显示在电脑显示器上）、水中照相机（无论是在强烈的太阳光下还是在黑暗的海底都可以清晰地拍摄）等。搭载这些仪器的海洋调查船以及水中无人调查艇对海洋调查都发挥着很大作用。例如，被称为"望星丸"的海洋调查船，不仅能进行海底火山、海底锰金属的调查，还承担着各省厅委托进行的航海实验。目前作为国际学术文化交流的海上据点，"望星丸"成为东海大学海洋科学调研的新平台。

3.3 "清龙丸"号的技术作用

"清龙丸"号具有铲除海底淤泥与回收海中漏油的作用。为了使大型货物船等安全航行，"清龙丸"号的作用之一就是铲除淤积在海底的土砂和淤泥，保证海底平整。主要靠安装在船底的音波探测器，探测水深及淤泥的淤积度，同时使用吸泥设备将淤泥吸出。回收海中漏油作业的原理，是根据波浪的高度、漏油量的多少以及扩散程度，采用2种漏油回收器，在以2~4节慢速航行中，用吸油泵吸油水，最终送到陆地进行处理，回收的量可以通过安装在回收罐中的光探测器测定。其操作依靠驾驶室中的计算机进行控制，海上浮油的位置可通过仪表表针指示得到确认。漏油回收器的回收能力很强，1小时可以回收5000罐的油水。

3.4 船上人工卫星技术

人工卫星技术在通信、广播、飞行系统中的应用越来越广泛。通过接收卫星传来的电波，能够测定各种工作位置，由此开发出了地形测量系统。该系统与以前的测量系统相比具有两个特征。一是不受气候影响，不分昼夜，随时可以通过测量得知自己的位置和距离。二是只需要通过天线和接收器就能够直接测量两点之间障碍物（如楼房、山）的距离，并且只需要少数人在野外作业即可。最后通过计算机数据处理，便可得知所在位置与高度。若将人工卫星安装在船上则可测量海上距离与位置。这项技术在日本已经广泛使用。

3.5 COMEINS技术

COMEINS技术主要用于尽可能准确地预测大海啸的危害程度，能够24小时不间断地提供海浪情况和预测信息。通过计算机网络便可在显示器上看到用图形和图表显示的波浪情况。COMEINS技术不仅可以预测今后的波浪形状、风力的强度等，还可以得到降雨情况预报、海上警报、海浪警报、气象等方面的信息以及台风、地震、海啸等信息。CO-

MEINS技术既可以用以防灾，又可以用于港湾工程、船舶的运行管理，在海上安全、气象以及波浪的实况预测方面也能起到很大作用。

4 防震安全措施

日本是一个多地震国家，地震发生时，道路、铁路、港口都会遭到破坏而阻断交通。特别是陆上交通、运输中断时，居民的避难、救援以及紧急物资的运输流通只能依赖于海路，此时港口将起到极大的作用。1995年（平成七年）1月17日发生的"阪神淡路大震灾"，破坏了周边地区的生活基础设施，使陆上交通基本中断。在恢复建设过程中，神户港作为紧急物资运输以及客运据点，发挥了重要作用。可见港口的防震、耐震等安全措施必不可少。

为了预防地震带来的灾害，将大规模地震带来的灾害减到最小，清水港在新兴津码头、兴津码头、日之出码头设置了耐震强化岸壁，完善了紧急物资运输用的道路网，确保紧急物资的保管、配送空间。为了维护国际海上集装箱运输机能，对集装箱码头实施了耐震强化的具体措施。

大规模地震发生时最担心的是海啸。静冈县自1998年起就开发了"海啸防灾平台工程"。海啸防灾平台根据指挥部的指令，对配置在港内的陆闸、水门进行控制。指挥部由清水港管理局和静冈市清水区消防本部两个系统组成，24小时监控陆闸光缆的工作情况。当地震感知器发出信号时，陆闸将自动锁闭。港内有18座电动陆闸，指挥部可以直接对其进行开关操作、图像监视、声音与操作板的控制。此外，还设有专门用于预防海啸灾情的电动水门1座、手动陆闸35座。清水港还在以最新技术不断加强预防海啸灾情体系。此外，针对大型海洋国际旅客船的停留，也采用了国际相同标准进行安全方面的严格规制管理。

5　结论

　　清水港作为重要的国际贸易港口，对日本及区域经济的可持续发展起着中流砥柱的作用。计划今后进一步高效率地发挥疏通物流、人流的机能，为市民提供富有魅力的生活空间与放心安全的交流空间。清水港与青岛港是友好港口，期待两港今后频繁交流、取长补短、共同繁荣，为两国经济以及区域经济做出有效贡献。

参考文献：

［1］中国物流论坛. 2006-05-10.

［2］日本国土交通省清水港湾事物所资料.

［3］国土交通省.日本国土交通白书.

［4］静冈县清水港管理局资料.

［5］The Shimizu Port Passenger Ships Promotion Committee: A 30-Year History. http://www.shimizu-port.jp/history-ry30.html

作者简介：慎丽华，中国海洋大学，教授

联系方式：1386485672@163.com

加快提升青岛对青年人才吸引力的思考与建议

魏金玲

摘要：青年人才作为人才资源中最具活力与创造力的组成部分，是推动青岛经济社会实现可持续发展的重要支撑。针对当前青岛在吸引青年人才方面存在的问题，为进一步提升对青年人才的吸引力，本文建议从增加产业优势，壮大数字经济，增强对青年基础性人才创新创业的支持力度，出台更加务实的青年人才服务政策，完善城市配套设施等几方面着手。

关键词：青年人才；人才吸引；青岛

人才资源是第一资源，青年人才作为人才资源中最具活力与创造力的组成部分，是推动一个城市可持续发展、增强城市发展活力与发展后劲的重要支撑。进一步增强青岛对青年人才的吸引力，汇聚更多青年人才，把青岛打造成为青年人才发展高地，既是当前全市"双招双引"攻势的重要内容，也是青岛建设开放、现代、活力、时尚的国际大都市的内在要求。

1 青岛在吸引青年人才方面的现状及问题

2019年，青岛创新实施青年人才"留青行动"，出台实施了高校毕业生住房补贴、硕博青年人才在青创新创业购买首套房一次性安家费、放宽专科生落户政策等新政，推动青年人才留青、来青、回青取得积极成效。截至2019年8月底，全市35周岁以下专科及以上学历来青就业19.1万人，同比增长3.8%。虽然青岛在青年人才引进方面取得了一些成绩，但同时也要看到自身在吸引青年人才方面存在的一些问题。

1.1 从青岛高校毕业生留存率来看，总量虽有所上升，但流失仍然严重

高校毕业生是青年人才的一个重要来源，也是各大城市人才争夺战中的一个重要战场。据2019年9月互联网招聘平台BOSS直聘发布的一份报告显示，在一线和新一线共19个城市的应届生留存率排行榜中，青岛居第14位，留存率为53.8%。深圳、上海、成都分别列前三位，留存率分别为90.1%，79.5%和76.2%，都远远高于青岛。

同时，据齐鲁人才网对山东省2019届毕业生留存情况调查显示，互联网、金融行业成为毕业生外流最大行业，青岛毕业生外流的主要行业也是这两大行业。作为山东省经济龙头，青岛虽然拥有3个新一代信息产业园区，但根本上仍是一座以工业为主、装备制造产业为第一支柱产业的城市，对毕业生来说，其吸引力远不如互联网和金融行业。而同为新一线城市的杭州，却凭借互联网产业吸引了众多毕业生。在毕业生对企业青睐度排行TOP15中，华为和阿里巴巴高居前两位，青岛仅有海尔一家企业上榜，而且居第11位。可见，产业发展决定人才去向，青岛毕业生外流的一个重要因素就在于缺少足够吸引他们的产业。此外，青岛地处长三角和京

津冀两大国内顶级城市群之间，毕业生外流的主要流向地即是这两大城市群的核心城市。

1.2　从省内人才吸引情况来看，青岛不如济南

据齐鲁人才网对2018年及2019年前三季度山东省人才流动数据调查显示，在16地市人才吸引力指数上，青岛连续两年均不如济南，而且差距还不小。就2019年前三季度16地市人才吸引力指数来看，青岛分别为11.58、25.26和15.31；济南分别为16.55、32.27和24.36。从人才流动轨迹来看，青岛、淄博、泰安、济宁、枣庄、德州、东营、聊城、菏泽、临沂10市人才流动首选济南；济南、烟台、潍坊、日照4市人才流动首选青岛。随着2019年1月莱芜被省会济南合并，济南的"强省会"格局已逐渐形成。在"强省会"格局之下，济南就业环境愈发改善，对人才的吸附能力逐渐增强，近两年成为省内人才流动首选。而青岛虽为省内经济龙头城市，但高昂的生活成本也造成了部分人才的流失。

1.3　从国内同类城市对人才的吸引力来看，青岛优势较弱

2019年7月，中外城市竞争力研究会公布了2019中国最具人才吸引力城市排行榜。上榜的前十名城市分别是深圳、广州、杭州、上海、成都、苏州、重庆、武汉、郑州和长沙，青岛在前十名之外。

另外，据猎聘网发布的的数据，2017年第3季度至2018年第4季度以及2018年第2季度至2019年第2季度这两段时间的全国各城市中高端人才净流入率TOP20显示，青岛的排名及净流入率分别为第14位、1.55%和未上榜前20位、-0.04%。这说明青岛的中高端人才在近两年的波动中出现了下滑和微弱的流失现象。而对比国内其他新一线城市，杭州、宁波、长沙在这两次中高端人才净流入率排行榜中均一直稳居前三位。其中，杭州的净流入率分别为10.47%和8.82%；宁波为10.22%和8.27%；长沙为7.53%和5.38%。此外，西安从第7位上升为第4位；武汉从第9位上升为第5位；成都从第8

位上升为第6位。作为非新一线城市的济南则从未上榜前20位上升为第15位。就近两年的排名来说，杭州、宁波的表现最为亮眼。杭州稳居我国城市中高端人才净流入率第一名，而宁波则紧随其后，尤其是宁波，从2016年未上榜前20位到现在稳居第2位，属于异军突起，进步飞速。而西安、武汉、成都、济南等市对中高端人才的吸引力也呈上升趋势，对比这些城市，青岛优势较弱，面临加快优化人才发展环境的挑战。

杭州和宁波对人才具有巨大的吸引力，不仅得益于其产业和行业优势，而且得益于其近两年构建的优越的人才发展环境和在全社会营造起来的尊才、爱才的良好氛围。杭州以"创人才生态最优城市、聚天下英才共建杭州"为总目标，在2019年8月出台了"人才生态37条"，在市级各类人才计划中增设了青年人才专项。其中，"青年人才弄潮工程"是其工作重点。在此基础上，杭州2020年4月又正式推出了"杭向未来·大学生创业创新三年行动计划（2020—2022年）"，提出要整合创业创新资源要素，构建大学生双创最优生态，开展全球大学生招引工作，实施百万大学生杭聚工程。杭州提出到2022年，用三年时间在全市新引进100万名以上大学生来杭州创业创新，着力打造长三角南翼"人才特区"，并且从今年开始，把每年的6月13日正式定为杭州大学生的双创日。宁波则将2019年4月20日设为首个人才日，围绕打造"全球青年友好城"的目标，发布了对青年的十项支持政策，开展了一系列吸引青年人才、礼遇青年人才的活动，旨在为青年人才来宁波创新创业提供更加周到、贴心的服务。

1.4　从全国城市年轻指数排名来看，青岛排名不高

QQ大数据基于腾讯8亿左右月活跃用户，以15~35岁年轻群体为研究对象，根据城市年轻人口占比波动等多项数据加权计算，从2016年至2018

年连续三年发布了《全国城市年轻指数报告》。报告显示，深圳、苏州、武汉、郑州、杭州等市近三年来均上榜TOP20，尤其是深圳一直稳居前两名，城市年轻指数一直遥遥领先。另外，作为青岛对比城市的西安，其年轻指数三年来一直呈上升趋势，从2016年前20名之外到2018年的第12名。从青岛的情况来看，则连续三年均未上榜TOP20，而且城市年轻指数比前20名低了不少，三年来指数排名在省内均低于济南。这从一定程度上说明青岛的年轻人口占比还不高，年轻人才占比也不占优势。

2 提升青岛对青年人才吸引力的思考与建议

城市对人才的吸引力包括两层内涵：一是引得进，这是对人才的初始吸引力；二是留得住，这是对人才的持久吸引力。当前各城市纷纷出台的给钱给户口的人才政策，这只能算是对人才的初始吸引力，还构不成独特的竞争优势。想要真正留下人才，还要靠一个城市的产业优势、经济水平及配套资源、创新创业环境、生活舒适性、法治环境等综合发展环境。为进一步提升青岛对青年人才的吸引力，建议从以下几方面着手。

2.1 增加产业优势，壮大数字经济

当前，国内各城市的人才争夺战已经进入一个新的阶段，政策重点不再主要聚焦于降低落户门槛和给予安居优惠，送钱送户口已不再具有吸引人才的核心竞争力，而产业发展成为首要因素。

调查显示，青岛近几年青年人才外流的重灾区主要是互联网、电子商务人才，也正是因为青岛互联网产业发展不占优势，才导致了相关领域人才的大量流失。而近几年人才净流入率居全国第一的杭州，则凭借互联网上市企业数量占全国9.2%的产业优势吸附了大批互联网人才，并成为"北上广深"数字经济人才流出的第一目的地。未来青岛要加快优化产业结构，培育壮大互联网产业和数字经济，增加互联网产业发展优势，减少相关专业人才流失。同时，在产业发展尤其是高新技术产业发展中，要注重加强对知识产权的保护力度，充分调动企业技术创新的积极性，进一步促进技术创新和产业升级。

2.2 增强对青年人才，尤其是青年基础性人才创新创业的培养支持力度

本科及以下的青年基础性人才构成了青年人才庞大坚实的塔基，增强对他们在创新创业中的培养支持力度，更有利于焕发整个城市的发展活力。就青岛现有的青年人才政策来看，大部分培养、补贴、扶持政策都给予了硕、博及以上的高层次青年人才，对基础性人才扶持较少。而反观深圳、杭州等城市，都比较注重政策的均衡性，对基础性人才的培养、扶持力度也很大。如深圳实施新时代产业工人"圆梦计划"，5年累计帮助近2万名产业工人实现了"大学梦"。再如杭州对青年人才的创业补贴、场地补贴、融资扶持等政策都涵盖了在校大学生和普通高校毕业生群体。未来青岛在优化青年人才政策中，应增强对基础性人才在创新创业中的支持力度。

2.3 加强对青年人才的重视，畅通青年人才诉求表达渠道

近年来，国内不少城市都增强了对青年人才的重视，出台了一系列促进青年人才发展的政策。如深圳提出了建设"青年发展型城市"的构想，并着力构建了"双轨三层四维"的青年人才精准服务工作体系，根据毕业青年、职业青年、创业青年、事业青年的不同特点和需求，从"引才、育才、兴才、聚才"四个维度开展精准服务。宁波提出打造"全球青年友好城"的目标，发布了对青年人才的十项支持政策。杭州在其"人才生态37条"中专门实施青年人才弄潮工程，聚焦青年人才，加大青年人才集聚力度。上述几市都从本市实际出发，制定了非常具体、务实的精准人才服务政策，在青年

人才就业机会和创业环境上下功夫，为青年人才解决就业创业的实际困难提供了良好的政策支撑。而青岛目前的青年人才政策还不系统，也不够细化，建议借鉴深圳、杭州等市经验，梳理、整合现有政策，早日出台更加贴近实际的青年人才精准服务政策体系。

同时，重视青年人才，还要及时畅通青年人才诉求表达渠道。青岛可借鉴深圳经验，依托"青年议案""党代表配备青年助理"等制度和常态化组织"共青团与人大代表、政协委员面对面"等活动，来畅通青年诉求表达的制度化渠道。

2.4 完善城市配套设施，增强城市的包容性和融合力

工作和生活的便利程度是吸引人才留在一个城市的重要因素。未来青岛应持续完善城市基础设施建设，不断提升城市品质，在交通、医疗、教育、文化、购物、休闲等多方面，进一步提高青年人才工作和生活的便利度及舒适度。同时，应破除地域优越感，培育兼容并包、有容乃大的城市品格，增强城市的包容性和融合力，真正做到放开怀抱，坦诚欢迎来自五湖四海的青年人才。

作者简介：魏金玲，青岛市社会科学院，助理研究员

联系方式：jinlingwei@163.com

第五章

全面打赢脱贫攻坚战，
助力打造乡村振兴"齐鲁样板"

加强基层党组织建设，引领乡村振兴战略实施
——西海岸新区王台镇徐村党支部的实践与启示

翟　慧

摘要：习近平总书记指出，要推动乡村组织振兴，打造千千万万个坚强的农村基层党组织，培养千千万万名优秀的农村基层党组织书记。青岛西海岸新区按照总书记的要求，以习近平新时代中国特色社会主义思想为统领，强化农村基层党组织建设，以组织振兴推动产业振兴、文化振兴、生态振兴，强化党的基层组织建设，引领乡村振兴战略高效力推进。王台镇徐村就是以组织振兴带动全面振兴的全区先进典型之一，在实践中创造了可复制、可推广的新区乡村振兴工作经验。

关键词：徐村党支部；乡村振兴；组织振兴

在实施乡村振兴工作中，青岛西海岸新区王台镇党委政府、乡村振兴工作队和徐村"两委"班子，在充分调查研究的基础上，紧密结合徐村历史文化基础，积极贯彻落实乡村振兴战略，确定了"以文化振兴为先导，促进村庄全面振兴"的工作思路，创建八大文化品牌，成功打造了八个各具特色的文化小院，推动徐村民俗文化和乡村旅游的兴起，使近百户农民受益，探索出乡村振兴新路经。徐村在乡村振兴工作中取得成就，得益于徐村党支部始终坚持党建引领，强化班子建设，促进了本村经济发展。2019年农民纯收入达1.7万元，村集体收入4万元，获新区乡村振兴先进集体、青岛市先进基层党组织、山东省新型职业农民乡村振兴示范站等系列荣誉，成为全区乡村振兴的明星村。

1　徐村党支部引领徐村振兴的实践探索

徐村位于青岛西海岸新区王台镇驻地东南约4千米处，青莱高速公路途径本村，南靠喜鹊山，东邻错水河，与灵珠山街道接壤，地处丘陵。徐村现有住户610家，人口1726人，其中60岁以上老年人

约30％。徐村现有耕地2760亩、山林地143.9亩、荒沟45亩，丘陵地、塘坝河流约10亩。农业主产小麦、花生、玉米、芋头、桃等。该村具有深厚的历史文化底蕴，也有比较优越的区位优势。但是在新一届党支部班子成立前，徐村是一个矛盾较多、经济发展滞后、党组织薄弱的村庄。为此，王台镇党委选派致富能手韩宗祥回村担任党支部书记，并配齐徐村党支部班子。2018年，徐村新一届党支部和村委会走马上任。新一届"两委"成员理顺本村发展思路，精诚团结，科学谋划，一心干事，公道正派，把一个落后村打造成全区乡村振兴的样板村。

1.1　注重发挥党支部核心作用

火车跑得快，全靠车头带。在王台镇政府和乡村振兴工作队的支持下，徐村党支部充分发挥党员的先锋模范和战斗堡垒作用，带领村民共奔小康生活。

一是重建党员小组。提升组织力，重新组建原党员小组，使党员小组与村民小组匹配，在处理小组事务中，党小组长与村民小组长相互配合，矛盾在小组化解。

二是重用年轻党员。小组长由原先年老的更换为年轻的，建立微信群，实行网络化管理，上级传

达的文件指示能及时迅速地传递给每个党员。

三是强化党员考核。完善各项党内组织生活制度，坚持用制度管理党员，坚持完善民主评议党员制度，对不合格党员进行严肃处置。

四是村企共建。与青岛东恒建筑工程有限公司党支部开展村企共建活动，壮大队伍力量，根据群众生产生活情况和困难群众需求，引入资源，多渠道开展帮扶和救助活动。

五是完善硬件建设。修建党员活动室，配齐党建设施。利用部分乡村振兴党建活动经费，在中心街建成新宣传栏，修缮党员活动室。

六是严肃组织生活。两委会建立例会制度，两委成员每天轮流值班，村民反映的问题可以很快得到有效解决。创新以文化为主题的党日活动，获得党员一致好评。在严格按照党内组织生活要求的基础上，以党建为引领，文化为魂，打造多个文化特色小院。

七是与党校建立乡村振兴教研基地。工委党校为王台镇徐村乡村振兴提供理论服务与决策参考，徐村为工委党校提供乡村振兴及相关内容的现场教学与科研调研服务。目前，基地运作高效，作用发挥明显。

1.2　注重发挥党员干部表率作用

面对新的发展机遇，徐村新一届党支部和村委会秉承老书记的家国情怀和敢闯、敢拼精神，两委成员勇于担当、身先士卒，将一腔热血投身于徐村建设的热潮中。无偿为村民打井、奖励高中以上榜上有名的学生，在困难面前身先士卒，有力地发挥了先锋模范作用。为解决缺少场地的困难，支委成员带头，腾出了自家房屋土地用来发展文化小院、建设助老大食堂。这种为全村百姓谋福利无私奉献的精神和行动，深深感染了全村百姓，为徐村乡村振兴打下了坚实基础。

1.3　注重创新发展思路

乡村振兴，是为了造福人民，满足人民对美好生活的向往。徐村党支部探索出一条以文化振兴为先导的跨越式发展道路。

一是以文化凝聚人心。先后打造八个文化小院，新建1000多平方米村民文化广场，300平方米小剧场，茂腔展演、旅游拓展，风生水起。打造特色小院，名流入住，精彩纷呈。"两委"干部和村民纷纷献言献策，捐房子、捐资、捐物，用最饱满的热情坚守着徐村人的初心，将担当、团结、无私奉献精神再次发挥得淋漓尽致。

二是以土地流转盘活经济。徐村立足培育特色产业，因地制宜确定产业定位和村庄发展空间布局，主动与青岛西海岸新区挺进王台战略对接融合，加快高效农业园的引进，进一步提升村庄的综合实力，2019年3月，徐村引进青岛好农庄园有限公司在徐村流转土地约400亩，一期投资1000万元建设现代农业园区，前期建设大棚引种火龙果，并逐步试种猕猴桃、释迦等高端水果。

三是以发展产业促群众增收。因地制宜、发挥优势，利用现有池塘养殖观赏鱼，开展休闲垂钓、旅游观光，发展生态休闲旅游。由于徐村党支部发展经济思路符合实际，徐村乡村振兴势头好，2018年实现村集体增收140万元，全村面貌焕然一新。

1.4　注重解决民生问题

一是改善村庄医疗条件。徐村原卫生室陈旧破损，村医年龄大，医疗设备匮乏，老百姓看病难、不方便，成为近年来村民反映突出的问题。徐村党支部及时根据百姓迫切需求，把提高医疗服务水平作为本村改善民生的首要工作。经乡村振兴第一书记和村"两委"的努力争取，黄山卫生院决定在徐村设立中心卫生室，徐村提供场地，在原卫生室基础上扩建到300平方米，既有效提升了本村村民的医疗条件，又便利了周边村居民的就医。面对项目资金短缺的问题，徐村"两委"带头出资，通过组织乡贤积极助力、捐助资金，由此带动了村民踊跃慷慨解囊，总捐款超过25万元，促进了工程的顺利启动和推进。

二是兴办助老食堂解难题。驻村第一书记和两委成员在走访党员和老年人时发现，村里老人多，老人（特别是单身老人）吃饭成了问题，通过多方面了解政策，主动向上级主管部门申报，得到了区民政局、王台镇政府、乡村振兴工作队等多方面支持和帮助，建设了总面积200多平方米的徐村助老大食堂，于2018年10月16日接纳老年人就餐。徐村助老大食堂是公益性服务项目，以方便、价廉、低营利性为特点，为那些午饭没有着落或者自己做饭存在困难的老年人彻底解决了吃饭难的问题。助老大食堂每天面向老年人以低成本价提供午餐，低保户老人则享受更优惠的待遇。自建成使用以来每天到助老大食堂就餐的有40多人，送餐的有10人左右，辐射埠后、小荒、周家庄等周边村，为老人们办了一件大实事、大好事。

三是"家门口"就业破难题。村民就近就业是增收富民和吸引人、留住人的关键，同时也是难题。徐村党支部开拓思路，综合本村实际，对外积极联络，引进了电子产品遥控器组装生产线，把村里没有工作的妇女组织起来，有20名妇女到企业工作，实现了家门口就业，人均月增收3000元以上。

2　徐村党支部引领乡村振兴的新要求

徐村党支部在王台镇党委政府、乡村振兴工作队的领导和指导下，选好带头人，配好支委班子，建好党员小组，加强组织建设，团结一致，有力地引领本村乡村振兴工作，紧密结合自身实际，增创优势，打造特色文化小院，助力产业振兴，发展民俗文化和乡村旅游，富民增收。2019年农民纯收入达1.7万元，村集体收入4万元，获新区乡村振兴先进集体、青岛市先进基层党组织、山东省新型职业农民乡村振兴示范站等系列荣誉，成为全区乡村振兴的明星村。

尽管取得了突出的工作成果，徐村党支部不满足、不停步，坚持问题导向，深入村民走访。通过调研发现，当前徐村党员队伍的思想状况和面貌有了很大改进，绝大多数党员能够充分发挥模范带头作用，带领群众共同致富的能力普遍增强。但面向更高发展要求，还有以下不足。一是党员队伍存在老化现象，个别党员模范作用发挥不够。徐村现有党员65名，60岁以下的党员有20名，其余45名党员年龄都在60岁以上，存在老化现象。少数党员没有发挥模范带头作用，思想觉悟水平低，表率作用没有体现；个别年轻党员组织纪律性差，参加组织生活不积极。二是教育党员手段单一，理论性和系统性不足。目前每年村主职干部到工委党校参加培训最多一次，其他党员多年几乎没进过党校，大家对此反映较多。

为此，徐村党支部针对问题，结合中央、省市委和工委（区委）关于乡村振兴和农村工作的要求，积极适应新形势、新任务要求，集体研究解决对策，坚持抓好组织振兴这一核心，围绕产业振兴这一中心，进一步强化文化载体这个纽带，增强活力、壮大合力，扎扎实实推动乡村全面振兴。

3　徐村党支部引领乡村振兴的实践启示

徐村党支部在乡村振兴中的创新和探索表明：乡村振兴中必须充分发挥党组织的引领作用，这是加强领导力、组织力，做好一切工作的关键。徐村党支部通过发挥"领头雁""火车头"作用，带动了村风的积极转变，激发了村民的发展热情，催生了村民创造美好生活的内在动力，壮大了乡村振兴的合力，得以在短时间内取得了显著成果，成为打造乡村振兴新区样板的艳丽一景。

3.1　实施乡村振兴必须有一名素质过硬、以身作则的"带头人"

选准一个人，带富一个村。乡村振兴，组织

振兴是核心，支委是主体，选好支部书记是关键。2017年，韩宗祥听从组织召唤，毅然放弃年收入几十万的企业和优越的生活条件，回村任党总支书记。他热爱党的农村基层工作，思想境界高、工作能力强，担任村书记期间，他不仅挑重担，而且不领工资，自费出资奖励高中以上榜上有名的学生，贡献出自家房屋土地用于发展文化小院、建设助老大食堂，带动了党支部班子成员为徐村贡献自己的力量，用实际行动赢得了村民支持，群众威信高，开展工作时能得到群众的信任和支持。

3.2　实施乡村振兴必须有一个精诚团结、齐心协力的"好班子"

当前的徐村两委班子成员5人，平均年龄47.2岁，大专学历4人、初中学历1人。村党支部书记韩宗祥"班长"作用发挥得好，班子成员模范作用发挥得好，村"两委"班子心齐风正，讲团结、顾大局，组织和谐、稳定有力，确保了徐村的发展有一个高效领导团队。

3.3　实施乡村振兴必须有一支素质优良的党员"硬队伍"

徐村党员队伍建设得到进一步优化，主要是党支部书记韩宗祥模范带头作用发挥得好。他以身作则，时刻按照党章要求规范自己的言行，带动全体党员发挥模范作用。同时，通过改进党员学习教育，规范组织生活，优化队伍结构，并联合工委党校共同为徐村党支部建设出谋划策，强化党组织建设，形成了一支高素质、有能力的党员队伍，确保了党员在乡村振兴中发挥了战斗堡垒作用。

3.4　实施乡村振兴必须有一条切合实际、特色鲜明的"宽路子"

徐村"两委"班子，积极贯彻落实乡村振兴战略，在充分调查研究的基础上，结合徐村三千年历史，确定了"以文化振兴为先导，促进村庄全面振兴"的工作思路，打造了八大文化品牌，成功打造了八个各具特色的文化小院，带动了徐村民俗文化和乡村旅游的全面兴起，使近百户农民受益，徐村乡村振兴之路越走越宽广。

3.5　实施乡村振兴必须探索新时代改进党员培训的"新举措"

当前的农村建设具有其鲜明的时代特点，提升党员素质，增强基层组织力，党员培训教育是关键。一方面，农村党员干部对到区委党校培训的愿望和要求较强烈，另一方面，全部党员入校集中培训受各方面条件制约。由此，王台镇党委政府与工委党校集体研究探讨，通过在徐村共建党员学习教育基地、合作开展现场培训、定期组织学习讲座、支部联合开展活动等方式，丰富基层组织党员学习形式，探索党员学习教育新举措。

作者简介：翟慧，中共青岛西海岸新区工委党校，机关党委副书记兼纪委书记

联系方式：zhaihui1971@126.com

发展智慧农业，打造科技服务农业新样本
——以青岛西海岸新区为例

蒋玲玲

摘要：乡村振兴，最关键的是产业振兴。中国的农业现代化道路，决定了乡村的产业不能完全脱离农业范畴而存在，更多的是要与乡村的土地、生态等要素相结合，寻求新的更高质量的发展模式。近年来，随着物联网、互联网、大数据、云计算等现代信息技术的运用，智慧农业开始成为助推乡村产业振兴和农业现代化的有力举措。在政策支持和推进下，智慧农业发展成效显著但相对乏力。要发挥好智慧农业对乡村振兴的助推作用，关键要强化好基础设施和人才支撑，在规模化中不断提升核心竞争力。

关键词：智慧农业；乡村振兴；农业现代化

农业现代化是乡村振兴的本质所在和突破口。农业生产的实质决定了农业现代化不能完全脱离农业范畴而存在，要将物联网、云计算、大数据等技术与土地、生态等传统农业要素相结合，高效服务于农业生产、管理、经营各环节，形成智慧型的农业新业态新模式。青岛西海岸新区（以下简称"新区"）作为青岛市发展智慧农业的主阵地，以现代农业示范区（省级农业高新区）为龙头，按照"规划先行、科技引领、要素集聚、产业带动"的发展战略，积极引进新技术、发展新产业、培育新业态、创建新模式，高新农业项目和农业科技研发走在了全国、全省前列，荣获全国农村一、二、三产业融合发展先导区，为打造乡村振兴齐鲁样板交上了完美答卷。新区智慧农业发展实践表明，农业要实现高质高效发展，必须走出一条用智慧理念推进农业发展之路。

1 智慧农业是农业现代化的发展方向

农业是国民经济的基础，已连续17年获中央一号文件聚焦。2020年作为全面建成小康社会的实现之年、全面打赢脱贫攻坚战的收官之年，国家和社会各界对农业转型升级问题尤为关注。传统农业模式虽然创造连增佳绩，但也暴露出一系列问题。如，为了提高粮食产量，大面积滥用化肥农药、过度开采水资源、透支土壤肥力等，不仅导致生态环境恶化，食品安全问题也日益凸显；长期粗放经营，出现农业增产、进口增加与库存增量并存的"三量齐增"现象，导致农业竞争力不强、低端农产品滞销。传统农业的发展模式亟须改变，农产品的质量和效益亟待提升，而解决这些问题的最佳方式就是发展智慧农业。

1.1 智慧农业推动产业发展的优势明显

智慧农业是指在农业的生产领域应用互联网的智能管理方法，因地制宜地合理布局种养殖，并利用计算机监控分析各种农作物牲畜生长信息、气候环境信息等，以做出科学的管理决策。如果说传统农业是"靠天吃饭"，那么智慧农业就是"靠智吃饭"。从智慧农业发展实践来看，这一模式不仅可以推动农业信息化和自动化，而且可以提高农业管理水平，保障农产品和食品安全。近年来，新区下大力气推进智慧农业项目，如占地50万平方米的

中荷智慧农业产业园，建成后将成为世界科技水平最高、单体面积最大的现代化、智能化蔬菜生产工厂，代表了国内精准农业、高效农业和智慧农业的最高水平，投产后年可生产优质蔬菜4200万千克，年销售收入14亿元。另外，被农业部评为"首批国家级农村创业创新园区"的青岛绿色硅谷产业园项目，其8米高的蔬菜大棚是目前国内科技含量最高的智能玻璃温室。

1.2 智慧农业代表农业现代化的水平

作为农业生产的高级阶段，智慧农业借助物联网、互联网、大数据、云计算等技术来进行生产和管理，真正实现了由人工走向智能。

1.2.1 运用基于物联网的农业感知技术

传统农业模式种地凭经验、靠感觉，并将经验与方法代代相传。以往只能模糊处理的产业，在农业物联网面前实现了实时定量的精确把关。借助物联网，农业实现了"环境可测、生产可控、质量可溯"的目标，保证农作物适应的生长环境，确保了农产品质量安全。这种基于物联网的种地模式，打破传统农业弊端，引领现代农业发展。如青岛绿色硅谷科技园配备了现代的农业物联网系统，可对土壤情况、作物长势、病虫害防控等进行智能控制，30家物联网技术的种养园区可以实现对5万亩以上粮油、蔬菜、果茶等大田作物的智能控制，这一成果离不开全市物业网公共服务体系的不断完善。

1.2.2 运用基于互联网的农业信息技术

要想实现农业的高质量发展，迫切需要借助互联网思维和技术的有力支撑，发展"互联网＋"现代农业新路径新模式新业态。如中荷智慧农业产业园，面向国际高端市场进行生产，产品将全部纳入荷兰丰收联盟全球销售体系，有效解决了产销脱节矛盾。

1.2.3 运用基于大数据和云计算的农业分析处理技术

大数据和云计算给各行各业带来了变革，也为农业生产照亮了未来。随着农业领域不断发展进步，农业数据的重要性也逐渐显露出来，将大数据和云计算技术应用到农业中，可以推动我国农业的整体发展进程。试想，如果农场管理人员能随时掌握天气变化数据、市场供需数据、农作物生长数据等，农产管理人员和农技专家足不出户就可以观测到农场内的实景和相关数据，准确判断农作物是否该施肥、浇水或打药，这样不仅能避免因自然因素造成的产量下降，而且可以避免因市场供需失衡给农场带来经济损失。

2 智慧农业发展存在的问题

当前，在以美国为代表的发达国家，智慧农业基本普及并已成为未来农业发展的主要方向。在政策红利下，我国智慧农业发展成效显著，但发展乏力，存在的诸多问题制约着科技服务农业的深度和广度，弱化了智慧农业助力乡村振兴的效能。

2.1 智慧化成本高

智慧农业能使传统农业脱胎换骨主要是依托物联网、互联网、大数据、云计算等信息技术。未来，植保无人机、农业机器人将成为田间地头的"标配"，今后栽秧、施肥、除草、收割等步骤都由机器人搞定。就拿植保无人机来说，工作效率可达40～60亩/小时，是人工操作的60倍，能够大量节省劳动力，受到农户的欢迎。但售价每台高达5万元，无论是设备安装和维护成本还是信息化运营成本都比较高，远超大多农户的支付能力，造成高科技机械农具进入农业生产的高门槛，不利于智慧农业推广。第44次《中国互联网络发展状况统计报告》显示，截至2019年6月，我国互联网普及率为61.2%，较2018年底提升1.6个百分点，农村网民较2018年底增长305万。农村信息化建设大幅推进，但与城市相比其互联网基础设施还比较薄弱，互联网与智慧农业的融合受限，优势作用得不到有效发挥。信息化成本高，也在一定程度上延缓了农村信息化建设与推进，间接阻碍了智慧农业的发展。

2.2　智慧型人才匮乏

作为高智能业态，智慧农业发展依赖于高科技，而高科技的研发与使用又依赖于既掌握现代农业高科技，又熟悉计算机知识、传统农业技能、农业经营与营销的智慧型人才。据2017年7月"上财千村调研团队"抽样调查结果，农村文盲、小学、初中、高中和大专以上学历人员占比的分布呈锥形。大专以上占比仅为7.62%，高中学历占比13.76%，初中最多为32.5%，小学其次为26.24%，文盲占比为7.25%。这样的学历结构很难满足智慧农业操作需求。而且调查显示，我国大学毕业生愿意在基层工作的比例为11.2%，愿意到乡镇企业工作的比例仅为4.6%，农村对人才的吸引力很低。长期以来，农业生产与经营从业人员以50岁以上的本土农民为主，文化水平低、观念落后、接受新事物意愿和能力低。这些特点导致信息技术、现代农业技术等难以推广和运用，智慧农业难以推进，这是现状更是发展困境。

2.3　规模化程度不足

经验表明，个体农民的农业生产往往是盲目的、"一窝蜂"的状态，呈现出"大米库存严重，但五常大米却供不应求；柑橘销路不畅，但赣南脐橙却从不愁销"的产业困境。一方面是品牌农产品供不应求，另一方面是其他农产品滞销，凸显了土地规模化低的问题。由于我国农业长期的家庭承包经营模式，耕地比较零散，闲置地越来越多，制约了我国农业现代化进程，阻碍了智慧农业发展速度。我国农户平均经营规模只有0.6公顷，相当于韩国和日本的1/3、欧盟的四1/40、美国的1/400。从土地经营规模来看，我国农业在国际上的竞争力非常低。

3　推进智慧农业发展的关键举措

新区发展智慧农业，不只是关注项目本身，而是从基础设施建设、人才储备、土地流转等多个方面综合施策，包括搭建服务未来农业的研发平台、开展国际交流合作的总部经济、土地金融人才政策支撑体系等，积累了以互联网的新视野、物联网的新抓手、云计算和大数据为基础的新契机，来破解智慧农业发展瓶颈的经验，这也是推进智慧农业发展的关键举措。

3.1　加强支撑智慧农业的基础设施建设

完善的基础设施是发展智慧农业的基础，只有健全的体系才能激活智慧农业的效能。智慧农业发挥作用主要依托物联网、互联网、大数据和云计算等信息技术，要推进智慧农业在农村落地开花，关键要在破解成本难题、强化基础设施建设上下功夫。一是加强农业信息化建设。支持农田道路、水利设施等农业基础设施的建设工作，为智慧农业的发展提供良好的基础条件；此外，要大力建设智慧农业所需要的高速互联网设施，不断完善和更新现代信息技术，实现智慧农业的高速发展。运用云计算、大数据等技术建立农业信息化大数据中心，搭建集生产、信息监测、市场管理及物流推送于一体的农业信息服务平台，实现对农业信息的收集、处理、传输的一体化管理及共享。二是建立专项资金扶持智慧农业的发展。一方面出台政策为智慧农业经营者贷款提供便利，另一方面对智慧农业设备实施补贴。支持农机设备生产企业降低生产成本研究，扩大农机设备生产规模，增加市场投入量，并加强农机设备购置补贴政策，鼓励农民积极使用现代化农机设备，实现精准化、智能化、科学化远程控制管理农业生产。科研方面也应加大对智慧农业的投入，支持智慧农业产业园区与高校、科研院所加强合作，选择农业生产的关键领域、关键环节集中力量进行设备和软件的研发。

3.2　注重引进、培养智慧性农业人才

高素质农业人才是发展智慧农业的生力军，只有更多的知识要素才能实现更高的附加。人才是生产力第一要素，着力抓好智慧性农业人才的培养和引进工作。引导更多的生力军进入农业行业，鼓励高校增设智慧农业类人才培养方向，对农业类的高等职业教育给予更多的支持，还要同对口的高等院校、农业科研机构及涉农企业对接，创建人才激励机制，巩固和扩张人才队伍，持续为农业行业输入高质量"新鲜血液"。在引进人才的基础上，借助经验及成功案例逐步建立规范的农民教育体系，建立智慧农民培训机构，对农民进行农业生产技术及物联网、互联网、农业电子设备等高新技术和设备的操作使用培训，并组织农民定期赴智慧农业发展先进区域进行参观交流学习并参加涉及智慧农业的讲座、培训、观摩会等，提高农民的科技知识水平，使农民学习到新技术、新思维，从而转变农民传统的生产观念。

3.3　坚定不移推进农业规模化

规模化经营是发展智慧农业的关键，只有一定的规模才能形成园区效应。随着土地不断集中，规模经营大势所趋，可带来生产资料的批发团购、生产成本的降低、生产销售的话语权以及国家政策的资金扶持，所以规模经营风险更低、扶持政策更多、利润更高。而且规模化程度高了，才能更有效地布局设施网、筑巢引凤，推进智慧农业落地。一是增加农民就业渠道。推动大部分农民进入二、三产业，剩余部分农民从事第一产业生产，流转的土地集中到专业大户、家庭农场、合作社、农业龙头企业等新型农业经营主体手中，为规模化、标准化、品牌化生产奠定基础。二是创新土地流转方式，可采用土地托管或土地入股的形式跟农户合作，如引导和鼓励规模经营主体采取"公司＋农户""公司＋合作社＋农户"等模式，实现土地、资金、技术、劳动力等生产要素的有效配置，不仅节省成本，还能让农民共享产业融合发展的增值收益。

参考文献：

[1]聂艳玲，崔鸽."互联网＋"助力现代农业跨越式发展的路径探寻[J].生态经济，2017，33（7）:146-150.

[2]张文瑞.互联网＋背景下我国智慧农业发展路径探析[J].农村金融研究，2018年，（4）:72-76.

[3]廖小平.浅析智慧农业的内涵与发展[J].经济研究导刊，2018（16）:17-19.

作者简介：蒋玲玲，中共青岛西海岸新区工委党校，团委书记

联系方式：657339547@qq.com

关于强化乡村振兴人才支撑的思考

孙桂华

摘要：乡村振兴，人才为要。现阶段我国的乡村人才队伍的总量、素质、结构和效能与乡村振兴需求相比，仍存在较大差距，这已成为制约乡村振兴战略实施的重要短板。解决这些问题，要做好"四篇文章"：一是做好"培育"文章，增加"本土人才"供给；二是做好"引育"文章，增加外来人才供给；三是做好"帮带"文章，提升乡村人才素质；四是做好"用才"文章，增强乡村人才振兴可持续性。

关键词：乡村振兴；瓶颈制约；人才支撑

乡村振兴，人才为要。在乡村产业振兴、人才振兴、文化振兴、生态振兴和组织振兴"五大振兴"中，人才振兴是关键和核心。2018年中央一号文件明确提出"实施乡村振兴战略，必须破解人才瓶颈制约，要把人力资本开发放在首要位置"。乡村人才振兴不仅仅是一般意义上的人才问题，也是事关我国现代化建设，突破现实发展难题的一个战略性问题。

1 乡村振兴背景下人才振兴的制约瓶颈

现阶段我国的乡村人才队伍的总量、素质、结构和效能与乡村振兴需求相比，仍存在较大差距，已成为制约乡村振兴战略实施的重要短板。

1.1 乡村人才总量不够多，乡村振兴重任难承担

随着城镇化的发展，农村进城人口越来越多。2019年国家统计局数据显示，2019年末我国大陆总人口140005万人，其中城镇常住人口84843万人，常住人口城镇化率为60.60%，比2018年末提高1.02%。户籍人口城镇化率为44.38%，比2018年末提高1.01%。数据表明，城镇常住人口比重在总人口中的占比继续处于增长态势。这一数据也说明，

农村人口数量越来越少，农村经济社会发展缺少人才支撑问题也越来越突出，严重制约乡村振兴事业的发展。

1.2 乡村人才素质不够高，乡村振兴要求难适应

乡村振兴战略的实施，对劳动力素质的需求是多元化的。既需要有一般劳动能力的初级劳动者，更需要有复合型的高素质的人才。但是，由于多种原因，目前在农村从事农业生产的一线人员，总体看受教育程度偏低，综合素质亟待提高。根据2018年发布的山东省第三次农业普查主要数据公报（第五号）显示，我省受过高中或中专教育的人数只占农业生产经营人员数量的8%，受过大专及以上教育的人数仅占1.1%，大多数人只有初中文凭。从村居干部的整体素质看，以青岛西海岸新区新任农村干部这个群体为例，大专及以上学历的仅占8.2%，带动致富能力不够强。近几年来，数据虽然有变化，但总体看，农村现有人才文化程度偏低，缺乏高学历、高素质人才，严重影响乡村振兴战略实施。

1.3 乡村人才结构不合理，乡村振兴需求难满足

从年龄结构上看，乡村人口老龄化问题严重。2018年山东省65岁人口比重已达15.4%。青岛西海岸新区当前农村常住人口大多是50岁以上

的老年人，新一任村居干部中35岁及以下的只占
3.3%，56岁以上的占25%，46岁到55岁的最多，
占47.4%。"留守妇女""留守儿童""空巢老人"
成为乡村人口的主体，"务农"的年轻人越来越少。
从主要从事的农业行业构成可以看出，缺乏复合型
人才和创新型人才，绝大多数农业生产经营人员集
中在种植业领域，占乡村总从业人员的95.6%。现
实中，农民比较愿意学习新技术、使用新品种，而
掌握农业新模式、新业态则比较被动。因而，单一
的生产型人才较多，集生产、管理、经营于一体的
复合型人才较少，缺乏面向未来绿色农业的创新型
人才，经济能人、传统技艺匠人等乡土人才的培育
与挖掘不够。

1.4　乡村人才管理不够活，乡村振兴引领作用难发挥

乡村振兴需要大量的人才支撑，同时也需要管
好人才、用好人才。目前，乡村人才队伍的选拔、
培育和保障、激励等方面尚不能适应乡村振兴的需
要，缺乏有效的政策激励和舆论氛围，缺乏有效的
服务手段和保障措施，缺乏乡村人才健康成长的长
效机制。先天条件的不足与后天努力的不充分，使
乡村人才的效能未能得到充分发挥，在乡村建设中
引领作用薄弱。

2　乡村振兴背景下人才瓶颈的原因分析

2.1　来自传统认知的影响

多年来，受农村生产生活条件的影响，中国人
都以"跳出农门"为荣，脱离农村是大多数农村籍
学子的追求，特别是受过高等教育的大学生们更不
愿意回乡"务农"。"回不去的农村"更是"农二
代""农三代"的现实写照。与此同时，城市的生
活环境好、就业机会多、收入水平高，都使得高校
毕业生不愿意到农村择业、就业。从《2018年度山
东高校毕业生就业质量年度报告》来看，以山东农
业大学为例，2018届毕业生实现就业8408人，总体
就业率为96.67%。在就业行业流向中，批发和零售
业是本科生就业流向最多的行业，占已就业本科生
总数的12.65%；其次是卫生和社会工作，所占比例
为8.64%；而农、林、牧、渔业为6.74%。

2.2　来自乡村基础设施和公共服务相对滞后的影响

受历史因素的制约，城市和乡村在基础设施
和公共服务方面有较大的差距。随着生活水平的不
断提高，人们对美好生活的需求越来越多，社会安
全、文化教育、医疗卫生、居住环境等成为人们选
择生活的重要考量，很多人在就业时把公共服务作
为重要依据，农村现有基础设施和公共服务供给难
以满足乡村各类人才的需求。

2.3　来自乡村人才发展规划的影响

乡村振兴事业的发展既需要一般农业劳动者，
更需要高级农业人才。适应乡村产业振兴、文化振
兴、生态振兴以及组织振兴的需要，人才振兴需要
既精通专业技能又懂经营的专业人才。但从现实
看，目前我国很多地区都普遍缺乏乡村振兴人才体
系建设发展规划，缺乏激励城镇从业人员到乡村就
业和创业的有效措施，缺乏留住人才的政策"杀手
锏"。近年来科技人才队伍以及"三支一扶"大学
生奔赴农村后又相继离开，说明人才发展规划工作
不够到位，留不住人才。

3　做好"四篇文章"，强化乡村人才振兴支撑

实施乡村振兴战略，必须解决好人才支撑的瓶
颈制约，建立乡村人才支撑的智力、技术和管理体
系，聚天下人才而用之。

3.1 做好"培育"文章，增加"本土人才"供给

2018年6月，习近平总书记在山东章丘三涧溪村考察时指出："乡村振兴，人才是关键。要积极培养本土人才，鼓励外出能人返乡创业，鼓励大学生村官扎根基层，为乡村振兴提供人才保障。""本土人才"是从农村成长起来的，对农村乡情风俗、人文历史有着比较深入的了解；对农村工作有着比较高昂的热情；在乡村干事创业有着比较强烈的激情。加强对"乡土人才"的培育，可以更好地发挥他们在乡村振兴中的支撑作用。

一是加强对本土农民就业创业培训。立足乡村产业优势，邀请"三农"领域的专家学者到田间地头开展技术指导，不断提高"本土人才"的综合素质，特别是尽快提高"本土人才"的生产劳动技能和实用技术，达到"活学活用""现学现用"的目标；依托各地党校、农广校等教育平台进行国家政策、实用科技知识的理论辅导。比如，青岛西海岸新区相关部门通过掌握企业用工需求信息，有针对性地进行镇村"专属劳动力培训"，让农民在家门口实现就业。今年以来，西海岸新区已通过开展各类职业技能培训，累计培训4000余人，有效提升了城乡劳动者技能水平，为稳定就业、推进乡村振兴发挥了积极作用。

二是加强对乡村干部的培训。乡村振兴要培育好"领头雁"，即增强乡村干部的创新创业和致富带动能力。要把乡村基层干部"人才培训"列入基层干部教育培训规划。针对不同区域、不同发展模式、不同发展水平等实际，采取专题讲座、集中培训、基地培训、实地考察等多种方式进行分类培训，"走出去"或"请进来"；突出农村电子商务、乡村旅游、经营管理、农村实用技能和法律法规等内容的培训；鼓励中青年村干部参加由各类大学承办的专题培训（如合作经济、乡村旅游、民宿经济、电子商务）和高等学历教育。

三是加强新型职业农民培训。新型职业农民是指具有科学文化素质、掌握现代农业生产技能、具备一定经营管理能力，以农业生产、经营或服务作为主要职业，以农业收入作为主要生活来源，居住在农村或集镇的农业从业人员。乡村振兴需要大批新型职业农民的培育。2017年1月，农业部出台了"十三五"全国新型职业农民培育发展规划，按照这一规划，要把吸引年轻人务农、培养职业农民作为重点，新型职业农民要有文化、懂技术、善经营、会管理。按照这一规划，在制度上需要建立"新型职业农民资格制度"，科学设置"新型职业农民"资格的门槛，这样一来，真正的职业农民就不单单是本土农民，而是有志于投身乡村创业的各类市场主体，包括种粮大户、农机大户、经营大户以及各种资本的农业市场主体。而对于返乡创业的新型职业农民，要在培训、用地、资金、审批、税收等方面给足政策、给足优惠，引导"雁"归巢，着力打造"归雁经济"。

3.2 做好"引育"文章，增加外来人才供给

乡村要振兴，不仅需要"内部培养"，更需要"外部吸引"。

一是吸引城市专业人才下乡创业。从城乡融合发展的角度来看，实现乡村振兴，要鼓励和引导社会各界人士投身乡村建设。如何能把城市人才"引"到农村，需要明确"引才"对象，分类引导。重点在五类人才上下功夫：第一类是愿意到乡村干事业的企业家；第二类是有田园情怀的城市居民；第三类是那些愿意反哺乡村的城市专业人才；第四类是愿意返乡创业的大学毕业生；第五类是有一技之长的退伍军人。吸引这五类人才到乡村去，需要在土地、税收、住房、医疗、教育、职称等方面给予政策配套，让他们"去得了""留得下""干得好"。

二是吸引科技人员下乡合作创业。科技人才，是乡村振兴特别是产业振兴的一个关键力量。如何吸引科技人才向乡村集聚，是乡村振兴必须重点考

虑的问题。近年来，各地加大送技术下乡力度，为农业企业、农民专业合作社和农户提供各种农业技能培训。比如，在科技人员下乡合作创业方面，涌现出"太行山道路""湖州模式""曲周模式"等具有典型示范作用的科技服务模式，实践证明，这种模式成为助力乡村振兴的新经济增长点。

三是鼓励高校加强农村人才培养。2018年12月，教育部印发了《高等学校乡村振兴科技创新行动计划（2018—2022年）》（以下简称《行动计划》），这一计划强调，要创新乡村振兴人才培养模式、加强乡村振兴高层次人才培养、广泛开展乡村振兴基层人才培训。《行动计划》对高校科技创新服务乡村振兴做出了总体设计和系统部署。《行动计划》出台后，各高校积极响应，围绕产业振兴、人才振兴、文化振兴、生态振兴、组织振兴，进一步汇聚高校创新资源，助力乡村振兴。目前已经有30余家高校制定了服务乡村振兴工作方案，13所高校成立了乡村振兴学院。今后，高校应围绕乡村振兴人才需求，建设一批一流农林专业，打造一批线上线下精品课程，推动科教结合、产教融合协同育人的模式创新，构建校内实践教学基地与校外实习基地联动的实践教学平台，建设一批农科教合作人才培养基地。

3.3 做好"帮带"文章，提升乡村人才素质

一是构建"能人"带众人的良好成长环境。探索建立农村实用技术专家团，"帮带"农村振兴实用人才。通过建立乡村"名师工作室"等途径，采取名师"手把手"精准辅导，徒弟"互动式"跟踪学习方式，实现师徒素质双提升、技术传承有成效。

二是大力开展"结对帮带"。建立市（区）直部门班子成员"帮带联系制度"，对本地培养对象进行帮带。所有帮带联系工作应以出主意、想办法、教方法为主，着重帮助培养对象开阔眼界、提升能力水平。

三是建立驻村工作队"帮带"农村实用人才制

度。驻村工作队是助力乡村振兴的重要力量，他们不仅带去项目、资金，更多的是带去工作思路和工作方法。实践证明，通过驻村干部手把手、面对面的帮带工作，乡村成长起来大批的致富带头人。比如，西海岸新区驻泊里镇乡村振兴工作队，通过谈心交流、会议宣传、参观学习等方式，带领镇域村民转变思路，逐步建立起"支部＋农业合作社＋农户"的新模式，多个村庄实现集体增收。

3.4 做好"用才"文章，增强乡村人才振兴可持续性

一是建立社会人才服务乡村机制。探索建立城市医生、教师、科技文化人员等定期服务乡村机制；鼓励科研院校设立推广教授、推广研究员等农技推广岗位，实行农业科技人才到基层兼职或服务锻炼制度，规定年度服务期限和服务覆盖面，激励引导科研教学人员深入基层一线开展农技推广服务，把论文写在大地上、把成果留在农民家。"时代楷模"朱有勇，用科技力量战胜贫困，把论文写在大地上，"手把手领着老乡干，实实在在做给老乡看。"近五年来，他结对帮扶西南边陲的深度贫困县——普洱市澜沧县，带领的团队培养了1445名"乡土人才"，被誉为"农民院士"，深受农民的拥护和爱戴。

二是建立高校人才"服务三农"长效机制。鼓励和支持高等院校、职业院校综合利用自身的教育培训资源，为乡村振兴培养专业化人才；鼓励高校毕业生投身农业生产、农业技术服务、农产品加工营销、农村电子商务和休闲农业、乡村旅游等事业；鼓励高校毕业生到乡镇基层机关事业单位工作；重视在农村就业创业的优秀高校毕业生的培养，通过"导师制培养模式"，促进高校毕业生扎根基层、在基层成长成才。

三是建立和完善乡村科技人才培养和使用机制。建立和落实高等院校、科研院所等事业单位专业技术人员到乡村挂职、兼职和离岗创业制度，保

障其在职称评定、工资福利、社会保障等方面的权益；支持农业院校探索开展免费农科生招生试点；逐步建立科技特派员服务团对口帮扶贫困村制度；改善乡村农技推广人员工作条件；深化职称制度改革，加大对农业系列人员职称评定政策的倾斜力度，激发科技人才留在乡村创业的积极性。

参考文献：

［1］中共中央国务院关于实施乡村振兴战略的意见［EB/OL］.http://www.xinhuanet.-com/politics/2018-02-04/c_1122366449.html，2018-02-04.

［2］魏延安.乡村振兴如何破解人才制约［J］.决策，2018（4）:37-39.

［3］新华社.中共中央国务院印发《乡村振兴战略规划（2018—2022年）》［EB/OL］.http://www.gov.cn/xinw-en/2018-09/26/content_5325534.htm，2018-09-26/2019-10-25.

［4］山东省统计局.山东统计年鉴2018［DB/OL］.http://tjj.shandong.gov.cn/tjnj/nj2018/zk/indexch.htm.2018-12-19/2019-10-25.

［5］山东高校毕业生就业信息网.2018年度山东高校毕业生就业质量年度报告［EB/OL］.http://www.sdgxbys.cn/advertisement/2018/2018jyfx/pdf/10434.pdf，2018-12-31/2019-10-25.

［6］周晓光.实施乡村振兴战略的人才瓶颈及对策建议［J］.世界农业，2019（4）:32-37.

作者简介：孙桂华，中共青岛西海岸新区工委党校，史党建教研室主任，高级讲师

联系方式：sgh3380@sina.com

脱贫攻坚中要让农村普惠金融更"普"更"惠"

苏 洁

摘要：2020 年既是我国《推进普惠金融发展规划（2016—2020 年）》的收官之年，同时也是全面打赢脱贫攻坚战、全面建成小康社会的收官之年。在此背景下，进一步发展普惠金融助力脱贫攻坚，大有可为且势在必行。受疫情影响，脱贫攻坚时间紧迫，任务繁重。要如期实现脱贫目标，普惠金融既要扎实推进以往的好举措、好做法，又要有新的思路、妙招，让普惠金融更"普"更"惠"。一是普惠金融的流程和手续更简化；二是群众的金融知识普及和诚信教育更强化；三是政府和银行的作用更优化。

关键词：脱贫攻坚；普惠金融；农民

普惠金融发展是一个世界性难题，在农村发展普惠金融，更是障碍重重。"农民想贷贷不到，银行想贷贷不出"，是困扰农村市场多年的问题。从 2013 年党的十八届三中全会首次正式提出发展普惠金融，2015 年国务院发布《推进普惠金融发展规划（2016—2020 年）》，2017 年习近平总书记在全国第五次金融工作会议上指出，要建设普惠金融体系，加强对小微企业、"三农"和偏远地区的金融服务，推进金融精准扶贫。到"十三五"规划提出，要构建多层次、广覆盖、有差异的银行机构体系，发展普惠金融和多业态的中小微金融组织。再到中央 2020 年一号文件提出"稳妥扩大农村普惠金融改革试点，鼓励地方政府开展县域农户、中小企业信用等级评价，加快构建线上线下相结合、'银保担'风险共担的普惠金融服务体系，推出更多免抵押、免担保、低利率、可持续的普惠金融产品"。中央关于发展普惠金融的一系列决策部署以及地方和各金融机构提供的多项政策支持，使我国普惠金融取得了较大的成就。2020 年，既是我国《推进普惠金融发展规划（2016—2020 年）》的收官之年，同时也是全面打赢脱贫攻坚战、全面建成小康社会的

收官之年。在此背景下，进一步发展普惠金融助力脱贫攻坚，大有可为且势在必行。受疫情影响，脱贫攻坚时间紧迫，任务繁重。把疫情耽误的时间补回来，如期实现脱贫目标，普惠金融既要扎实推进以往的好举措、好做法，又要有新的思路、新的妙招，让普惠金融更"普"更"惠"。

1 普惠金融的流程和手续更加简化

普惠金融主要服务于被排斥在传统金融市场之外的经济弱势群体，他们具有收入低、地处偏远、信用较差等特征，因而较难获得传统正规的金融服务。一般来说，传统金融机构为农户办理贷款的流程是，先收集贷款户的数据，分类进行业务风险评估评级，根据评估的级别，再综合考量能否贷款。实际上，长期以来农村地区绝大多数农户的信用记录是空白的，农民信用信息收集难、成本高，金融机构没有农户信用信息，不敢贸然给农户贷款，流程和手续之复杂远高于其他市场主体的信贷流程，即便最终少量农户得到贷款，也可能因为流程和手续的复杂挫伤其积极性。因此，简化普惠金融的流

程和手续，才能使普惠金融更"普"成为可能。

1.1　创新农户普惠授信

关于创新农户普惠授信，我国首个国家级普惠金融改革试验区——河南省兰考县将"先有信用才有信贷"转变为"先授信后信贷"的逆向思维，值得借鉴。具体做法是，先创新推出普惠授信小额信贷产品，按照"宽授信、严启用、严用途、激励守信、严惩失信"原则，无条件、无差别地给予每户3万元的授信基础，农民拿到"普惠金融授信证"，就像拿到了一张"信用卡"，只要满足"两无一有"（无不良信用记录、无不良嗜好、有产业发展资金需求），即可启用信用。而且，对农户的授信"一次授信、三年有效、随借随还、周转使用"。先从普惠授信开始，把农民和银行建立联系，积累信用记录，信用良好的农户，逐渐升级信用级别，随着信用级别的上升，银行授信额度相应上升，从开始3万元的授信额度提高到5万元、8万元的额度，实现信用与信贷互促相长的良性循环。通过创新普惠授信，推广"信贷+信用"，解决了以往很多农户因为与银行等金融机构未建立联系，信用空白或信用不全，导致办理信贷流程复杂且无法获得信用贷款的问题。

1.2　全面推广信用证

简化普惠金融的流程和手续，应适应普惠金融客户尤其是农户信息资料不够齐全、资金实力和担保能力有限等现实情况，全面推广信用证。对于获得信用证的农户和农村小微企业，凭信用证和有效身份证件即可办理相关业务，最大限度简化农户的信贷手续。为防控风险，对于农户身份的真实性和有效性，乡级政府部门可以为村民的真实、有效的身份进行背书，为村民的真实性提供一个保证。

1.3　利用大数据、云计算等技术，简化手续，普及"掌上信贷"

在确保法律要素齐全和满足基本制度支持的前提下，应坚持便民利民原则，利用大数据、云计算等技术，尽量简化普惠金融业务申办流程的繁杂度、尽量减少业务流程，缩短审查时间。同时，契合普惠金融业务需求金额小、需求量大、需求多样、需求频繁等特点，简化手续，让远程面签合同成为现实，使农户和农村小微企业真正成为"掌上信贷"的受益者。

2　群众的金融知识普及和诚信教育更加强化

农村普惠金融的发展之所以成为难题，主要原因之一是农村金融市场的信息不对称。一方面金融机构对农民群众和农村的小微企业了解不多，另一方面是农民群众和小微企业主受教育水平有限，缺乏必要的金融知识，对于金融机构提供的金融产品一知半解，影响了他们利用普惠金融创业致富的积极性。同时，大部分农村地区，诚信教育仍然落后，部分农民和小微企业主的契约精神和诚信意识比较薄弱，利用虚假信息骗取贷款的情况时有发生，故意逃废债务的情况和违约失信情况皆而有之。农村金融生态体系中堪忧的信用环境，影响了农村普惠金融的创新和发展。因此，应进一步强化农民群众金融知识普及和诚信教育，建设农村普惠金融良好的生态环境。

2.1　充分发挥普惠金融从业机构的专业优势，积极普及宣传金融知识

普惠金融从业机构通过开展金融知识和金融政策的集中培训、金融消费答疑、有奖知识竞赛，以及在农村建立"金融知识普及教育示范基地"等多种形式，面向对广大农民、小微企业主、基层干部等农村社区及居民，尤其是小微企业主、农民工等群体，开展金融知识普及宣传教育活动，传授防范金融风险技能，引导其科学、合理选择金融产品和服务，自觉抵制金融谣言及非法金融行为，形成"教育有阵地、手机有资讯、身边有活动"的宣传教

育格局。

2.2 充分发挥基层干部的纽带作用，向农民普及宣传金融知识并进行诚信教育

基层干部特别是驻村干部，是联系党委政府和农民群众的桥梁和纽带，应借助常年接触群众的便利，充分发挥纽带作用，当好普惠金融宣传和诚信教育的主力军。这就需要基层干部特别是驻村干部，积极学习金融知识，将所学知识用群众的语言和表达方式普及到农民群众中去。在宣传涉及民生实事的普惠金融方针政策时，不仅要把政策讲细讲透讲懂，还要用群众喜闻乐见的方式对其进行诚信教育，让群众明白便民利民的普惠金融是建立在信用基础上的，使"守信财源滚滚，失信寸步难行"的道理深入人心。

2.3 充分发挥基层党组织的战斗堡垒作用，教育、引导、约束群众

普惠金融的发展，需要借助基层党组织力量，发挥基层党组织的战斗堡垒作用。不仅要发挥在组织领导、政策推广落实等方面的优势，还要主动承担教育、引导、约束群众的责任。一方面可以将普惠金融服务站建在党群服务中心或便民服务厅，在进行党群服务的同时，向党员群众普及宣传普惠金融知识和政策，实现"一中心、两职能"，不仅可以避免重复建设带来的资源浪费，还可丰富农村党群服务中心的服务内容，增强党群服务中心对群众的凝聚力，让普惠金融"驻"到百姓心里，"联"住党群血脉，让"党建+普惠金融"成为老百姓干事创业、脱贫致富奔小康的金融纽带。另一方面，基层党组织应积极配合有关部门，严格落实守信激励措施，对守信用户提升授信额度、给予利率优惠。对失信者全部列入黑名单，张榜公布，在电视台和互联网站曝光，限制其高消费，停止县级优惠措施，着力营造良好的信用环境。

3 政府和金融机构的作用更加优化

当前，金融机构大多是市场行为，在金融市场这只"无形的手"还难以自发地提供好的普惠金融服务的情况下，政府这只"有形的手"在发展普惠金融中具有重要的作用。

3.1 强化政府顶层设计，发挥好政府的引导激励作用

任何行业的前期发展往往都需要有一定的政策支持。农村普惠金融自身属性特殊，如果只是通过金融市场往往很难达到推动金融体系发展的目的。因此，发展普惠金融应发挥好政府的引导激励作用，充分利用金融市场资源配置功能，为金融机构发展普惠金融扫清障碍。一是政府可在重视市场基础性作用的同时，从当地实现经济可持续发展，构建健康、良好、有序的金融环境出发，详细论证、科学谋划，出台相应的普惠金融发展管理办法，营造农村普惠金融发展的良好金融生态环境。二是加快构建信用信息整合制度，破解农村普惠金融发展中的信息散乱问题。三是发挥政府资金的正向激励和杠杆撬动作用，鼓励社会资本主导推动发展农村普惠金融。四是与金融机构充分沟通协调，严格按照"政策补贴、优惠利率"的原则，建立健全风险防控和财政奖补体系，出台金融业发展奖补政策，设立信贷风险补偿基金，加大对农村普惠金融改革的政策支持力度，促进农村金融机构的快速发展。五是将普惠金融的推进工作纳入各乡镇的年度目标考核等，鼓励引导普惠金融业务开展。

3.2 找准金融机构助力脱贫攻坚的切入点，发挥好普惠金融的普惠作用

普惠金融视角下的金融扶贫，重在精准，贵在普惠。既要做到对象精准、产品精准、渠道精准、责任精准和服务精准，又要彰显普惠金融的包容性、公平性、可得性、持续性和多元性。当前，

脱贫工作已经进入黎明前的最后攻坚阶段，找准金融机构助力精准扶贫的契入点，发挥好普惠金融的"普惠"作用迫在眉睫。一是完善普惠金融机构设施和人员配置，提高普惠金融产品和服务的使用效率和供给质量，降低交易成本，保证新增金融资金优先满足深度贫困地区、新增金融服务优先布设深度贫困地区，不断提高普惠金融在深度贫困地区的可获得性。二是不断创新贫困地区普惠金融的供给方式，加快推进贫困地区互联网金融和移动金融的发展，使普惠金融以更高效、便捷的方式发挥作用。三是农村普惠金融应优先服务于农村地区最具劳动能力和发展潜力的贫困人口，不断激发其脱贫致富的内生动力。四是不断提高农村普惠金融对收入贫困、教育贫困和就业贫困的改善效应，充分发挥农村普惠金融对"智力扶贫"和"产业扶贫"的支持作用。五是借助政府共享信息，积极运用现代金融科技手段和大数据，创新农村普惠金融产品，降低综合融资成本，进一步提升农村普惠金融服务精准扶贫的覆盖面、可得性和精准度。

3.3　发挥好风险分担作用，调动各方的参与积极性

传统信贷业务风险由银行自担，银行对风险很敏感，因此，建立科学的风险分担机制是调动银行积极性的关键。可尝试探索银行、政府风险补偿基金、保险公司、担保公司四方分担机制，健全风险防控体系，有效防控金融风险。还要发挥好制度规范作用，推动建立公平、公正、合理的市场竞争环境，营造良好的金融生态环境。当然，普惠金融的特质是金融，而不是财政，政府不能包办银行的业务，也不能直接成为银行的指挥棒。政府与银行间应明确市场边界，建立协同配合机制，让政府能够帮助银行解决需要解决的问题，让银行能够及时呼应政府合法、合理的要求，形成更强大的普惠金融发展合力。

其作始也简，其将毕也必巨。在指挥疫情防控阻击战中，习近平总书记多次强调"不麻痹、不厌战、不松劲，毫不放松抓紧抓实抓细各项防控工作"。决战决胜脱贫攻坚，也到了最吃劲的时候，面对疫情给脱贫攻坚工作带来的困难，更需要我们"不麻痹、不厌战、不松劲"，充分发挥普惠金融"雪中送炭"的作用，确保如期全面打赢脱贫攻坚战。

参考文献：

中共中央组织部. 贯彻落实习近平新时代中国特色社会主义思想在改革发展稳定中攻坚克难案例［M］.北京：党建读物出版社，2019.

作者简介：苏洁，中共青岛西海岸新区工委党校，教务部主任，讲师

联系方式：1078202453@qq.com

对青岛西海岸新区推动乡村产业振兴的几点思考

王　凯

摘要：青岛西海岸新区在产业振兴中，坚持城乡统筹发展，深化农村综合改革和农业供给侧结构性改革，构建乡村产业体系，壮大乡村产业，农业和农村经济保持健康发展的良好态势。但也存在龙头带动不强、职业农民短缺、三产融合不够、基础设施薄弱等问题，须从产业引导政策要落地生根、顶层设计要统筹兼顾、三融合要步步为营、队伍打造要千锤百炼、活力增强要多管齐下、组织引领要持续发力等方面予以解决。

关键词：乡村产业振兴；三产融合；青岛西海岸新区；思考

习近平总书记指出，产业振兴是乡村振兴的物质基础。实施乡村振兴战略，必须牢牢抓住产业振兴这个"牛鼻子"。我国《乡村振兴战略规划（2018—2022年）》围绕乡村产业振兴提出了28项重大工程、重大计划和重大行动，青岛西海岸新区围绕"三个重大"，组织各方力量，强力推动乡村产业振兴。同时，区财政每年安排乡村产业振兴专项奖补资金，扶持乡村产业发展，促进农民集体"双增收"，取得了显著的成效。当然，客观地分析，青岛西海岸新区在产业振兴方面所做的努力，只是为真正意义上的产业振兴打下了基础，实际工作中还存在一些困难和不足，必须下大气力加以解决。

1 青岛西海岸新区乡村产业振兴取得成效

青岛西海岸新区在工委（区委）正确领导下，全区上下认真落实中央、省市和工委（区委）关于乡村振兴战略的决策部署，坚持城乡统筹发展，深化农村综合改革和农业供给侧结构性改革，构建乡村产业体系，壮大乡村产业。农业综合生产力稳步提升，农业供给体系质量明显提高，全区

农业和农村经济保持健康发展的良好态势。2019年上半年，全区实现农业总产值62.66亿元，同比增长3.1%；农业增加值实现40.3亿元，同比增长3.35%；农林牧渔服务业增加值实现2.28亿元，同比增长7.05%。全区37个产业项目已有34个项目开工建设，5个项目竣工投产，累计完成投资45.89亿元。获评国家农村一、二、三产业融合发展先导区、国家农村创业创新典型县（市、区）。

1.1 坚持政策导向，乡村产业扶持体系逐步完善

区政府及有关部门立足本土优势，采取了一系列乡村振兴的政策措施。制定了西海岸新区乡村振兴五年总体规划、农业产业发展规划、乡村振兴三年行动计划、2019年十项重点工作、新区乡村振兴战略领导责任制实施办法等意见和鼓励政策，对发展壮大乡村产业做出专项部署。落实乡村产业振兴鼓励政策和都市型现代农业发展奖补意见，2019年上半年奖补项目90个，兑现奖补资金2140万元。制定了乡村振兴突击队作战方案，组建突击分队攻克乡村振兴产业项目推进等六项攻坚任务，全面发起乡村振兴攻势。推进农村改革，在全市率先推行农村集体产权改革，激活要素、市场和主体，促进

乡村经济发展。

1.2　坚持各业并举，乡村产业形态不断丰富

一是发展特色农业。在发展蓝莓、绿茶、食用菌的产业基础上，大力发展特色花卉、高端果品等特色产业，特色农业面积占全区耕地总面积61%，带动30万农民增收致富。中农批智能物流港、中铁全渠道中餐加工、中荷智慧农业园等一批全产业链高端科技项目，已成为西海岸农村经济的"动车组"，产值比重提升到全区农业总产值的12%。二是发展高新农业。新培植绿色硅谷等农业科技园11家，新培育国家级农村创业创新园区2个，新认定省级龙头企业6家。青岛梦圆、青岛绿环、青岛绿色家园等6家养殖场积极创建市级标准化示范场。全区规模以上现代农业园区达337家，涵盖了蓝莓、茶叶、花卉、中草药等产业，园区总占地面积达16.9万亩，基本形成了布局合理、特色鲜明、优势突出、效益明显、循环发展的现代农业产业新格局。三是发展品牌农业。发展和保护"黄岛蓝莓""琅琊青""琅琊红""琅琊鸡"等区域公用品牌。着力打造新区"琅榜"知名农产品品牌，目前全区省级知名农产品品牌共6个。组织开展了全区"琅琊榜"名优农产品评选活动，共评选出名优农产品61个。四是发展都市农业。加快推进农业与二三产业深度融合发展，打造了"百里绿色长廊""滨海漫步休闲"等5条农业旅游线路，全区创建青岛市级以上乡村旅游品牌148个。上半年全区实现旅游收入166.3亿元，同比增长20.1%。

1.3　坚持持续完善基础，农业内涵式发展步伐稳健

总投资675万元的农业综合开发项目全面完工，新建平塘4座、大口井3座、排水沟999米、扬水站1处；铺设低压管道2.97千米，新建管涵26座；新修混凝土硬化道路5.6千米，农业基础设施不断完善。走以科技为支撑的内涵式现代农业发展道路，逐渐实现藏粮于技，耕地质量不断提升。建1万亩化肥减量增效示范区和5000亩土壤退化治理示范区，新增水肥一体化面积1万亩，成方连片建设有机肥替代化肥示范片1万亩，在全区完成布点、采集并化验测土配方和耕地质量监测土样110个，检测数据682个，充实完善了全区土壤基础养分数据库。

1.4　坚持培育主体，农村创业创新日益丰富

培育康大外贸等农产品出口企业154家，2018年全区农产品出口额近7亿美元。加快推进互联网与农业深度融合发展，建成西海岸阿里巴巴农村淘宝中心、青岛国际茶叶交易中心、青岛军民融合农产品批发市场等一批影响力强、规模大、档次高的"农"字号线上、线下市场。完成7个镇级农村电子商务建设，建立198家农村淘宝村级服务站，培育农业创客1000余人，全区农村电商实现销售额5.1亿元。

2　青岛西海岸新区产业振兴存在的问题

2.1　龙头带动作用乏力

青岛西海岸新区涉农大项目、龙头企业少，辐射带动农业产业转型升级、跨越发展能力不足。除联想佳沃等少数企业外，多数农业企业的科技含量不高、农产品精深加工不够，自动化、智能化水平较低。乡村休闲旅游业存在同质化现象。

2.2　新型职业农民短缺

乡村产业项目供地不足，农村人才缺乏，农业社会化经营服务管理还不够到位。青岛西海岸新区合作社理事长具有大专以上学历的不到5%，年龄在40岁以下的不足10%。农村从事农业生产经营的多是老人和妇女，60～79岁农民人数约为11万。

2.3　产业融合力度不够

一产延伸不充分，多以供应原料为主，从产地到餐桌的链条不健全。二产发展不够强，数量少，质量不高，农产品加工转化率不高。三产发育不完

善，一、二、三产业融合不够，农户和企业间的利益联结还不够紧密，不能满足广大人民群众对高品质生活的需要。

2.4 基础设施配套不佳

农业基础设施配套不够完善，生产路狭窄不平，部分水库、塘坝等水利设施不配套且年久失修，全区耕地有效灌溉面积59.9万亩，仅占耕地总面积的69.1%。农村道路规划布局不够完整，农业园区电、水、气、热等配套不到位，产地批发市场、产销对接、鲜活农产品直销网点等设施相对落后。

3 青岛西海岸新区产业振兴的几点建议

3.1 产业引导政策要落地生根

一要确保各级政策落实不打折扣。落实好国务院、省委、市委和区委关于促进乡村产业振兴、五个专班抓好工作推进落实、青岛市实施乡村振兴战略重点任务清单的决策部署，明确工作措施，抓好工作落实。落实好青岛西海岸新区乡村产业振兴鼓励政策，对已完成且验收通过的产业项目，抓紧兑现奖励。二要确保财政支持资金不打折扣。要加强财政资金投入保障，提高土地出让收入用于农业农村比例。整合各类涉农扶持资金，设立乡村产业发展基金，引导各类工商资本投资农民参与度高、受益面广的乡村产业。三要确保改革力度不打折扣。深化农村集体产权制度改革，积极探索资源变资产、资产变资金的有效渠道，鼓励发展多种形式的股份合作。四要确保各方合力支持不打折扣。建立健全金融服务乡村产业振兴机制，深入研究乡村产业资产权益保护办法及资产变现办法。加强乡村产业用地保障，为发展乡村产业需要的建设用地多想办法、多亮绿灯。

3.2 顶层设计要统筹兼顾

发展乡村产业要稳扎稳打，目标任务要明确，空间布局要统筹，时间安排要近期、中长期结合。

围绕发展现代农业和一二三产业融合发展，按照"先规划，后建设"的原则，尽快编制和完善镇域总体规划和村庄详细性规划，为乡村产业发展提供方向明确的空间保障。要制定和完善青岛西海岸新区乡村产业发展规划，统筹谋划好镇村产业发展布局、思路目标和政策举措，规范和引导乡村产业发展。抓好乡村建设规划，完善乡村、农业基础设施配套，做好城乡道路互联互通的文章，规划并实施好山海相接、干支相连、布局合理、城乡一体的全域城乡交通体系，为乡村产业发展奠定坚实基础。

3.3 三融合要步步为营

一要丰富业态体系。好业态、好模式、好项目是乡村产业振兴的生命力和源头活水。要深刻领会把握乡村产业的核心要义，不仅要抓好农业全面振兴，更要抓好农村一、二、三产业深度融合发展。要对照青岛西海岸新区乡村产业发展规划，建立乡村产业发展项目储备库，对入选进库的项目，在建设用地、政策支持等方面给予优先保障、重点扶持。要实施重点项目辐射带动战略，引进一批知名度高、带动能力强的现代高效农业项目或深加工项目，尤其是科技含量高的项目，延伸产业链条，逐步形成产业集群。要立足镇村资源，突出地域特色，因地制宜发展具有本土优势的乡村特色产业，创建一批具有辐射引领作用的乡村产业融合发展示范园。要大力发展依托农业农村资源的二、三产业，鼓励企业与农民共享的产业链延伸的增值收益并为农民提供尽可能多的就业机会。要引导产业化龙头企业、合作社和家庭农场开展生产经营合作，实现抱团发展。要深入挖掘和整合民俗文化、乡土文化、传统手工艺等乡村文化产业资源，推动乡村文化产业发展壮大。要积极实施品牌战略，大力推进农业"品种品质品牌"建设工程，以良种提品质、以品质树品牌。

二要严格质量标准。要扎实实施国家质量兴农战略，对照国务院乡村产业振兴指导意见，制定乡村产业评价认定标准体系，确保有利于乡村振兴的产业优先进入乡村，推动乡村产业规范化发展。要建立和完善乡村产业监测统计标准体系，研究开展乡村产业发展情况的调查统计工作。要建立乡村产业运营调度标准体系，定期对乡村产业发展进行协调和调度，促进乡村产业健康快速发展。

3.4　队伍打造要千锤百炼

大力实施"人才振兴计划"，为乡村产业振兴提供重要智力支持。突出建设好"三支队伍"。一要建好"班子"队伍。强化村"两委"建设，搭好配强乡村振兴的"班子"，提升基层组织的凝聚力、战斗力、组织力。二要建好新型职业农民队伍。加强职业农民和新型农业经营主体实用技术、生产经营等的培训，培养造就一支有文化、懂技术、会经营的新型职业农民队伍。三要建好"三农"工作队伍。进一步巩固、壮大、提升农村实用人才队伍，确保农业"后继有人"。出台"市民下乡""能人返乡"等政策措施，建立符合市场经济规律的人口自由流动机制，鼓励扶持更多有志之士下乡、返乡创业，打造一支"永不撤退"的懂农业、爱农村、爱农民的"三农"工作队伍。

3.5　活力增强要多管齐下

一要放大"五大活力源"作用。要建设好董家口经济区、现代农业示范区、交通商务区、王台新动能产业基地、藏马山旅游度假区五大乡村振兴活力源，以大项目、大投入辐射带动周边镇村区域发展。二要叠加各类市场效能。要加强外部无形市场的培育和发展，坚持市场导向，政府有关部门要牵头组织宣传推介青岛西海岸新区乡村产业特色鲜明的区域公用品牌，形成一批叫得响、知名度高的农产品地域品牌，扩大区域影响力。建设一批各具特色的区域农产品市场营销网络。大力培育家庭农场、农民合作社及市场流通服务企业在内的流通主体队伍，拓宽农产品畅销渠道。要加强农产品电子商务服务平台建设，积极发展服务驱动型、特色品牌营销型等多元化的农产品电子商务模式。

3.6　组织引领要持续发力

各级各部门要高度重视乡村产业发展，把乡村产业发展始终放在心上、抓在手上，一把手要亲自部署、亲自研究、亲自抓落实。区政府要加强统筹协调，主动研究解决乡村产业发展的重大事项；相关部门要建立乡村产业发展的工作推进机制；镇村要承担起乡村产业发展的主体责任，分工协作，密切配合，形成协同推动乡村产业发展新格局。要落实好省市和区委关于打造乡村振兴齐鲁样板五个专班抓好推进落实的通知要求，压实责任、传导压力、强化考核、狠抓落实。要加强人才队伍建设，建立健全激励机制，发挥好农村党组织领头雁作用，挖掘并利用好乡村人才，畅通各类人才向农村、向基层一线流动渠道，鼓励城镇各类人才到农村创业创新。要加大乡村产业振兴好经验好做法好典型的宣传力度，努力推动形成全区乡村产业振兴工作的氛围和合力。

作者简介：王凯，中共青岛西海岸新区工委党校，科研部副主任，政工师

联系方式：13589367577@163.com

发展乡村旅游助力乡村振兴

——以青岛西海岸新区为例

卢茂雯

摘要：发展乡村旅游，既能帮助农民致富，还能为农业发展提质增效，更能改善农村生态环境农民生活面貌，对助力乡村振兴有着非常重要的意义。近年来，青岛西海岸新区依托区域优势，科学规划布局，构建了布局合理、特色鲜明、多样化发展的乡村旅游产品体系。本文在论述青岛西海岸新区发展乡村旅游的基础优势、基本情况和基本做法的基础上，提出了发展乡村旅游的启示建议。

关键词：乡村旅游；乡村振兴；启示建议

党的十九大报告指出，"实施乡村振兴战略，促进农村一二三产业融合发展，支持和鼓励农民就业创业，拓宽增收渠道"，为乡村旅游大发展开启了历史性机遇。2019年中央一号文件指出，要"充分发挥乡村资源、生态和文化优势，发展适应城乡居民需要的休闲旅游、餐饮民宿、文化体验、健康养生、养老服务等产业"，这为乡村旅游服务乡村振兴战略进一步指明了发展方向。近年来，青岛西海岸新区立足于"三农"实际，开发观光休闲、生态涵养、美丽乡村等多功能旅游资源，加大农村基础设施和公共服务投入，使农村生态环境和农民的生活面貌有了很大改善。实践证明，发展乡村旅游能够提高农民收入，促进农业发展提质增效，是助推乡村全面振兴的重要力量重要引擎。

1 青岛西海岸新区发展乡村旅游的基础优势、基本情况

青岛西海岸新区（以下简称"新区"）作为第九个国家级新区，陆域面积2128平方千米、海域面积5000余平方千米，海岸线长达282千米，有1156个行政村，总人口数达200万。在新区绵长的海岸线上，有23处或开阔或隐藏或曲折的天然港湾，21座风景各异的自然岛屿，形成了一湾一景、一岛一情的高品质海岸旅游带；在新区宽广的腹地上，高山林立，丘陵绵延，森林茂密，特色品牌农产品丰富多样，乡村旅游产业带已初具规模特色。新区以山、海、岛、湾、滩、林作为天然基质和依托，发展乡村振兴战略下的乡村旅游，具有一定的天然优势和基础条件。

1.1 基础优势

1.1.1 各级政策有扶持

2019年中央一号文件明确提出"实施休闲农业和乡村旅游精品工程"，国务院办公厅印发了《关于促进全域旅游发展的指导意见》，山东省政府办公厅出台《关于加快发展农业"新六产"的意见》，青岛市编制了《乡村旅游专项规划（2015—2020）》，青岛西海岸新区也相继出台了《关于支持住宿餐饮业发展的意见》《关于加快旅游业创新发展的意见》、新区旅游业发展总体规划和"十三五"规划等一揽子政策文件。种种利好政策为发展乡村振兴战略下的乡村旅游提供了有力支持。

1.1.2 区位交通有优势

青岛西海岸新区旅游交通快速便捷。胶州湾

海底隧道和跨海大桥将西海岸和青岛东城区连为一体；青连铁路、轻轨13号线已建成并运行；济青高速、沈海高速贯穿东西南北；区内主要纵横交通道路高质畅通；旅游观光巴士示范工程、公共自行车租赁系统运营良好。全力建设"四好农村路"，加速推进农村道路硬化、维护、提升集中行动，全面提升农村路网状况，区位优越，交通便捷，为新区发展乡村旅游提供了巨大的客源市场。

1.1.3　旅游资源有支撑

一是旅游自然资源丰富。有东西走向的"沿海旅游发展带"，带上分布着灵山湾文化度假区、凤凰岛旅游度假区、琅琊台旅游度假区等近十处旅游度假休闲胜地；有东西南北错落分布的小珠山、铁橛山、藏马山、大珠山等丰富的山林资源。山、河、林、海、湾、岛、滩丰富的自然资源，优美的自然景观，是发展生态旅游的绝佳胜地。二是有丰富的人文资源。新区的历史文化脉络可以从千古名胜琅琊台、琅琊石刻、齐长城等历史遗产中探寻；杨家山红色文化、古镇口海防文化一直是激励新区人牢记历史、保家为国、干事创业的精神力量。与历史文化相对应的时尚文化也在新区强势崛起，近年来，形成了"影视之都""音乐之岛""啤酒之城""会展之滨"四张城市名片，正在不断丰富新区的旅游业态，拉长新区旅游产业链。

1.2　基本情况

青岛西海岸新区以"打造山海间最美乡村"为目标，不断加快旅游业与农、林、牧、渔等相关产业的融合发展，多点多线多面开发高品质乡村旅游产品。以民宿和农业产业园为代表，将17家高品质有特色的农庄，策划投资打造成了4条精品旅游线路；以果蔬采摘为主题，整合新区"现代旅游业＋传统农业"的新成果，整合了新区19个镇、街道、管区119个采摘园进行集中推介；以"庄园游·采摘行"为导向，全面启动新区庄园游系列活动，打造了新的旅游消费热点。目前，新区共创建青岛市

级以上乡村旅游品牌共计141个，位列青岛市首位。乡村旅游已成为助推青岛西海岸新区乡村振兴的重要力量，成为实现新区农业供给侧结构性改革的重要路径。

2　青岛西海岸新区发展乡村旅游的主要措施

青岛西海岸新区以乡村振兴战略为引领，大力发展乡村旅游。充分利用旅游资源，不断挖掘产业要素，加大旅游基础设施投资，净化美化生态环境，注重提升人文素养，不断提升旅游产品质量，不断拓宽旅游品牌营销渠道，使旅游产业成为我区脱贫致富的朝阳产业。

2.1　科学规划，构建乡村旅游新格局

新区按照全域统筹的思路，邀请国内知名旅游规划设计院，科学编制全区乡村旅游发展专项规划，统筹规划，合理布局，最大限度地实现乡村旅游发展规划与新型城镇化规划、新型农村社区规划、产业园区规划、土地利用总体规划等有机衔接，实现全区乡村旅游规划共绘、资源共享、产品共推、品牌共打，以规划引领全区乡村旅游的科学有序发展。

2.2　挖掘资源，开发乡村旅游产品

一是依托凤凰岛国家级旅游度假区、琅琊台文化旅游度假区等多个沿海度假区，打造特色各异的滨海度假旅游产品。如积米崖、龙门顶渔人码头、琅琊台渔港小镇等海港娱乐、海鲜美食、港湾休闲产品。二是结合海岛、渔家民俗、海洋科普、海产品采购等打造深滨海体验和滨海度假旅游产品组合。如灵山岛、斋堂岛等海岛垂钓、海岛拓展、海上游乐等休闲度假。三是依托乡村生态特色，打造集乡村观光、乡村采摘、农活体验等一体的多类型的乡村旅游产品。如小珠山、藏马山、铁橛山等乡村度假基地的山野观光、林果采摘、农事与民俗体

验等。四是挖掘文化资源，打造本土特色旅游产品。如杨家山里红色教育基地红色传承文化、古镇口海军公园海防文化、大小珠山佛教文化、藏马山养生小镇康养休闲文化、张家楼油画小镇油画艺术文化、琅琊海青茶文化等文化旅游度假产品。五是传承民俗文化，开发乡村民俗旅游产品。充分利用农作方式、民间技艺、特色礼仪、趣闻传说等乡村历史沉淀，开发乡村民俗产品，打造民俗文化旅游产品。如大村镇西南村，通过挖掘传统文化及传扬百年丁氏家训、丁氏人文轶事，古事今说，打造丁氏民俗文化一条街；如有几千年历史的琅琊祭海节，是一种独具地域特色的渔家文化、祈福文化、海洋文化，现在已被传承发扬。

2.3 整合资源，打造精品旅游线路

新区按照"绘制一张蓝图、培植一批园区、打造精品线路、构建一个网络"的总体发展思路，积极拓展农业生产、生活、生态和文化传承功能，加快推进农业与二、三产业深度融合发展，打造了浪漫风情、滨海漫步、红色之旅、绿色长廊4条农业生态旅游线路。四条旅游生态线路上的景点，有的入选全国休闲农业与乡村旅游示范点，有的入选全国最美休闲乡村，有的入选全国休闲农业精品，有的入选中国美丽田园。新区还搭建完成了国内首个度假目的地服务平台——"西旅心"度假平台，实现入驻涉旅企业52家，会员注册12168名，累计推出59条度假主题产品线，并与全国121家媒体达成战略同盟，青岛西海岸新区已经成为青岛都市农业的新名片、市民休闲的后花园。

2.4 典型带动，打造美丽乡村风景带

新区坚持高起点定位、高水平规划，高水平建设市级以上美丽乡村、高标准打造示范样板，按照村庄风貌田园化、污水无害化、河塘景观化、庭院洁美化、服务社会化、娱乐大众化、治理民主化、村风和美化、农民职业化、产业特色化"十化"目标，打造新区特色美丽乡村。围绕沿海岸线、重要

交通干线，将美丽乡村连线成片，集中打造蓝湾生态、绿色长廊、红色之旅三条美丽乡村示范带。新区目前已完善建成60个省级美丽乡村示范村、180个美丽乡村达标村，村庄道路、供水、污水垃圾处理、供电、电信等基础设施建设水平全面提升，美丽乡村人居环境持续改善。为全区乡村旅游发挥了示范引领作用。

3 青岛西海岸新区发展乡村旅游的启示建议

青岛西海岸新区发展乡村旅游，助推乡村振兴，成效显著，乡村旅游发展势头良好，但也存在一些短板和不足。如配套服务设施还相对薄弱。尤其是远离市区的乡村旅游景点，交通、电力、通讯等旅游必需的基础设施建设尚不完善。此外还有旅游产品品牌特色不突出、品牌同质化较为严重等问题。新区乡村旅游产品基本以自然观光、农产品采摘、农（渔）家乐体验为主，传承地域特色不突出，文化程度不够，重游率不高。新区要大力发展乡村旅游业，必须在乡村振兴战略引领下，发挥资源优势，破解乡村旅游发展存在的短板问题，需要继续努力，不断探索。

3.1 拓宽融资渠道，完善配套设施

新区政府应加大旅游财政引导，鼓励旅游投融资平台建设，创新融资方式，吸纳民间资本和企业资本对乡村旅游进行深层次的开发和经营。一是要完善旅游基础配套设施，建设好农村"四好公路"，硬化完善村村通、户户通道路，在重点景区建设自行车、机动车生态停车场，配套好电力、饮水、垃圾污水处理设施、旅游线路标识指示等。二是完善旅游商业服务设施。盘活农村闲置房屋，根据地域特色建设特色民宿，如山野民宿、艺术民宿、农园民宿、特色小院。着眼不同消费群体，积极发展大众餐饮、海鲜美食、地方名吃和农家宴。三是完善

旅游公共服务设施。高标准建设旅游公厕、信息网络等公共服务设施。配合重大节事活动，在重点区域设置生态节水模块化厕所，在骑行线路沿线的农村设置无水生态厕所。四是建立智慧旅游系统。借助互联网、物联网、云计算、大数据等技术，建立智慧旅游管理服务平台，服务游客，加强行业管理，统计旅游数据，推动信息共享。

3.2　突出本地优势，培育特色品牌

针对新区乡村旅游品牌特色不突出、业态单一等问题，依托蓝色海湾整治、特色小镇和现代农业发展战略，在旅游产品品牌培育方面，着力培育一批趣味性、竞技性、娱乐性和参与性相统一的现代农业观光游、乡村生活体验游、乡村民俗风情游、康体养生游等乡村旅游业态；在购物品牌培育方面，支持企事业单位和个人研制、开发、经销工艺品、纪念品以及土特产品等特色乡村旅游商品；在美食品牌培育方面，大力推进新区乡村特色美食研发暨乡村特色美食评选活动，联合各大协会和相关企业精心组织"赏田园风光，品乡村美食"等主题乡村旅游活动，打造乡村主题餐厅；在节会品牌培育方面，整合新区庄园游、采摘游、民俗游、休闲游等乡村旅游产品，策划举办有地域特色乡村旅游节会，如已成功举办的"首届中国琅琊台四时（秋分）祈福节""首届大珠山丛林穿越挑战赛"，这些节庆活动可使景区焕发新活力、引来新客流、带动新市场。

3.3　加大营销力度，开拓旅游市场

整合各类营销传播资源，依托各类旅游营销接触点，共同发声，形成合力。将乡村旅游营销纳入旅游总体营销计划，采取"走出去"与"请进来"相结合的方式，利用报纸、刊物、电视、广播、网络、微信等新闻媒体，通过硬广、软文、新闻相结合的方式，开展乡村旅游活动营销和旅游产品巡展推介。

3.4　健全工作机制，强化服务保障

坚持党建引领、政府服务、村民主体、企业运营。把党建引领与民生保障结合起来、特色小镇与美丽乡村建设结合起来，引进企业参与，促进产城人文融合发展，营造宜居宜业宜游环境。建立全区旅游联盟，加强行业管理，推进信息共享。构建旅游立体培训体系，加强旅游业务部门、文化教育部门、科研部门等多方协同运作。完善旅游人力资源管理体系，加强旅游饭店、车队导游、旅游景区等主要管理人员的资格认证，开展多层次、多元化的职业教育和岗位培训，提高从业人员特别是管理人员的服务和管理水平。

作者简介：卢茂雯，中共青岛西海岸新区工委党校，高级讲师

联系方式：lmw861@sohu.com

对青岛西海岸新区乡村振兴战略实施情况的调查与思考

王　艳

摘要：青岛西海岸新区深入贯彻党的十九大精神和习近平总书记视察山东重要讲话、重要指示精神，把实施乡村振兴战略作为新时代"三农"工作的总抓手，坚持农业农村优先发展、城乡融合发展，充分发扬先行先试、善作善成的新区精神，突出创新引领、精准施策，强力推进"五大振兴"，探索出乡村振兴的新路径。为进一步做好乡村振兴工作，工委党校乡村振兴课题组，经过一年来的实地调研，形成了本篇调研报告。首先，总结新区乡村振兴实施的基本情况；其次，指出青岛西海岸新区乡村振兴工作中存在的突出问题。再次，对推进实施乡村振兴战略提出了建议，旨在为提升青岛西海岸新区乡村振兴工作提供参考。

关键词：青岛西海岸新区；乡村振兴；调查

青岛西海岸新区（以下简称"新区"）认真贯彻落实中央、省、市各项决策部署，坚持因地制宜，结合各镇、村不同情况，探寻强村富民乡村振兴之路，取得显著成效。为全面了解新区乡村振兴战略的实施情况，新区工委党校成立了课题组，对乡村振兴战略实施情况开展了专题调研。课题组赴新区农业农村局、新区乡村振兴工作队、王台镇、宝山镇、海青镇、六汪镇、张家楼镇、藏马镇、大场镇、大村镇进行了调研。调研采取座谈和问卷方式，填报600份有效调查问卷，对广大农民意愿、农村产业发展、生态宜居、乡风文明、乡村治理、民生保障情况等进行调查了解，掌握了基本情况，发现了存在的问题，并提出了对策建议。

1　新区乡村振兴战略实施的基本情况

乡村振兴战略实施以来，新区在工委（区委）正确领导下，认真落实中央、省、市和工委（区委）关于乡村振兴战略的决策部署，坚持农业农村优先发展总方针，不断深化农村综合改革和农业供给侧

结构性改革，构建乡村产业体系，壮大农村集体经济，全区农业和农村经济保持良好发展态势。2019年实现农业增加值83.2亿元（含农林牧渔服务业4.67亿元），增长2.9%；农村居民人均可支配收入22830元，增长8.6%，有10个村庄获评全省乡村振兴示范村。

1.1　广泛宣传，达成一致共识

调研显示，听说过、非常熟悉乡村振兴战略的农民占全部受访农民的比重达56.5%；听说过、比较熟悉乡村振兴战略的农民占全部受访农民的比重达26.8%。乡村振兴战略得到广大农民的认可。

1.1.1　对战略目标充满期待

农民对"产业兴旺""生态宜居""乡风文明""治理有效""生活富裕"的总要求，充满了向往。受访农民最期盼的是"生态宜居"，占比44.3%；其次是"生活富裕"，占比37%；此外，"乡风文明""产业兴旺"和"治理有效"分别占32.5%、25.8%和19.3%。

1.1.2　对制约因素有所思考

农民认为实施乡村振兴战略的关键是"人才"、

"资金"和"技术"。受访农民认为乡村振兴最急需的是"人才"，占54.8%；其次是"资金"，占53%；再次是"技术"，占40.8%。人才紧缺、资金不足、技术水平落后是当前实施乡村振兴战略的最大问题。

1.1.3　对提升技能热切期盼

农民认为最需要的培训是"生产技术"。现代农业的发展亟须先进的农业生产管理技术培训，在问及最想接受的培训项目时，41.5%的受访村民回答是"农业生产管理技术培训"，其次是"就业技能"，占37.1%。

1.1.4　对改变现状最为迫切

农民最希望的是收入水平提高。农民家庭最大的负担是医疗、教育费用和生产投入，认为"医疗"是家庭最重负担的农民最多，占全部受访农民的69.3%，其次是"教育费用"和"农业生产投入"，分别占36.8%和25.3%。农民最需要的公共服务设施是文体活动场所。受访农民认为最需要的公共服务设施是文体活动场所，占38.5%，其次是卫生室，占36.5%，再次是自来水，占30%。

1.1.5　对前期工作成效充分认可

受访农民最认可"路灯变亮了"，占57.5%，其次是"道路变宽了"，占39.3%，认可"医疗更方便了""上学更容易了"和"工作机会变多"的分别占28%、26.1%、22.6%。

1.2　党建引领，确保方向正确

新区工委抓住基层党组织建设这个关键环节，始终坚持红色引领绿色发展，先后出台了一系列党建引领乡村振兴的制度文件，形成了上下联动、左右协同、高效运作的基层党建工作体系，交出了一份党建引领乡村振兴的"新区答卷"。

1.2.1　抓队伍

首先，抓基层党组织建设。2018年，新区平稳有序完成村"两委"换届选举，并对换届后村"两委"干部进行了全面轮训，农村基层党组织的领导核心和战斗堡垒作用进一步加强。张家楼镇党委、王台镇庄家茔村和大场镇南辛庄村党支部被省委表彰为"干事创业好班子"。

其次，实施"领头雁工程"。新区持续抓牢农村带头人队伍建设，深入实施"领头雁工程"，实施"乡贤回归计划"，广开渠道选贤任能。如王台镇徐村曾是一个矛盾村、上访村、落后村，成了无人敢挑担的"烂摊子"。2018年初，韩宗祥听从组织召唤，毅然放弃年收入几十万的企业和优越的生活条件，回村任党总支书记。他带领全村党员群众将徐村打造成为新区组织振兴和文化振兴的示范村。

再次，派驻工作队助乡村振兴。2018年4月新区成立了12支乡村振兴工作队联镇帮村，2019年10月又组织开展了千名干部进乡村活动，全区1156个村居，每个村居选派一名乡村工作指导员。这些工作队员承担起组织的重托，为完成群众的期盼，把先进的理念、良好的作风带到乡村，指导各个村走出一条乡村振兴的新路。

1.2.2　抓制度

制度建设是实施乡村振兴的重要保障。为此，新区着重建立党建引领的各项制度。先后制定了《实施乡村振兴战略领导责任制实施办法（试行）》《各镇街（管区）党（工）委政府、工委农村工作领导小组成员单位向工委管委报告实施乡村振兴战略推进情况工作制度（试行）》《关于选派乡村振兴工作队的意见》《青岛西海岸新区乡村产业振兴鼓励政策的通知》等多项制度，为确保乡村振兴战略的有效推进起到保障作用。

1.2.3　抓服务

新区以利民惠民凝聚人心，以打通服务群众"最后一千米"为目标，不断整合公共服务功能，积极完善公共服务设施网络，采取职能下移、服务下沉的途径，在交通、购物、教育、医疗、文化等方面高起点建设基础设施，提升居住区的配套功能。新建、改扩建21所城乡中小学校、幼儿园。启动区、镇街"健康服务共同体"试点，"小病不出镇、大病不出区"。创新"1+N+6"社区居家养老新区模式，构建以家庭为核心、社区为依托、信息化为手段、专业化服务为支撑、医养相结合的社区居家养老服务体系，养老机构达到19家，床位数达到3850张，建成40个助老大食堂。连接城乡的地铁13号线建成通车，董家口疏港铁路全线贯通，提升了镇村服务水平，为新村百姓构建了一个文明有序、和谐安定的家园。社会治理有创新。新区建立区、镇、村三级社会治理体制，推进社会治理重心向镇街、村居下移，探索组团化网格治理服务模式，优化"一号通"民情民意受理处置，推进社会协同公众参与，形成了新区共建共治共享社会治理良好格局。为乡村振兴战略的实施创造了稳定的环境。

1.3 精心谋划，致力全面振兴

按照乡村振兴"产业兴旺、生态宜居、乡风文明、治理有效、生活富裕"的总要求，新区在规划、机制和民意方面进行了有益探索。

1.3.1 抓规划

深入开展乡村振兴大调研和"进乡村"问计解忧活动，广泛征求意见、凝聚共识，先后编制形成新区乡村振兴五年总体规划、农业产业发展规划、乡村振兴三年行动计划等，形成推动乡村振兴有序推进的完整规划体系。

1.3.2 抓机制

新区坚持高位推动，加强组织领导。实施乡村振兴战略领导责任制，实行区统筹、镇负总责、村抓落实的工作机制，成立了由区、党政"一把手"任组长，分管领导任副组长，相关部门负责同志为成员的综合指挥机构。强化督查考核，建立了周统计、月调度、季通报的督导机制，确保乡村振兴建设的力度不减、进度不缓。

1.3.3 抓民意

新区在实施乡村振兴过程中，坚持以群众为中心，倾听群众呼声，顺应农民期待，充分发挥农民主体作用，推动政府、社会、市场协同发力、共同建设，筑牢了乡村振兴的群众基础。一是实施文化惠民工程。建成26处国家一级标准镇街综合文化站、14处24小时自助图书馆、1156处村级文化活动中心，持续培育群众文化队伍1000余支，"小品进社区"项目荣获国家级文化创新工程和山东省文化创新奖。二是实施生态提升工程。整治提升滨海大道、奋战路、334省道等24条主干道、143千米道路，城乡道路环境焕然一新；推进城乡环卫一体化，开展"村村达标、千村洁净"活动，农村生活垃圾日产日清，无害化处理率达到100%。三是加强城乡生态保护。深入开展蓝湾整治行动，清理恢复自然岸线130千米，新增绿化面积148万平方米，高水平修建了滨海慢行系统蓝湾路，打造282千米世界最美海湾；完成新造林2万亩，14处破损山体全面覆绿；以"城市绿肺、生态地标"为愿景，开工建设占地约333公顷、海岸线3300米的西海岸中央公园。新区率先通过国家生态区考核验收，获批首批国家级生态保护与建设示范区。

1.4 聚焦增收，激发内生动力

农民增收是实施乡村振兴工作的落脚点，是激发群众对乡村振兴工作的活力源，为此，新区通过抓产业、抓就业、抓土地等措施，拓宽了农民增收渠道。

1.4.1 抓产业

产业振兴是乡村振兴的基础。全区打造"五大活力源"，镇街推进"一个特色"和"四个集聚"。村居实现"一村一品"，形成了完备的产业体系。同时，出台《新区乡村产业振兴鼓励政策》，吸引国企、民企参与乡村产业振兴，实现企业、村庄、农民互利共赢。33家企业对经济薄弱村进行了"五个一"帮扶（培植一个产业、兴办一个项目、解决一批就业、援建一批设施、富裕一方百姓），实施帮扶项目16个。依托黄发集团、农高集团、区供销社，围绕基础设施建设、农业科技、农产品流通搭建乡村振兴融资平台，撬动更多社会资本支持新区乡村振兴。

1.4.2　抓就业

实现"家门口"就业。如宝山镇胡家村第一个乡村工厂于2018年8月成立，其利用村里闲置、倒塌、撂荒的宅基地改建成厂房480平方米，已经进入批量生产。目前胡家村乡村惠民工厂培养产业工人由最初的9人扩大到58人，生产合格产品120万件，完成产值730万元，人均月增收2600元以上。该惠民工厂成为盘活集体建设用地，引导留守劳动力家门口就业的典型案例，目前已经在全区推广。

1.4.3　抓土地

采取土地向规模流转集聚措施。农村土地流转形式有出租、转包、入股、转让、互换五种。截至2018年底，全区86万亩耕地，已流转51万亩，占总耕地面积的59.3%。农民流转土地愿望强烈，土地流转成为农民增收的重要渠道。

2　新区乡村振兴工作中存在的突出问题

2.1　均衡发展亟待解决

受多种因素影响，农民持续稳定增收难度增大。城乡之间、东西区之间、镇村之间差距较大。特别是西部6个乡镇（宝山镇、大场镇、大村镇、藏马镇、六旺镇和海青镇）部分乡村水、电、气、路、网等基础设施建设薄弱，投入不足。调查显示，受访农民认为用气不方便的占23.8%；认为交通不方便的占21.8%。

2.2　主体意识尚需提高

农民是乡村振兴战略和人居环境整治的主要受益者，是农村基础设施建设和管护主体，但受自身素质等多方面的影响，其主体参与意识还有待加强。调查显示，受访农民认为乡村振兴的主要依靠是政府项目资金支持，占42%；其次是村民和政府集体努力，占40.5%。特别是一些村干部在推动乡村振兴过程中仍存在要项目、等资金、靠上级的思想。

2.3　空心现象值得关注

调研中发现，新区出现了"人进城了、房子空了、地没人种了"现象。新区农民住宅中有20%长期空置，有50%~60%季节性空置；农村不但留不住年轻人，现在连老年人也要到城里给子女看孩子。

2.4　集体增收任重道远

在调查中，我们发现村集体经济欠债较多，凡是经济发展不好的村庄，都有外债，而且偿付能力差。新区村集体经济发展还比较薄弱，严重影响乡村振兴战略的进程。

2.5　基层组织有待加强

在调查中，我们发现基础设施和公共服务严重滞后的落后村，其村"两委"班子能力薄弱。新区有行政村1156个，其中基层薄弱村有171个。一些农村基层党组织发挥领导核心作用不够。

2.6　考核体系仍需完善

目前，新区对乡村振兴战略的考核不是独立考核，而是将其放在美丽乡村建设中考核。考核体系急需完善，考核内容笼统，缺乏具体标准，影响了乡村振兴战略实施。

3　提升新区乡村振兴工作水平的几点建议

3.1　强化制度建设，持之以恒抓好工作落实

新区乡村振兴战略的实施重在落实。当前要落实《实施乡村振兴战略领导责任制实施办法》和《向工委管委报告实施乡村振兴战略推进情况工作制度》，实行月调度、季通报、半年观摩动态考核评价。围绕重点项目、重要工作、重大任务抓督查、抓推进，用最严格的标准、最严格的考核、最严格的监督、最严格的问责推进乡村振兴战略落地落实。

3.2　坚持问题导向，持之以恒抓好村集体增收

乡村振兴是一个战略，不是一个短时期的行

为。《新区推进乡村振兴三年行动计划（2018—2020年）》中明确规定，到2020年，新区乡村振兴取得重要进展。首先，将农民增收作为乡村振兴的基本出发点，大力发展村集体经济，以解决村集体经济薄弱问题。其次，盘活农村集体建设用地资源的政策，拓宽集体经济发展的途径。调查显示，受访农民认为农村产业振兴急需的政策是盘活农村集体建设用地资源的政策，占55.8%。增加资产性收益作为下一步推动农民持续增收的重点，继续积极推动农村"三块地"转化为农民可经营、可收益的资本，赋予农民更多财产性权利。

3.3　瞄准关键因素，持之以恒抓好基层组织建设

组织振兴是实施乡村振兴战略的关键。为此，应以基层党组织和领头人为抓手，推进乡村组织振兴和人才振兴。重点加强村级党组织带头人队伍建设。要推进选拔多元化、培训规范化、报酬工薪化的村干部专职管理。从回乡大学生、农村致富能手、经商务工人员、退伍军人等先进群体中发展党员，同时，培养新型农村实用人才，建立村级后备干部人才库。

3.4　恪守初心使命，持之以恒抓好主体意识培养

抓主体意识必须健全完善党组织领导的乡村治理机制，以党建引领探索高质量的"三治"融合。当前新区要进一步完善农村选举、决策、协商、管理、监督等制度，逐渐形成多层次基层协商格局，村民自治制度能够创新完善。同时有效引导农民学法、用法、守法，发挥法治在保障农民权益、规范市场运行、治理生态环境、化解农村社会矛盾等方面的作用，大力建设法治乡村和平安乡村。健全公民道德规范，让"德治"贯穿乡村治理全过程，积极培育良好村风民风，不断增强广大农民群众推进乡村振兴的责任感，激活乡村振兴内在动力。

3.5　树立正确导向，持之以恒完善考核体系

新区在推进乡村振兴战略过程中，要加强对乡村振兴战略实施情况的考核，要把对乡村振兴战略的考核从美丽乡村建设考核中分离出来，单独进行考核。同时，要围绕乡村振兴总体目标，因地制宜、因村制宜，制定标准化乡村振兴具像化效果图，以便对标对表补短板、抓落实，打造既可复制可推广可考核，又模式各异、路径清晰的标准化模式。

参考文献：

[1]柏先红，刘思扬."乡村振兴之路"调研报告[J].调研世界，2019（6）.

[2]杨加法.打造苏北乡村振兴样板村——睢宁县姚集镇高党村乡村振兴调研报[J].江苏农村经济，2019（03）.

[3]李超民，完善乡村治理机制推进乡村振兴战略[N].湖南日报，2019-03-07.

[4]廖蔚，推动乡村振兴战略落地落实的思考与体会[J].国家治理，2019（7）.

[5]2019年西海岸新区经济运行情况［EB/OL].青岛西海岸新区政务网，2020-02-28

[6]西海岸10个村庄上榜全省乡村振兴示范村［EB/OL].青岛西海岸新闻网，2020-01-20

作者简介：王艳，中共青岛西海岸新区工委党校，高级讲师

联系方式：hddxwangyan@163.com

深刻领会习近平扶贫思想，打赢平度、莱西脱贫攻坚战

高玉强

摘要：贫困是全球性问题，贫困治理是世界性难题。党的十八大以来，习近平总书记站在全面建成小康社会、实现中华民族伟大复兴中国梦的战略高度，把脱贫攻坚摆到治国理政的突出位置，提出一系列新思想、新观点，做出一系列新决策、新部署，形成了体系完整、内涵丰富的脱贫攻坚理论体系——习近平扶贫思想。习近平扶贫思想回答了新时代中国扶贫工作的重大理论和实践问题，是马克思主义反贫困理论中国化的最新成果，是习近平新时代中国特色社会主义思想的重要组成部分，也是打赢平度、莱西脱贫攻坚战的根本遵循。

关键词：习近平；脱贫攻坚；扶贫思想；平度；莱西

党的十八大以来，习近平总书记站在全面建成小康社会、实现中华民族伟大复兴中国梦的战略高度，把脱贫攻坚摆到治国理政的突出位置，提出一系列新思想、新观点，做出一系列新决策、新部署，形成了体系完整、内涵丰富的脱贫攻坚理论体系——习近平扶贫思想。而平度和莱西是青岛市脱贫攻坚的主战场，要打赢这场攻坚战，必须依靠习近平扶贫思想的指导。

1 习近平扶贫思想的指导意义

1.1 理论意义

习近平扶贫思想为发展马克思主义反贫困理论做出了中国的原创性贡献，是马克思主义反贫困理论中国化的最新成果，书写了马克思主义反贫困理论的新的时代篇章。

1.2 实践意义

习近平扶贫思想指引着中国脱贫攻坚不断取得新成就、新突破。在这一思想的指引下，近几年，中国的贫困状况发生了深刻的改变，创造了我国减贫史上的最好成绩，脱贫工作取得巨大成效。

1.3 政治意义

习近平扶贫思想进一步夯实了党的执政基础，进一步巩固了中国特色社会主义制度。得民心者得天下，中国共产党只有不断为人民造福，执政基础才会坚如磐石。在国际风云变幻莫测的今天，一些国家发生政权更迭现象，而我们的党和社会主义制度却岿然不动，更加证明了中国共产党的领导和中国特色社会主义的优越性，更加坚定了我们的道路自信、理论自信、制度自信和文化自信。

1.4 历史意义

习近平扶贫思想将会使中华民族千百年来存在的绝对贫困问题得到历史性的解决。中华民族自有历史记载以来，贫困问题一直是一个绕不开的话题，也是困扰中华民族伟大复兴的一个重要问题。习近平扶贫思想将会彻底解决这一"老大难"问题。

1.5 时代意义

习近平扶贫思想为"打赢脱贫攻坚战、全面建成小康社会"这一时代任务提供了根本遵循。这一思想深刻揭示并自觉遵循我们党扶贫发展的历史逻

辑，吹响了向扶贫进军的号角，为新时代中国特色社会主义的发展，为实现全面建成小康社会、实现中华民族伟大复兴的中国梦注入了强大的精神力量。

1.6 世界意义

习近平扶贫思想为世界减贫事业贡献出了中国智慧和中国方案。中国的扶贫软实力树立了负责任大国的形象，增强了我国在全球治理中的话语权。

2 习近平扶贫思想的主要内容

习近平扶贫思想内涵丰富、思想深刻，主要包括以下几个方面。

2.1 脱贫攻坚的本质

2.1.1 脱贫攻坚是社会主义的本质要求

我国是社会主义国家，制度是社会主义制度。贫穷不是社会主义。我国发展到今天，已经是世界第二大经济体，如果贫穷还是一直存在，那就与我国的社会性质不相符。"如果贫困地区长期贫困，面貌长期得不到改变，群众生活长期得不到明显提高，那就没有体现我国社会主义制度的优越性，那也不是社会主义。"[1]

2.1.2 脱贫攻坚是党的宗旨的重要体现

人民对美好生活的向往，就是我们的奋斗目标。让人民摆脱贫困，过上好日子，让人民共享改革发展成果，是我们党的一项重要使命。习近平总书记指出："中国共产党在中国执政就是要为民造福，而只有做到为民造福，我们党的执政基础才能坚如磐石。"[2]

2.2 脱贫攻坚的要义

2013年，习近平总书记首次提出精准扶贫，这是脱贫攻坚的要义。精准扶贫的要义就是要将"精准化理念"贯穿于扶贫工作的全过程。2015年，习近平总书记在中央扶贫开发工作会议上发表长篇重要讲话，系统阐述精准扶贫方略，标志着习近平扶贫思想的形成。

2.2.1 "六个精准"是基础和前提

"扶贫开发推进到今天这样的程度，贵在精准，重在精准，成败之举在于精准。"[3] "六个精准"是脱贫的基础和前提，为扶贫工作方式转变提供了方向和着力点。其中，扶持对象精准是其前提条件；项目安排精准是重要支撑；资金使用精准是重要保障；措施到户精准是路径手段；因村派人精准是有效引领；脱贫成效精准是落脚点和最终目的。"大水漫灌"和"手榴弹炸跳蚤"式的扶贫会事倍功半。

2.2.2 "五个一批"是路径选择和重点工作任务

"五个一批"中发展生产脱贫一批是主攻方向；易地搬迁脱贫一批是重要补充；生态补偿脱贫一批是双赢之策；发展教育脱贫一批是治本之计；社会保障兜底一批是基本要求。

通过"六个精准"和"五个一批"来解决四个关键问题，即"扶持谁""谁来扶""怎么扶""如何退"的问题，指明了新时代推进脱贫攻坚的体制机制创新的方向与要求。

2.3 脱贫攻坚的保障

2.3.1 坚持党的领导，强化组织保证

脱贫攻坚，加强领导是根本。要推动脱贫攻坚工作向纵深发展，把资源力量向脱贫攻坚聚焦，高位推进，必须抓好农村党建，建设好农村基层党组织，才能确保"全面小康路上不让一人掉队"，这是做好脱贫攻坚的关键之举。"农村基层党组织是党在农村全部工作和战斗力的基础，是贯彻落实党的扶贫开发工作部署的战斗堡垒。"[4]

2.3.2 坚持社会动员，凝聚各方力量

脱贫攻坚是一场"大合唱""大决战"，是全社会的共同责任。广泛动员和依靠各行各业、各部门及社会各界积极参与，是形成脱贫攻坚的强大合力。习近平总书记指出："脱贫攻坚，各方参与是合力。"[5]这深入阐述了广泛动员社会力量的重大意义和基本途径，目的在于构建大扶贫格局，体现了先富帮后富的原则和弘扬扶贫济困传统美德的要求，

是打赢脱贫攻坚的强大合力。

2.3.3　坚持加大投入，强化资金支持

脱贫攻坚，没有资金投入不行，资金支持是重要的保障。一些贫困面广、贫困程度深的地区，要在基础设施建设、产业发展和基本公共服务等方面实现大的改善提升，必须大幅度地增加投入，"形成脱贫攻坚资金多渠道、多样化投入"[5]。

2.3.4　坚持从严要求，促进真抓实干

"脱贫攻坚，从严从实是要领。"[5]脱贫攻坚要将从严要求、真抓实干贯穿始终，这样才能防止形式主义，防止出现表面文章，防止一些违法乱纪现象的发生。

2.4　脱贫攻坚的动力

2.4.1　群众是脱贫攻坚的主体

人民群众是历史的创造者。要让贫困群众靠自己的双手和劳动增收脱贫、改变命运，这也是脱贫攻坚的重点，是脱贫攻坚的有力支撑。只有这样，脱贫攻坚成效才能可持续。

2.4.2　激发内生动力

坚持扶贫扶志与扶智相结合、坚持"输血"和"造血"相结合，重在培育自我发展能力，才能激发群众致富的内生动力，使脱贫具有可持续的内生动力，也才能真正支撑脱贫攻坚。

2.5　脱贫攻坚的目的

脱贫攻坚的目的是携手消除贫困，共建人类命运共同体。"中国在致力于消除自身贫困的同时，始终积极开展南南合作，支持和帮助广大发展中国家特别是最不发达国家消除贫困。"[6]这也是我们的国际责任与义务。

3　贯彻落实习近平扶贫思想，打赢平度、莱西脱贫攻坚战

随着突破平度、莱西攻势的强力推进，平度、莱西脱贫攻坚取得明显成效，但也存在一些困难和问题。有些部门站位不高，对脱贫攻坚重视不够，在思想上、行动上与中央、省、市要求还有差距。平度、莱西深度贫困区域总体投入不足，基础设施落后，公共服务水平较低，产业发展滞后，是全市扶贫工作的突出短板。部分已脱贫群众的脱贫基础还不牢，老弱病残等特困群体比重较高，脱贫难度较大。精准识别、精准施策、精准退出存在一些不足。脱贫内生动力不足，脱贫攻坚长效机制建设刚刚起步。针对这些问题，要深入学习贯彻习近平扶贫思想，聚焦平度、莱西深度贫困区域和特殊贫困群体"两个重点"，加大力度、强化措施，全面推动青岛市脱贫攻坚再上新台阶。

3.1　提高政治站位，压实脱贫攻坚责任

习近平总书记指出："脱贫攻坚越到最后时刻，越要响鼓重槌，决不能搞急功近利、虚假政绩的东西。各级党委和政府要坚决把责任扛在肩上，着力抓重点、补短板、强弱项。"[7]要把脱贫攻坚作为重大政治任务和第一民生工程，强化"市乡抓落实"责任担当，狠抓落实，结合突破平度、莱西攻势作战方案，把资源力量向脱贫攻坚聚焦，加强领导、高位推进，确保"全面小康路上不让一人掉队"。同时，要压实部门单位、民营企业和党员干部扶贫责任。建立常态化督查落实机制，定期对项目建设、资金管理、识别退出等重点工作开展专项督查。强化扶贫领域监督执纪问责，针对工作不力、问题突出等情况，坚决问责。

3.2　强化精准识别，夯实脱贫攻坚基础

打好脱贫攻坚战，成败在于精准。平度市和莱西市要做好精准脱贫，必须严把"三个关口"，建立严格、规范、透明的动态调整机制，下大决心、花大力气托清底数，确保脱贫结果经得起实践、历史和人民群众的检验。

3.2.1　把准"入口关"，抓好精准识别

扶贫先识贫，精准识别是脱贫攻坚的第一粒"扣子"。坚持实事求是，真穷就真帮，进一步规范

建档立卡工作，精准识别贫困人口，严格按照"两不愁、三保障"的综合贫困标准认定，不预设规模，符合对贫困人口的全部纳入，不符合的全部剔除。对纳入、脱贫、清退各类情形与贫困群众面对面交流到位，有效保障群众知情权。扶贫、审计、交警、人社等多部门参与，建立平度、莱西市级贫困人口财产信息比对机制，避免将担任公职、有车有房、注册公司等明显不符合贫困标准情形的户化为贫困户，确保扶贫对象识别精准。

3.2.2 把实"过程关"，抓好动态调整

扶贫对象动态调整是精准扶贫、精准脱贫的基础和关键。要深入开展基层基础工作，规范提升行动，实现扶贫脱贫标准化、规范化、信息化，健全动态管理服务机制。构建从市到村的信息化网络体系，加强动态管理，确保底数清、数字准、效果实。强化宣传培训，手把手指导、平度莱西乡镇做好动态调整各项工作，密切跟上督导指导，确保应纳尽纳、应返尽返。

3.2.3 把严"出口关"，抓好贫困退出

贫困人口退出方面，要严格按照标准程序，对经过帮扶和自身努力，年人均纯收入稳定超过省扶贫标准，且吃穿不愁，义务教育、基本医疗、住房和饮水安全有保障的贫困户，严格按照相关程序实施退出，并在全国扶贫开发信息系统中标注"脱贫"。对照8种不能退出情形，逐一进行评议审核，确保贫困退出质量。

3.3 聚力抓好平度、莱西扶贫开发，坚实脱贫攻坚成效

按照把突破平度、莱西作为全市区脱贫攻坚的主战场的基本思路，对平度、莱西重点贫困区域在政策、资金、项目等方面加大倾斜力度。要发挥规划引领作用，结合乡村振兴和美丽乡村建设，整合基础设施、产业、旅游、城镇等专项规划，形成统一推进又各具特色的平度、莱西扶贫规划；坚持基础设施特别是交通设施先行，推动铁路联通，强化公路联通，加快物流产业发展，打通与区域外连接通；全面规划区域内主要河流治理、水库除险加固和调蓄水工程，进一步完善水网工程，打造连绵生态林带；同步实施电力、燃气、通讯、村庄绿化、健身广场等基础设施配套建设，大幅提升区域承载能力，推进新型城镇化建设；加快平度、莱西特色产业发展，增强平度莱西发展的"造血"功能。通过区域发展为平度、莱西脱贫攻坚创造更好的外部条件，有效提高扶贫开发整体工作水平。

同时，要提升产业扶贫的精准度、实效性，产业扶贫是根本，要大力培育主导产业，特别是平度、莱西要打造好四个重点产业集群，提升产品品质、产业层次。要健全新机制，重点建立贫困户参与机制和受益机制如股份合作制模式。要组织开展消费扶贫，提高科技扶贫成效。要强化易地扶贫搬迁、危房改造，强化社保兜底和健康脱贫，完善教育脱贫的资助政策体系等。

3.4 凝聚社会力量，激发内生动力，厚实脱贫攻坚合力

脱贫攻坚是一场"大合唱""大决战"，是全社会的共同责任。广泛动员和依靠各行各业、各部门及社会各界积极参与，形成脱贫攻坚强大合力。

3.4.1 凝聚社会力量

一是要凝聚青岛市个行业部门力量，如民政、慈善、文体部门，使贫困群众获得实实在在的政策"红利"。二是要凝聚社会扶贫力量。积极引导各类企业、社会组织、爱心人士参与脱贫攻坚，促进社会各方面资源、资金流向贫困人口，发挥好社会扶贫助力脱贫攻坚的重要力量，打造青岛市一批爱心扶贫品牌。

3.4.2 激发内生动力

平度市和莱西市的贫困群众要脱贫，关键要靠自己。坚持扶贫先扶志，相关部门要注重激发平度、莱西贫困群众的内生动力，增强脱贫信心和决心，既富"口袋"，也富"脑袋"，让贫困群众靠自

己的双手和劳动增收脱贫、改变命运。通过典型示范带动，宣传培训，营造自力更生的氛围。要转变扶贫方式，多采取以工代赈、生产奖补、劳务补助等奖补式扶贫、参与式扶贫方式，扎实开展贫困群众技能培训等。

3.5　强化督查问责，倒逼责任落实

纪检、监察、审计等部门要开展扶贫领域专项治理工作，认真落实各级纠正"四风"的指导要求，提高站位，提升标杆，压实责任，全面落实扶贫领域监督执纪问责联动机制和易地扶贫搬迁工程预防监督挂牌督办机制，加强部门联动，探索建立扶贫和审计部门联动审计机制，进一步扎紧扶贫审计监督笼子，严肃查处扶贫领域违纪违法问题。

只要我们以习近平扶贫思想为指导，坚定信心，迎难而上，青岛市一定能够打赢脱贫攻坚战，建设开放、现代、活力、时尚的国际大都市的目标就一定能够实现。

参考文献：

［1］习近平扶贫论述摘编［M］.北京：中央文献出版社，2018:5.

［2］习近平扶贫论述摘编［M］.北京：中央文献出版社，2018:14.

［3］习近平扶贫论述摘编［M］.北京：中央文献出版社，2018:58.

［4］习近平扶贫论述摘编［M］.北京：中央文献出版社，2018:32.

［5］习近平.在打好精准脱贫攻坚战座谈会上的讲话［J］.求是，2020（9）.

［6］习近平扶贫论述摘编［M］.北京：中央文献出版社，2018:152.

［7］习近平参加十三届全国人大二次会议甘肃代表团的审议时发表重要讲话强调:脱贫攻坚是一场必须打赢打好的硬仗［N］.人民日报，2019-03-08.

作者简介：高玉强，中共青岛西海岸新区工委党校，讲师

联系方式：gaoyuqiang2005@163.com

青岛西海岸新区农业综合行政执法改革实践与思考

马洪君　王　彦

摘要：综合行政执法改革历来是社会高度关注的问题。随着市场监管、生态环境保护、文化市场、交通运输、农业5支综合执法队伍改革指导意见的下发，各地方按照指导意见推进改革落实。青岛西海岸新区农业农村局于2019年5月14日对农业综合行政执法进行了改革，被农业农村部命名为全国农业综合行政执法示范单位。笔者从青岛西海岸新区农业综合行政执法改革取得的成效、改革积累的经验及今后的工作思路三个方面进行了详细的阐述和思考。

关键词：农业；综合行政执法；改革；实践

2020年3月10日，农业农村部下发《关于公布第一批全国农业综合行政执法示范窗口和全国农业综合行政执法示范单位名单的通知》，青岛西海岸新区（以下简称"新区"）农业农村局获评全国首批农业综合行政执法示范单位，也是青岛市唯一获此称号的单位。2019年5月14日，青岛西海岸新区农业综合行政执法大队正式成立，是隶属于西海岸新区农业农村局的副处级全额事业单位，下设7个基层中队，编制42人，实行区域化执法监管。新区农业综合行政执法改革，在构建法治化、专业化、服务型的发展环境上迈出了坚实的步伐。从近一年的实战运转情况看，农业综合行政执法充分体现了职能优化、协同高效的优势，改革取得了显著成效。

1 改革成效

1.1 农业综合执法改革开创新局面

大队按照"机构法定化、队伍专业化、管理正规化、手段现代化"的标准进行建制，将种子、农药、兽药、饲料、农机、农产品质量安全等多个领域的执法职能整体合并，令出一家，工作运转规范有序。推动了农业执法向乡村延伸，打通了基层农业执法"最后一千米"的问题。

1.2 执法办案实现突破

青岛西海岸新区农业综合行政执法大队自组建以来，以"抓主业、守底线、提能力、促规范、保安全"为主线，健全查督结合、检打联动、行刑衔接机制，加大事前事中事后执法检查频率，一经发现违法行为，严格按照法定程序开展立案调查和行政处罚。已累计组织开展各类专项执法检查20项，立案210起，受理政府热线等各类投诉150余件，为农民挽回经济损失近亿元。

1.3 执法技能得到提升

加强了学习培训，建立每周一学、每月一讲制度，通过队员间互相交流、请教专家全员封闭培训、参加上级部门业务培训等方式，倡导了"巡中查、查中学、案中思"的学习理念，内强素质，外树形象，大幅度提高了执法人员的执法水平。2019年8月29日，在首届青岛农业综合执法技能大赛上，青岛西海岸新区农业综合行政执法大队三名执法队员获得了"'砺剑护农'十佳办案能手"称号，一名队员被授予"青岛市工人先锋"荣誉称号，新区农业农村局获得"优秀组织奖"。

1.4 执法检查实现了全覆盖

先后开展了"笃学敦行，砺剑护农"、新中国成立70周年农产品质量安全百日攻坚专项执法检查、兽药饲料生产经营及投入品使用专项检查、私屠滥宰"零点行动"、春季农资打假、秋冬季农资打假、烟剂专项检查等专项执法检查活动，共摸排执法对象1175个，其中农资经营店447个、兽药经营店和屠宰场等295个、农机维修点17个、种养殖园区352个、集贸市场64个，纠正不规范行为200多个，收缴假劣农资3.5吨、涉案动物产品800多千克。

2 改革经验

2.1 加强领导，是全面推进新区农业综合行政执法改革的重要保证

实行农业综合行政执法，国家有要求，农民有期盼，社会在关注。近年来，全国各地都进行了农业综合执法改革，但模式不一，各有特色。不论是胶州模式还是即墨模式，改革后都提高了执法效率，扩大了执法覆盖面，提高了办案质量。自2017年始，西海岸新区就着手开展了农业综合行政执法的调研，考虑到农业综合行政执法专业性强、时效性强的特点，根据新区实际，按照中共中央办公厅、国务院办公厅印发《关于深化农业综合行政执法改革的指导意见》（中办〔2018〕61号）文件精神，参照区编办《关于推进农业领域综合执法改革方案》，新区农业农村局领导亲自带队赴即墨区学习即墨农业综合行政执法经验，形成了新区农业综合执法改革思路。新区农业综合行政执法大队的成立实现了机构的法定化，人员专业化，是青岛市唯一一家与政府机构改革同步完成的区级农业综合执法机构，完全符合中央两办《指导意见》精神。

2.2 优化布局，是切实促进农业执法协同高效的有效手段

深化机构改革的目标就是构建系统完备、科学规范、运行高效的国家职能体系，提高执法能力与水平。大队统一领导，中队同步实施的区域化执法监管体制，改变了种子、农药、兽药、饲料、农机、农产品质量安全等多个领域多头执法的乱象。实现了由分散执法向集中执法、执法重心由上到下、单纯惩戒性执法处罚向预防性执法检查的"三个转变"；实现了执法检查精准化、快速化的目标，提高了工作效率，同时又解决了服务群众"最后一千米"的问题。新区农业农村局创新了执法与监管机制，灵活运用执法方式，构建沟通便捷、防范有力、查处及时的协作共赢平台，减少了执法与监管之间的摩擦系数，有效化解了行政纷争，提升了执法社会效果。

2.3 不忘初心，是充分体现以人民为中心执法理念的思想基础

农业行政执法改革的目的是为了增强人民群众的获得感、幸福感、安全感。当前，新区农业农村正处于经济转型升级、社会结构深刻变动、利益格局深刻调整、农民思想观念深刻变化的过程中，一些区域制假售假、违法添加、私屠滥宰等行为时有发生，严重扰乱市场秩序，损害农民和消费者权益，影响农产品质量安全和农业生态环境安全。新区农业综合行政执法大队的成立，在维护农民权益、规范农资市场秩序、保护生态环境等方面发挥了权威性的作用。新区农业综合行政执法大队先后开展了以查处假劣农资维护农产品质量安全为主的"砺剑护农"百日攻坚等专项整治行动17项，出动执法人员1376人次，集中假劣农资3.5吨；开展了以严厉打击私屠滥宰、逃避检疫为主的"零点行动"4次，查获证物不符等违法猪产品870千克。有力地震慑了违法分子的违法违规行为，保证了新区的农产品质量安全，护航了乡村振兴战略的实施。

2.4 问题导向，是防范执法风险工作方向

在新形势下，农业综合行政执法工作面临诸多新情况、新问题。新区大队以完善执法制度建设为基础，坚持问题导向，进一步提升组织力量、作风形象、执法效能，全面推行农业综合行政执法建设专业化、制度化、规范化。为了避免冤假错案的发生，出台了《行政执法案件法制审核规定》《重大行政执法案件审理规定》和《行政执法全过程记录实施办法》。行政执法行为的内控制度进一步规范了执法行为，提高了执法质量，促进了依法行政，防范了执法风险，打造了一支"正规化、专业化、职业化"专业执法队伍，彰显了"新起点、新形象、勇担当、真作为"的新区农业行政执法新风貌。

3 今后工作思路探讨

3.1 牢固树立执法为民理念

以"不忘初心、牢记使命"主题教育为契机，加强党的支部建设。深入学习习近平新时代中国特色社会主义思想，贯彻落实习近平"三农"新理念新思想新战略，切实加强党建和精神文明单位创建工作，进一步加强队伍建设，锤炼忠诚干净担当的政治品格，鼓励攻坚克难、干事创业，助力乡村振兴攻势。

3.2 以假冒伪劣投入品打击为己任，进一步规范农业农村农资市场秩序

一是抓好农资打假专项治理行动。开展主要农作物、蔬菜种子、肥料和禁限用农兽药执法检查，严厉打击无证生产经营、制售假劣农资产品、违规经营使用农兽药等违法行为。二是排查农产品质量安全风险隐患。以农产品质量安全大检查、"三品一标"生产企业检查等专项执法检查为抓手，坚持问题导向，着力解决农产品生产过程中农兽药残留、违禁药品使用、非法添加等重点隐患和突出问题。三是抓好畜禽屠宰行业执法检查。组织开展重

要时节暗访互查行动，严厉打击私屠滥宰、违规添加"瘦肉精"等违法行为。重点加大对小型屠宰点、屠宰环节废弃产品无害化处理及"代宰"行为的执法力度，严防不合格肉品流入市场。

3.3 创新执法监管思路，构建良好的政商关系

尝试引入约谈机制、事前告知机制。约谈管理是责令整改的延续，是行政处罚的有效补充，以指导教育、规范约束为主，让企业红红脸、出出汗，达到帮扶矫正的效果，避免了一罚了之，对维护农业生产秩序、保障农产品质量安全、助力乡村振兴战略起到非常积极的作用。通过事前告知实现由单纯惩戒性执法处罚向预防性执法检查、告知转变。通过"先礼后兵"的执法方式，树立依法行政的良好形象，改善政商关系，营造良好的农业营商环境。

3.4 进一步理清业务监管与行政执法的关系

深化农业综合行政执法改革的目的就是将监管业务与行政执法有效分开，打破原来的执法人员既当"裁判员"又当"运动员"的不合理设置。本轮改革，青岛市农业农村局单独设立了投入品管理处，承担着农兽药、种子（种苗、种畜禽）、肥料、饲料等农业投入品的监管职能，各业务处室只承担技术指导和技术服务职能。但新区农业农村局的改革未单独设立投入品管理科，行业日常监管依旧分散在各业务站所，这种状况容易导致以下弊端：一是业务上下级对接不畅；二是业务站所对监管业务有抵触情绪，不能很好发挥各有职责、各有分工、各有侧重的效能，容易导致监管缺失。要进一步理顺行业管理和行政执法的关系，明确行业管理部门和行政执法机构的职责，建立健全农业农村部门内部综合执法机构和行业管理机构协调配合机制。以"双随机、一公开"监管为基本手段，监管部门将监督检查发现的违法违规线索移交农业执法机构，由执法机构依法处罚或强制。

3.5 强化属地监管责任

区农业综合行政执法大队下设的七个基层中

队，通过执法检查和案件办理，有效提升了镇村农资经营单位的规范化水平，但也给镇街农产品质量安全监管中心部分监管人员养成了一种"惰性"，将镇街监管工作任务推给了执法中队，造成了监管缺位，为假冒伪劣农资销售提供了便利。镇街监管人员要加大日常巡查力度，对发现的违法违规线索第一时间联系辖区执法中队现场查处，让违法违规行为无机可乘。区镇两级通力协作，密切配合，共同做好农产品质量安全管理工作。

作者简介：马洪君，青岛西海岸新区农业综合行政执法大队，副大队长，高级农艺师

联系方式：ma6702@163.com

西海岸新区农业行政执法研究分析

王　彦　马洪君

摘要：作为国家重要行政执法部门之一的农业农村部门，执法对象量大面广，农业行政执法的成效直接关系到农民群众合法权益能否得到维护、农产品质量安全能否被有效保障、农业营商环境能否改善。西海岸新区的农业综合行政执法改革已运行一年，笔者在阐述西海岸农业行政执法现状与改革特点、存在问题的基础上，分析探讨了今后执法的工作思路，以进一步规范执法行为，营造良好的农业执法队伍形象。

关键词：农业；行政执法；改革；研究分析

2019年，西海岸新区进行了农业综合行政执法改革，在构建法治化、专业化、服务型的发展环境上迈出了坚实的步伐，践行了依法行政、建设法治政府和服务型政府的理念。从近一年的实战运转情况看，新区的农业综合行政执法充分体现了职能优化、协同高效的优势，是推进农村法制建设、实施乡村振兴战略的有力保障，也是提高农业依法行政能力的重要举措。

1 农业行政执法现状与改革特点

1.1 执法现状

2019年5月14日，西海岸新区正式成立青岛西海岸新区农业综合行政执法大队，副处级规格，隶属于新区农业农村局。大队下设1个综合科（加挂机动中队牌子）和6个基层中队，实行区域化执法。编制42人，人员平均年龄45.8岁，大专以上学历15人，占36.6%，其中研究生学历3人，本科学历7人。

1.2 改革特点

1.2.1 农业综合执法改革开创了新局面

按照"机构法定化、队伍专业化、管理正规化、手段现代化"的标准进行建制，将种子、农药、兽药、饲料、农机、农产品质量安全等多个领域的执法职能整体合并，实现了令出一家，工作运转规范有序。此举推动了农业执法向乡村延伸，打通了基层农业执法"最后一千米"的问题。

1.2.2 执法办案实现了新突破

大队自组建以来，以"抓主业、守底线、提能力、促规范、保安全"为主线，健全查督结合、检打联动、行刑衔接机制，加大事前、事中、事后执法检查频率，违法行为一经发现，严格按照法定程序开展立案调查和行政处罚。2019年共开展各类专项执法检查17项，摸排农资经营店947个次，兽药、饲料经营店、宠物医院和屠宰场等895个次，农机维修点217个次，种养殖园区752个次，集贸市场364个次，纠正违法违规行为3271个，收缴假劣农资3.6吨、不合格动物产品0.87吨。受理政府热线等各类投诉102件，做到件件有回音、事事有落实。查办各类案件136起，办结136起，向有关各单位移交案件2起，罚款59万余元。下达责令整改通知书200多份，挽回群众经济损失近亿元。立案数量是2018全年的4倍，办案质量同步提升。

1.2.3 执法技能得到新提升

加强了学习培训，建立每周一学、每月一讲制度，通过队员间互相交流、请教专家全员封闭培训、参加上级部门业务培训等方式，结合办案边干边学，内强素质，外树形象，大幅度提高了执法人员的执法水平。2019年8月29日，在首届青岛农业综合执法技能大赛上，新区农业综合行政执法大队3名执法队员获得了"'砺剑护农'十佳办案能手"称号，1名队员被授予"青岛市工人先锋"荣誉称号，新区农业农村局获得"优秀组织奖"。

1.2.4　执法检查实现了全覆盖

聚焦农业、畜牧、农机三大行业，先后开展了"笃学敦行，砺剑护农"、新中国成立70周年农产品质量安全百日攻坚专项执法检查、兽药饲料生产经营及投入品使用专项检查、私屠滥宰"零点行动"、春季农资打假、秋冬季农资打假、烟剂专项检查等专项执法检查活动，共摸排执法对象1175个，其中农资经营店447个、兽药经营店和屠宰场等295个、农机维修点17个、种养殖园区352个、集贸市场64个，纠正不规范行为200多个，收缴假劣农资3.5吨、涉案动物产品800多千克。

2　存在问题

由于大部分队员过去仅从事监管工作，执法能力和水平有待提高，主要表现为"两多两少"：即低学历的多、高学历的少，非法律专业的多、法律专业的少，技术知识了解的多，农业法律法规了解的少，过去从事的专业懂得多、新领域业务知识懂得少，执法水平有待进一步提升。

2.1　新区农业行政综合执法队伍的整体素质还不高，适应新形势的能力有待进一步加强

原来所熟悉的专业仅仅是现在从事的工作的一小部分，缺乏大农业行政执法所必备的法律知识及相关的执法技能。

2.2　投入品经营户和农产品生产者的法律意识淡薄，依法行政的舆论氛围不浓

在市场检查过程中，投入品经营户受到处罚时，往往以不懂法、不知法、不知道、第一次等为借口，推卸责任，逃避处罚，干扰农业执法工作的正常开展；农民群众的法制观念不强，自我保护意识差，往往在自己的合法利益受到侵害时不知或不能有效地保护自己的合法权益。

2.3　农业行政综合执法面临的难点多

新区投入品市场面多、散、广、偏、远，加之农业行政综合执法刚起步，经验不足，投入品经营户、行政执法相对人和行政管理者的法律意识和素质不同，导致执法难，难执法。多数执法人员的法律知识培训次数少，实战经验少，致使农业法律认识不到位，难以把行政综合执法放到应有位置，执法过程中认识不到位难、取证难，处罚决定难以实施；在部分镇街，走村串户的无证经营投入品问题时有发生，导致年年都有人上当，上当上得不一样，公众投诉年年都有。

3　今后执法工作思路探讨

在新形势下，农业行政执法工作面临诸多新情况、新问题。农业行政执法要以"不忘初心，牢记使命"主题教育为契机，以完善执法体系为基础，全面推行农业综合执法规范化建设，逐步提高农业行政执法能力和水平。

3.1　要加强"不忘初心、牢记使命"主题教育

认真开展"六个一"活动。号召每名队员学好一本书、开展一次集中培训、撰写一篇"学先锋赶能手"学习体会、参加一次志愿服务、办理一起案件、给大队查找一个问题。坚持问题导向，坚持实事求是，带着感情、带着责任、带着问题，利用执

法巡查的时机，深入到困难多、矛盾多、条件差的地方开展调研，既要有针对性地用好"四不两直"方式，也要用好座谈交流、个别访谈等传统手段，全面了解基层期盼解决的实际问题，认真总结提炼基层创造的典型经验。在调研中要注重查摆工作短板和自身不足，检查自己对群众的感情和态度。

3.2 要加强业务学习

农业行政执法工作专业性强，对人员要求高。我们要积极适应新形势、新任务，牢固树立刻苦学习、终身学习的理念，认真研究农业农村发展的新趋向、新机制，认真学习涉农法律法规，通过在实践中学、向书本学、向富有经验的专家学，练就一身真本领，努力做到懂政策、懂法律、懂产业、懂经济，不断增强应对复杂局面、推进重点工作的能力，不断提高行政执法、建言献策、建章立制的水平。着力培养既懂农业农村又熟悉法律的"通专结合""一专多能"的执法人才。

3.3 要强化协调配合

执法队伍在不断壮大，职能在不断拓宽，横向联合、纵向联络的作用更加凸显。在系统内部，要牢固树立"一盘棋"的思想，正确处理法制工作机构、综合执法机构、各专业管理机构之间的关系，明确职责，加强协作，上下联动，横向联合，努力形成工作合力。对系统外部，要建立联动工作机制，主动加强与公安、市场监管、行政执法等有关部门的协调沟通，加大联合执法力度，为农业法制工作创造良好的外部环境。

3.4 要规范执法

要全面落实"双随机一公开"制度，建立完善"一单两库一细则"："一单"就是随机抽查事项清单，"两库"就是市场主体名录库、执法检查人员名录库，"一细则"就是规范双随机抽查工作细则，推进行政执法事项随机抽查全覆盖。要建立完善监管执法程序和档案，全面推行痕迹化监管，实现人过留痕、事过留档，做到有迹可循、有据可查。要完善信用信息归集共享机制，建立健全农业主体诚信档案、黑名单制度，强化综合监管、智能监管、大数据监管，不断提升监管效能。努力打造一支"正规化、专业化、职业化"专业执法队伍。

3.5 要切实转变作风

当前，随着农业综合执法队伍的不断壮大，还存在一些不容忽视的问题，如个别工作人员态度粗暴、方法简单，有的同志在执法工作中还存在畏难情绪等等。对此，要采取切实有力的措施，转变工作作风，营造良好的执法队伍形象。要深入开展法治理念和廉洁执法教育，坚决做到严格执法、规范执法、公正执法、文明执法。要坚持把纪律和规矩挺在前面，要知道工作的风险点在哪里，乱作为是风险，不作为也是风险，要严格依法依规依纪办事。通过巡中查，查中学，案中思，以问题为导向，彻底整改，以"利剑护农、执法为民"的情怀和风姿，为乡村振兴战略的实施保驾护航，展现农业农村局"情系三农"的光辉形象。

作者简介：王彦，青岛西海岸新区农业综合行政执法大队，兽医师

联系方式：wl1032426@126.com

北方茶园"配方肥＋水肥一体化"技术模式
——以青岛西海岸新区为例

王玉美　刘玉军　王艳平　刘雪梅　刘爱玲

摘要：以青岛西海岸新区为例，针对北方低山丘陵地形地貌下发展茶叶所面临的茶园面积大、地势复杂、分布零散、干旱缺水等问题，试验并示范推广了茶园"配方肥＋水肥一体化"技术模式。试验表明，该技术模式省工、省力，化肥减量、节约水资源效果显著，茶园实现增产增收、提质增效，具有较高的推广价值。

关键词：西海岸新区；茶园；"配方肥＋水肥一体化"

青岛西海岸新区地处中国北方低山丘陵区，当地茶园面积已发展到10万多亩。茶园多选择背风向阳的半山坡或丘陵地，分布较零散，地形存在一定的坡度，加之近几年严重干旱缺水，浇水施肥等劳作与平地相比存在操作不便、水源不足、损耗较大、劳动用工较多等问题。

为有效解决以上难题，西海岸新区农业农村局经过多年的探索研究、试验和示范推广，提炼形成了茶园"配方肥＋水肥一体化"技术模式，实际应用效果较好。

1　技术模式概述

西海岸新区茶园"配方肥＋水肥一体化"技术模式针对北方茶园的气候特点和地形地貌，前期开展了大量的测土化验和田间试验，建立了茶树施肥指标体系，根据不同土壤供肥性能和茶园的目标产量和品种特性，制定水肥一体化的施肥配方和灌溉制度，利用水肥一体化设备，将微灌和施肥相结合，在灌溉的同时进行施肥，实现水肥同步供应，满足作物需要，达到精准施肥，真正起到省水省肥省工作用，最大限度地减少肥水资源流失或浪费，实现肥水利用率提高、资源节约、产量品质提高、效益增加、土壤环境向好等目标。

同时配套应用茶园覆草、增施有机肥、茶叶越冬防护等技术。

2　技术效果

田间试验表明，茶园"配方肥＋水肥一体化"技术模式较传统栽培模式，平均节肥30%以上，节水30%~50%；肥料利用率平均提高18个百分点，增产15%~20%。每亩茶园每年减少投入300元以上，经济效益、生态效益显著。

3　适用范围

适宜于有固定水源，且水质好、符合微灌要求，并有条件建设水肥一体化设施的北方茶园。

4　技术措施

4.1　田间工程

输配水管网按照系统设计，由干管、支管和毛管组成。干管宜采用PVC管，采用地埋的方式，管径90mm ~150mm。支管宜采用PE软管，管壁厚

2.0mm ～ 2.5mm，直径为40mm ～ 60mm，支管沿茶园走向长的一侧铺设。毛管宜采用PE软管，管壁厚0.4mm ～ 0.6mm，直径为15mm ～ 20mm，与支管垂直铺设。每行茶树铺设两条毛管。

肥料罐施肥法。肥料罐施肥法是将水和肥在肥料罐中融合，通过蝶阀控制施肥速度，施肥罐上安装空气阀，负责进水时排气和放水时减压。这种施肥法优点是维护成本低，操作简单，适合液体和固体肥料，温室大棚小面积地块比较适用。

喷施式灌溉施肥法。采用喷灌的方式为茶园浇水施肥，将茶树所需肥料喷施到叶面，由叶片直接吸收，部分在地面经根系吸收。同时调整茶园空气湿度、温度等环境条件，促进茶树生长。该方法操作简单，投资小，管理要求较粗放。

恒压变频滴灌施肥法。利用恒压变频控制设备控制肥水运筹，施肥器一般配套采用高端智能施肥系统。主要在应用面积较大、组织管理健全的茶园施用。该施肥法投资高，能同时全园灌溉施肥，也可以根据实际情况实行轮灌施肥，效率非常高，但操作管理要求精细。

4.2 灌溉方法

根据北方的气候、土壤墒情和茶树各生育期对水分的需求，制定施肥制度，重点浇好三次"关键水"。"一水"，于4月上旬撤除防护物时，结合追肥浇"催芽"水；"二水"，结合秋基施肥，浇"润肥"水确保20cm深处土壤含水量达到13%~15%；"三水"，于"小雪"前后，浇足"越冬"水。除此之外根据天气、土壤墒情和茶树生长需要进行综合分析适时浇水，保持茶园土壤田间持水量不低于70%。

4.3 施肥方法

在生产过程中，根据土壤化验结果，制定施肥配方，结合浇水追施配方肥，必要时可结合茶树的生长和需肥情况适时进行叶面喷肥。通过水肥一体化设备完成追肥，遵循少量多次和平衡施肥的原则，结合茶树的生长势、土壤的供肥性能及目标产量确定施肥次数和数量。

投产茶园按照N：P2O5：K2O ＝ 3 ～ 4:1：1，全年氮肥总用量（折纯量）控制在20 ～ 30 kg/667m²，分春、夏、秋三季施用，三种肥料的施用比例分别是春季40%、30%、40%，夏季30%、35%、30%，秋季30%、35%、30%。在实际生产中根据茶树的实际生长需要，可以个别调整追肥量。追肥要按照少量多次的原则，每年春季结合浇"催芽"水时开始追肥，以后根据茶树需肥特点和土壤养分情况间隔施用，春茶生产旺季可适当增加施肥次数，一般一年茶园施肥8 ～ 12次。

追肥前要求水肥一体化管道先滴清水15 ～ 20分钟，再加入肥料开始滴灌。一般计算好用量的肥料至少要进行二次溶解，提前溶解好的肥液加入量不应超过施肥罐容积的2/3，然后注满水；加好肥料后，每罐肥一般需要20分钟左右滴灌完成；全部追肥完成后再滴清水30分钟，清洗管道，防止堵塞滴头。

4.4 其他配套技术

4.4.1 茶园土质及水源选择

土壤应呈酸性或微酸性，pH值为4.5 ～ 6.5，土质以深厚肥沃的砂质土壤为宜。土层深100cm以上，活土层厚度在40cm以上。在茶地周围，要有一定水源条件，地下水位应在1m以下，以防茶树涝害。

4.4.2 播种前重施有机肥底肥

亩施有机肥3000 ～ 4000 kg和饼肥100 ～ 200 kg，磷肥30 kg（提前一个月与有机肥混合堆沤），茶叶专用肥50kg。

4.4.3 种籽直播

利用茶籽进行播种，也叫种籽繁殖，属有性繁殖。以春播为宜。

4.4.4 投产园基肥施用优质有机肥

投产园施用基肥以有机肥为主，主要是厩肥、饼肥等，每亩用量2000 ～ 3000 kg厩肥或100 ～ 150 kg饼肥。

视茶树长势情况，每年或隔年施用一次，一般在"秋分"前后，结合中耕，沿树冠垂直位置开深30cm，宽20cm左右的沟，将肥料施入沟内，然后覆土浇水。

4.4.5　铺草

茶园铺草全年均可进行，锯末、稻糠、秸秆、杂草枯枝及树叶均可，在茶行间铺厚度为10～15cm为宜。

4.4.6　深耕

"秋分"前后，结合施基肥，深耕15cm左右，疏松土壤。

4.4.7　修剪

对正常采摘或冻害较轻的茶园，每年进行一次，一般于"春分"前后，剪去树冠上的秋梢和部分夏梢，以保留红梗剪去青梗为度。如果保护地栽培茶园，可在盖膜前修剪。如遇冻害等大的伤害，可酌情采取重剪、台刈、抽刈等方式。

4.4.8　越冬防护

西海岸新区现有茶园的越冬防护除浇足越冬水、地面铺草以及营造防风林外，还重点抓了搭防风障和蓬面撒草、保护地栽培等措施：一是搭防风障，"大雪"前，于茶园北面用玉米秸搭围障或在茶行北面搭小风障；二是蓬面撒草，"大雪"前后，用软质麦草撒于茶蓬面上，要求使叶片依稀可见，盖而不严，且能透光，透光度约50%左右；三是保护地栽培，根据树龄、树势及茶场实际情况确定保护地栽培措施，建设小拱棚、中型棚、简易棚、冬暖棚等，冬暖棚在霜降时盖棚，其余大雪后盖膜。

作者简介：王玉美，山东省青岛西海岸新区农业农村局，高级农艺师

联系方式：hdqtfz@126.com